本专著从事的研究受到国家自然科学基金项目"基于日照需求的城镇植物选择与群落优化方法研究——以夏热冬冷地区为例"（项目编号：31860233）的资助

基于日照需求的景观植物选择及其群落配置决策方法

魏合义　著

科学技术文献出版社
SCIENTIFIC AND TECHNICAL DOCUMENTATION PRESS

·北京·

图书在版编目（CIP）数据

基于日照需求的景观植物选择及其群落配置决策方法 / 魏合义著. — 北京：科学技术文献
出版社，2020.12

ISBN 978-7-5189-7422-1

Ⅰ.①基… Ⅱ.①魏… Ⅲ.①园林植物—景观设计 Ⅳ.①TU986.2

中国版本图书馆 CIP 数据核字（2020）第 239263 号

基于日照需求的景观植物选择及其群落配置决策方法

策划编辑：周国臻　　责任编辑：崔灵菲　胡远航　　责任校对：文　浩　　责任出版：张志平

出 版 者	科学技术文献出版社
地 址	北京市复兴路15号　　邮编　100038
编 务 部	(010) 58882938，58882087（传真）
发 行 部	(010) 58882868，58882870（传真）
邮 购 部	(010) 58882873
官 方 网 址	www.stdp.com.cn
发 行 者	科学技术文献出版社发行　全国各地新华书店经销
印 刷 者	北京虎彩文化传播有限公司
版 次	2020 年 12 月第 1 版　2020 年 12 月第 1 次印刷
开 本	787×1092　1/16
字 数	274千
印 张	12.5
书 号	ISBN 978-7-5189-7422-1
定 价	52.00元

前　言

景观植物发挥的生态服务功能在缓解城镇化带来的一些"城市问题"时，被认为是一种绿色、安全、有效的途径。植物的成活及健康生长是其生态功能发挥的前提，而我们的调查与分析结果显示，日照因子在城镇中已成为限制景观植物正常生长和发育的关键因素，尤其是在高密度建成环境中。同一地理位置，建筑高度、建筑布局及地形的多样性导致了地面日照辐射的不均衡性。因人类感知能力的局限性，传统上由设计师经验主导的植物选择与植物群落构建方式，已很难实现植物的日照需求与环境日照供给的准确匹配，也无法保障城镇植物的可持续建植。

为解决这一难题，本书综合利用仪器测定、数字模拟、数据拟合分析、植物健康判断、园林生态学理论及植物群落进化理论等多种技术、方法与理论，以 GIS 和 MS Excel 为平台工具，结合 MATLAB 计算机编程语言，设计了基于日照需求习性的城镇植物及其群落智能决策支持系统（UP-DSS），实现了植物选择与配置工作的数字化、系统化及智能化目标，最终解决了研究背景中所提到的难题。在整个研究过程中，本书产生了以下主要创新成果。

首先，提出了利用"黑箱"思维、植物健康判断与数字模拟技术的植物日照需求习性预测体系，改变了必须通过仪器测定植物光补偿点（LCP）和光饱和点（LSP）的工作方法。利用光合仪器测定植物的 LCP 和 LSP 多数在实验控制环境中进行，本书对居住区中的植物进行测定时发现，仪器实测方法易受环境条件、仪器精度和操作习惯等因素的影响，且存在测定周期长、效率低等缺点。本书所提出的预测体系，通过日照辐射数字模拟结合植物健康状态响应，可分析出不同景观植物对日照辐射的需求值区间及敏感程度。本书所提出的预测体系，经测试具有周期短、成本低及效率高等诸多优点。

其次，提出日照辐射限制下的植物群落构建模型，以此模型预设了 100 种植物群落类型，可以满足城镇区域中不同类型的绿化实践（华中地区）。根据本书的调查结果显示，在养护条件较好的现代居住小区，日照辐射已成为限制植物种类选择与群落构建的关键因子，而且该因子无法通过人为措施得到改善。根据这种假设，本书借鉴旱生植物群落演替规律，首次提出日照辐射限制下的植物群落构建模型，用于指导城镇居住区中的植物群落设计与选择。依据此模型，结合本书的植物种类，预设了 100 种植物群落类型，将其存入 UP-DSS 的数据库，为该系统的普及与推广提供数据支持。

再次，在构建智能决策支持系统（UP-DSS），实现植物选择与配置工作的数字化、系统化及智能化的基础上，采用 GIS 技术和 MS Excel 工具对建筑数据、地形数据及植物数据进行储存、分析与管理，结合日照辐射模型（solar radiation model）、布尔信息检索模型（Boolean model for IR），实现了基于日照需求习性的城镇植物及其群落的智能决策。以研究区域为案例，完成了景观植物的适应性规划与布局，除了基于日照辐射需求的植物总体规划与布局外，又详细设计了滨水游憩科普区、生物多样性维护区、道路污染防护区的植物选择与群落结构类型。

最后，为使该方法便于推广与应用，本书采用 MATLAB 计算机编程语言设计了简洁的图形用户界面（GUI），实现了单机能够独立运行的决策支持系统（UP-DSS）。为检测该系统的性能，以研究区域作为案例进行操作演示，结果发现 UP-DSS 系统具有良好的实际表现，能够满足景观设计师对该技术的实践需求。

目　录

第1章 概论

1.1 背景

1.1.1 城镇发展趋势

城镇化（urbanization/urbanicity）是人口数量从农村向城镇区域转移的过程，主要指居住在城镇区域的人口数量比例逐渐增加的程度。从地理学的角度来讲，城镇化是地理单元转变为城镇的程度。城镇化虽为名词，实则是一个动态的过程。

联合国经济和社会事务组（DESA）在2014年修订的《世界城镇化展望》里描述，当前的城镇化表现有以下特征：

"在全球范围内，相比居住在农村，将有更多的人居住在城镇，2014年已有54%的世界人口居住在城镇区域……2014年至2050年，仅印度、中国和尼日利亚增加的人口数量总和预计就将占世界人口增长的37%。其中，预计印度增加4.04亿，中国增加2.92亿，尼日利亚增加2.12亿……世界将继续城镇化，可持续发展的挑战将会逐渐集中在城镇区域，特别是城镇化发展节奏更快的低收入或中等收入的发展中国家。"

城镇化引发的城镇人口数量的增加，在一定程度上导致了住房、交通等基础设施需求的增加，也造成了一些环境和社会问题。世界城镇发展的过程具有相似性，也具有相似的规律。如北美、欧洲等发达国家或地区的城镇化发展较早，城镇化的水平也较高。而发展中国家紧随其后，也极有可能出现相同或相似的结果。

根据联合国社会和经济事务组的研究报告，中国在今后的城镇化进程、速度、规模上将超越其他发达国家。另外，由我国政府主导的"推进式"城镇化发展模式，则很有可能呈现出非规律性。如何预防和应对城镇化给我国带来的消极效应和负面影响，则成为我国的城镇规划者、管理者、决策者和相关学者所需要共同面对的重要挑战。

1.1.2 人居环境问题

城镇化的发展引起居住地人口数量、比例和结构的改变，间接地影响到了人类的生存环境。研究者认为，人类对环境的影响主要体现在对温室气体的贡献和对土地使用结构的改变上。在土地利用上，农业和城镇化是引起其改变的主要因素，二者对地表温度变化的影响有时很难清晰地分开。人类因素驱动自然环境改变的同时，也在饱受生存环境恶化对其造成的威胁。目前，城镇化过程中出现的环境问题主要表现为相关污染（大气、水和噪声污染）、城市雨洪、城市热岛效应和能源消耗等。

在 20 世纪，大气污染的极端例子当属烟雾事件（Great Smog of London）。1952 年 12 月 5—9 日的英国伦敦，由固体颗粒物形成的烟雾笼罩着整个城市，直接或间接造成 4000 余人死亡，10 万余人因此罹患疾病。较长时间的静风气象条件，使因燃煤造成的空气颗粒物及其他有毒气体无法及时得到稀释。虽然该事件由多种因素促成，但是城镇化的负面效应已非常突出。近年来，我国的大气污染也成为城镇中突出的环境问题，雾霾天气在华北地区、中部地区甚至全国都已成为常见现象。面源污染（non-point pollution）在城市水系中也成为严重问题，特别是大气沉降中的有毒物质、路面有毒物质，城市垃圾中的有机、无机或重金属物质在雨洪的冲刷下，汇入城市地下管网，以及湖泊、河流等水系。另外，城市中的噪声污染也是威胁居民身心健康的重要因素。

众多研究均表明，城市噪声污染可引起受害个体的血压、心率、情绪的改变，损伤其听力、影响心理健康，进而增加罹患疾病的风险。对城市中其他动物的个体和群体，噪声同样也会干扰其正常的生命活动。城镇硬化路面及建筑面积的增多，减少了降水下渗的比例，在降雨强度增大时，造成了城市给排水系统负担过重。最近几年，中国内地多个城市在降雨集中的春夏季节形成"观海"景观，城市洪涝造成严重的财产损失和人员伤亡。突出的雨洪问题，促使我国城市规划、建设、维护和管理理念的转型。2014 年 10 月，中华人民共和国住房和城乡建设部推出了《海绵城市建设技术指南》，旨在利用下渗铺装、植草沟、雨水花园、下沉绿地等措施，实践慢排缓释和源头分散等理念。根据财政部、住建部和水利部组织的海绵城市建设试点城市评审工作，我国多个城市进入 2015 年海绵城市建设试点范围。

与城市的一系列污染相比，城市热问题对人居环境的影响表现则没那么明显，但这个研究热点也有较长的历史。城市热岛效应（urban heat island effect）是指一个城市或都市区域中心的温度明显高于郊区，夜间温度高于白昼的现象，这一问题是由人类的经济活动造成的。城镇化导致城镇区域的面积扩张，土地覆盖类型也由热容量较大的裸土、水体，转移为混凝土建筑、沥青路面，反射率也发生较大改变。这些内在的改变，使城镇区域在吸收相同太阳辐射量的前提下，温度会比郊区或农村地区高。在夏热地区，城市热岛效应会加重城市供电负担，造成更多的能源消耗。

1.1.3　植物生态价值

在发展中国家和地区，快速城镇化出现的负面效应已经引起学界和政府的高度重视。为了解决或缓解这些负面效应，城镇多部门联动合作采取了多种措施。作为初级生产力的绿色植物在地球上生存的时长，大大地超过了人类在地球上存在的时间。绿色植被通过光合作用积累能量、产生干物质，为地球上其他生态提供食物来源，维护生态系统平衡。在人类经济活动强度剧烈的当今，全球的森林面积萎缩、森林斑块逐步破碎化，已造成了动物栖息地的减少，严重威胁着其他生物的生存。

人类面临的诸多城镇问题，迫使人们重新认识植物在生态系统中的地位和价值，在发展理念上，也从自然界中过度"索取"转变为"营造""维护"自然系统。对植物生态价值的研究和探讨,不同学科有不同的关注焦点和研究方法。因为植物作为大尺度的景观要素,从维护生物多样性、生态系统平衡、持续提供生态服务的角度上,我们要更多地关注植物斑块的连通性和异质性。在中小尺度上,植物的生态价值主要体现在对污染物的吸收、吸附和过滤,对微环境的增湿降温,促进人类身心健康等方面。在城镇区域,绿色基础设施(green infrastructure)和绿色空间(green spaces)的概念经常被学者探讨,二者的核心理念是利用树木、灌木和草本等植物类型,营造多种生物的栖息地,为城镇居民提供运动、娱乐、休闲等场所。欧洲很多城市非常注重植物发挥的生态价值,并实施了相应的策略。例如,英国东北部的城市纽卡斯尔在 2002 年开始起草《纽卡斯尔绿色空间规划》,并通过市民参与的形式修订,最终于 2004 年 4 月颁布,可见当地对植物生态价值的重视程度。

北美地区在城市植物的空气污染物降解、阻滞方面早已有相关研究和报道,特别是在对空气中 O_3、PM_{10}、CO_2、SO_2、CO 等污染物的净化方面,仅此全美就预计能发挥 38 亿美元的生态换算价值。城市植物可以通过体内或叶片中水分的蒸发和蒸腾,调节环境的温度和湿度。除了液态水汽化引起的吸收潜热外,还可以通过植物对太阳辐射进行的阻挡、散射、反射等作用保持受辐射区域较低的温度水平。因此,在众多研究文献中发现,通过理论模拟和实践调查手段,城市植物具有显著缓解城市热岛效应的作用,在植物分布较集中的公园绿地,甚至形成了"冷岛"区域。

在城镇化的驱动下,城市植物呈现两种趋势:一是乡土植物(native plant)逐渐减少,外来物种(nonnative/exotic plant)数量和种类逐渐增多;二是基于审美导向的景观植物种类趋同化,物种多样性逐渐降低。因此,为了维护整体生态系统的多样性,城市植物将发挥重要作用。在其他层面,城市植物可以增加生物多样性,不只是指城市植物的多样性,而且可以增加栖息于其环境的其他生物的多样性,如土壤微生物、鸟类及地上其他哺乳动物。另外,城市植物还能起到截留涵养雨水、降低地面径流速度、净化水体的作用,这一生态价值对我国建设"海绵城市"具有积极的意义。

1.1.4 植物可持续性

自然界分布的植物具有可持续生长、繁殖的特性,缺少极端干扰因素,可以维持植物群落和物种组成的相对稳定性。很显然,理想中的稳定状态是很难实现的。自然系统一旦有人为因素的干扰就变得复杂起来,相比地质变化和极端气候对自然的系统破坏,人为干扰因素的表现则更为深远。

对于植物生境,城镇环境与自然环境有很大差异。地上主要表现为大气湿度、日照辐射、生长空间的差异,地下则表现为土壤质地、养分和透气性的差异。乡土植物在城市中的应用逐渐被外来物种取代,这种变化导致了城市植物可持续能力的降低。城镇区域的建筑布局和分布在一定程度上会降低植物的受光水平,大气湿度也较低。排除空气污染因素对植物的伤害,即使是乡土植物,其可持续能力也会大大降低。然而,人类又想通过外力使植物群落保持稳定,这种外力可以表现为水肥等能量形式的输入、病虫害防治、整枝修剪等维护措施。

景观植物的可持续性是景观设计师、植物配置师、植物养护人员共同追求的价值观念。

这种价值观念下形成的实践成果主要有三种收益：第一，可持续的景观植物，可以实现设计师的设计思想，长时间保持较好的艺术效果；第二，植物的可持续性可以促进城市景观建设成本投入的减少，避免因植物生长不良、死亡等因素造成的苗木频繁更换费用；第三，有利于植物群落的形成，体现地域文化景观，增强社会效益。因此，城市植物的可持续性具有深远的意义。

然而，现实中城市植物可能也会成为"问题"，现代城市园林管理部门、景观设计师、园艺师并没有意识到植物的生长动态问题，感性的决策对植物的可持续性造成了一定的影响，同时也引发了一定的社会问题。国内媒体对此有大量的报道：

"'树多'是很多人对小区绿化好的评价标准，然而南京城南的仁恒翠竹园小区，很多业主却正在为大树长得太茂密而烦恼……"——《树与楼之间该相隔多远，有关部门能不能出个规范？》（现代快报，记者：马乐乐，2015-05-25）

"日前，郑州西三环立交桥下4月份种的树木大量死亡。不少市民对于园林部门为何桥下种树、存活率高低等问题存在疑惑，如今刚刚种下3个多月的树木大量死亡，再度引起市民、网友的广泛关注和讨论。"——《立交桥下种大树，儿戏还是科学探索——郑州立交桥下新种大树大量死亡再度引发争议》（新华网，记者：王烁、马意翀，2014-07-04）

"在合肥四通八达的高架桥下，一块块绿化景区成为忙碌交通线上一道亮丽的风景线。但今年开春以来，合裕路高架桥下的绿化景区中，有不少植被没有发出新芽，出现了大面积死亡的现象……"——《合肥合裕路高架桥下绿植因日照不足多半死亡》（合肥晚报，记者：李磊、高勇，2015-04-21）

类似报道的汹涌出现引出了一个现实的问题——怎样才能实现城镇植物的可持续种植和管理？从目前看来，还未有成熟的方法和技术。对于以上报道，大致可以归纳为两种情况。第一，植物不适应其生长环境。这种不适应表现为不同景观植物的生态需求具有差异性，而城镇环境提供的生态条件也相差很大，因此，未真正做到"适地适树"。第二，植物所提供的"生态服务"不是服务对象所需要的。景观植物的消极作用如遮光、掉落污染物、破坏路面、花粉、特殊气味等，若对植物的选择和配置不当，这些因素将促使被服务主体对植物进行破坏。因此，为了节约植物材料，降低经济成本，对于植物可持续性的研究，今后还有较多内容可供探讨。

1.2 选题依据

根据大量的文献分析不难发现，风景园林学的研究和实践范围非常广泛，国内外研究内容中不乏包含生命科学、艺术、工程、历史、地理、信息、计算机及系统科学方面的讨论。本书的选题依据是基于大量文献分析的基础，选择新领域或交叉内容为研究对象，另外，还结合了作者的研究方向与研究兴趣。

1.2.1　理论依据

　　北美地区风景园林学的理论研究相对具有代表性，而近几年的 ASLA 年会讨论的主题更是研究的热点问题。根据前期的研究成果发现，可持续发展理论始终是学科研究的主题和基本出发点，在风景园林学的可持续主题中，城市植物的可持续研究占有重要地位，其关系到城镇中的碳氮平衡、污染防治与缓解、雨水截流与净化、节能减排等众多服务功能。因此，目前的重点是如何利用各种理论、方法和技术，维护城市植物的可持续。公园或花园是传统风景园林研究的重点，北美地区对该热点的研究主要关注自然资源保护、生物多样性保护、遗产保护、生态防护、体育活动、文化教育、食物供应、休疗养服务等。然而，植物仍然是发挥这些功能的主要因素。除了应用生态学理论的介绍外，数字技术和城市植物成为讨论较多的内容。由此可见，植物是风景园林学科的灵魂性元素，而数字技术是体现当代风景园林研究的时代特征。

　　为更加深入、广泛地分析北美地区研究主题，通过文献计量技术和 WOS（web of science）核心文献数据库，对主题关键词进行检索，以便于分析本书所研究内容的整体概况。时间区间选择为 2000 年至 2015 年，检索词汇分别选择为"Urban Tree/Plants 和 Sustainable""Urban Tree/Plants 和 GIS""Digital Technology 和 Urban Tree/Plants""Decision Support 和 Urban Tree/Plants"等。

　　检索与聚类结果显示（图 1-1），首先是香港大学地理系教授詹志勇（C.Y. Jim）在城市树木相关研究上的贡献最大，发文数量位于 WOS 核心文献数据库首位。该学者的研究多数为学科交叉内容，主要集中在城市生态学、城市林业、城市绿色空间、屋顶绿化、垂直绿化、城市设计和景观规划、土壤科学、娱乐和旅游的环境评价上。其次，供职于美国农业部森林服务局的 David J. Nowak 对城市树木的研究文献数量仅次于前者，他的研究主要集中于城市森林变化、结构、功能及生态系统服务模拟方面。最后，英格兰埃克塞德大学环境与可持续研究所的 Kenvin J. Gaston，相关研究发文数量在 WOS 核心文献数据库中位于第三位，研究内容主要包括与城市植物相关的生态系统服务、人与自然互动、保护生物学和环境管理等方面。

　　从研究主题的统计与聚类特征上看（图 1-1），城市植物与城市的可持续关系密切，研究内容主要包括城市森林的可持续性，树木的生长、维护、保护，城市绿色空间与城市热岛效应问题，城市植物与空气质量，城市湿地、湖泊、物种丰富度等。这些主题的研究重点在于城市植物（树木）的生态功能和价值，以及这些"服务"对城市可持续的作用。数字技术包含了 GIS、RS、GPS 等数字软件和硬件的相关研究，根据本次的检索结果可知，在城市植物研究的聚类关系图上主要反映了这些技术的实际应用。具体表现为利用 RS 算法理论提高城市覆盖的分类精度，进行城市植被覆盖准确性评价，依据 GIS 数据和模型的空间分析方法，进行城市林业管理、树木生态服务评估等研究。在检索和分析过程中，由于检索词汇表达的多样化及文献可视化技术的参数设置差异，分析结果可能存在一定的误差，但是其结果可以大致反映国际学术界的研究动态和趋势，并将此作为确定本书研究的依据因素之一。

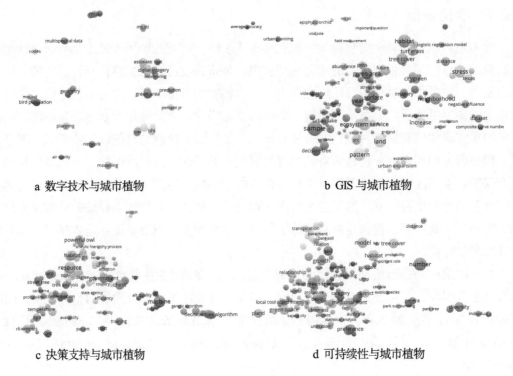

图 1-1　研究主题和聚类

1.2.2　逻辑联系

根据对大量文献的阅读、分析和统计可知，现代城镇的可持续建设和发展需要多学科的共同努力与协助。为实现这一理想状态，需要达到城镇内外的生态平衡，包括能源的低输入、低消耗，环境的低污染、低排放，以及城镇各子系统的低维护等。

风景园林理论对可持续城市建设的需求日益增加，特别是景观植物在生态维护、污染防治、绿色节能、游憩娱乐等多方面"服务"的作用。本书的形成是基于众多学术研究的聚类关系和逻辑联系，采用经典的 PSR（press-state-response）可持续理念，最终形成研究思路和研究框架。

PRS 思想可解释为（图 1-2）：对城市可持续的向往引起了对城市环境的审视和关注，使大众认识到目前存在的城市问题。当前城市中存在的不利于居民身心健康的因素，使得人们开始寻找解决这些问题的途径。在针对性地解决这些城市问题的过程中，产生了各种各样的方法理论，用于解决或缓解不利于城市可持续的胁迫因素，最终实现城市可持续的理想状态。

具体压力指标表现为：①城市不宜居住的现实；②雨洪问题、能源消耗、活动空间减少；③城市热岛效应、大气污染等。

状态指标表现为：①居民身心健康受到影响；②城市环境更加恶劣；③植物生存和生长受到影响；④工作效率低下；⑤经济损失严重等。

响应指标表现为：①可持续理论研究；②雨洪管理理论研究；③植物适应性研究；④环境模拟与评价研究；⑤智能决策与管理研究等。

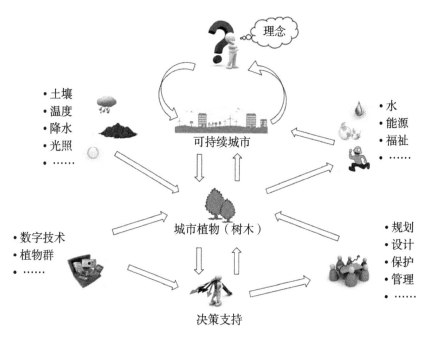

图 1-2 逻辑联系

本书从作者研究方向出发，分析已有研究的现状与内在联系认为，城市植物的适应性选择是目前风景园林领域研究的关键问题。在植物选择与配置理论研究和实践中，应以科学的定量方法为主，还要将场地模拟与分析、植物生态习性测定与数据储存、数字技术与计算机应用等相结合，实现智能化的植物检索、配置、管理和决策。在此基础上，设计师可以结合构图原理、色彩、质地等艺术手段加以设计。

1.2.3 研究价值

日照是植物生长、发育和繁殖的重要因子，在城镇化快速发展的今天，城镇环境中的光照条件已成为限制景观植物应用的重要因素。然而，在实践应用中，由于人们感知能力的限制，定性的工作方式往往导致植物的日照需求与种植环境的日照时不相匹配，进而造成植物的生长不良或死亡的后果。这些问题的出现，除了失去植物营造景观的价值外，还极大地浪费了植物材料。对照以往的研究，本书的研究主要有以下研究价值。

第一，创新价值。以往的研究以定性的选择适应城市植物（绝大多数建议乡土植物）为主，基于生态因子的定量研究较少，特别是在现代城镇中高层居住区的植物选择与造景中。通过调查、实测和数字模拟方法，证实在复杂建成环境中对光照因子定量评价的重要性，进而推动植物选择与配置的工作方式，从"定性导向"转为"定量模拟"。

第二，应用价值。植物的选择与配置工作具有较复杂的程序和考量要素，以往的研究除了需要考虑所选择植物的生态习性、观赏价值、生长特点外，还需要分析所种植区域的生态条件，相比土壤、气温、降雨等生态因子，日照条件很难通过经济、快速、准确的方法获取，特别是在较大区域、复杂地形环境中应用时更加困难。提供了智能的决策支持平台，实践中仅需少量的基础数据信息，就可以快速、高效、科学地检索出适宜的植物种类和配置方式，极大地提高了植物选择与配置的工作效率，可以作为植物设计人员、植物养护人员和城市、社区管理人员的辅助决策支持工具。

第三，经济价值。随着城镇化建设和发展，以及居民对身心健康的重视，城市园林绿化的规模和强度还会继续增大，植物需求量也会持续增加。植物材料的大量应用意味着将会有较多的资金投入绿化工程中。然而，植物的不适应种植，常常导致树木的生长不良直至死亡。另外，频繁更换植物材料造成的损失和劳动力的投入也是巨大的。本书所提供的基于植物光照需求的智能决策支持平台，可以真正实现城市植物的适应性选择与配置，特别是在建城环境中更具有应用潜力。本书致力于城市植物可持续研究，目的在于减少植物材料大量浪费、降低劳动力的重复投入及后期管理的成本。

1.3　研究框架

本书在构思和研究过程中主要划分为 3 个阶段，分别是：第一阶段、第二阶段和第三阶段（图 1-3）。研究的第一阶段是本书研究提出的原因、基础和依据；研究的第二阶段是本书研究具体的实施过程；研究的第三阶段是本书研究所产生的成果，并对整个研究历程进行了总结和回顾，展望今后需要拓展的内容。

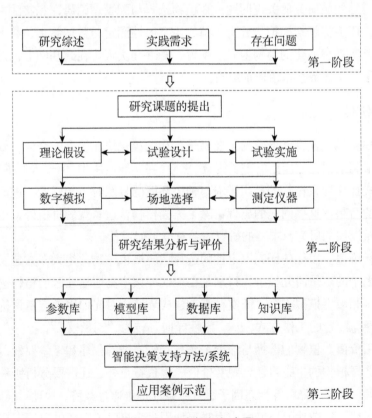

图 1-3　研究框架与步骤

前期准备阶段，主要通过对国内外大量文献进行检索、统计和分析，着重关注现阶段研究热点、地区分布、学术联系等，并根据这些内容总结已有研究的特点、不足和需要解决的问题。实践需求方面，分析了在从事景观规划和设计过程中，景观植物选择和配置工作的实践特点，并总结了工作方式的特征和不足。通过调查统计方式，描述了目前城市植物的生长状态，特别是在建筑密度、建筑布局较复杂的建成区域，总结了造成这种状况的大致原因。

研究中期阶段，首先综合分析并提炼了理论研究、实践需求和现实存在的问题，最终确定了本书所要解决的关键问题。其次，在此基础上，提出了解决问题的理论假设，详细制订了实验计划，预测了实验过程中出现的问题及采取的应对办法。为保证实验结果的准确性和科学性，研究采用数字模拟和仪器实测两种方法，并通过回归分析方法检测其误差。再次，因不同植物类型在一年四季中具有不同的生长特点和生理反应，又详细计划了植物调查、生理指标测定的时间。最后，对研究结果进行了分析与评价。

研究的后期阶段，将研究方法、过程和步骤进行综合分析与总结，利用 GIS、MS Excel、Sigma Plot、SOLWEIG 和 MATLAB 等技术将其系统化和程序化，形成便利的智能决策支持平台，并通过案例进行研究示范。决策支持平台的核心内容，主要来自研究中期阶段的试验数据，将其作为参数库、数据库、模型库和知识库集成在该系统中，便于今后的研究、应用和验证。

1.4　研究内容

本书研究内容可以分为 3 个主要组成部分，分别为基于日照需求习性的城镇植物及其群落智能决策支持平台、景观植物日照需求及日照敏感性预测体系、基于 GIS 和 MATLAB 计算机语言的 UP-DSS 决策支持系统界面（graphical user interface，GUI）（图 1-4）。

本书主要介绍了基于日照需求习性的城镇植物及其群落智能决策支持平台，该内容主要是通过建立的建筑数据库、地形数据库和景观植物数据库，结合 Solar Analyst 模型对植物种植区域的日照辐射进行模拟，以及建立逻辑运算与数据检索模型，形成适应性（日照辐射）植物选择与群落配置方案。在决策支持平台中，主要通过实测局部日照辐射的方法，对日照辐射模型的参数进行校正与设置，形成更加接近于真实值的日照辐射模型。逻辑运算与数据检索，主要采用了布尔运算方法及基于 GIS 的 Model Builder 模型将日照辐射的评价结果与适应性植物数据相匹配，形成自动化的决策支持平台。

本书又提出了景观植物的日照需求、日照敏感性预测体系，可以对各种植物的日照需求与敏感性进行预测，丰富了测定植物 LCP 和 LSP 的方法与手段。体系中主要通过植物的调查与数据分析，结合日照仪器测定与日照数字模拟、植物健康判断标准，利用黑箱思维形成数据与植物健康响应的拟合关系，从而预测植物对日照需求的特征关系。

为了使设计师便于利用本书所提出的决策支持平台，书中采用 GIS 技术与 MATLAB 计算机编程语言，设计了基于日照需求习性的 UP-DSS 原型系统，形成了友好、易用的用户界面（GUI）。该 UP-DSS 的 GUI 通过读取日照辐射评价图或者输入日照辐射数值，结合勾选植物应用目的的选项，系统可以自动筛选所需要的植物种类与群落类型，极大地方便了设计师的植物选择与配置工作，并且实现了该工作科学理性的目标。

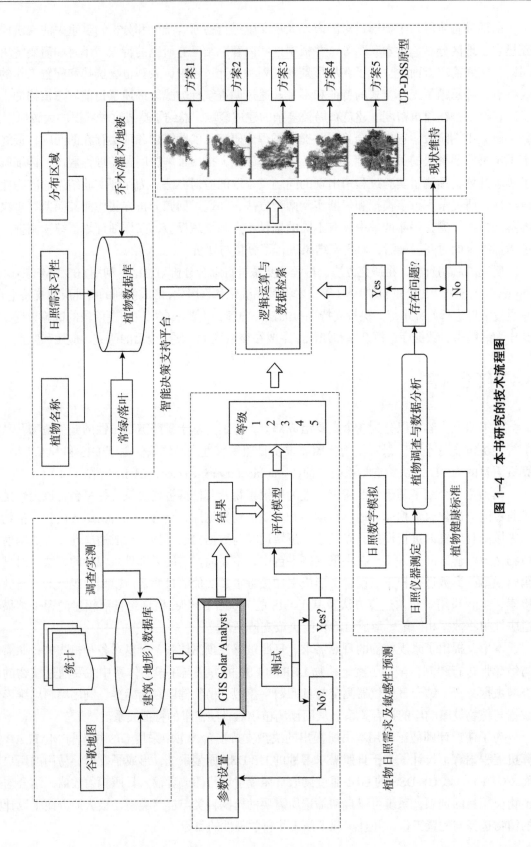

图1-4 本书研究的技术流程图

1.5　章节安排

本书的内容撰写共分为 7 章，分别为：

第 1 章，根据国际社会对今后城镇化发展趋势的分析与预测，描述了城镇化带来的人居环境问题。根据已有的植物生态价值的研究，说明城镇植物对缓解或解决城镇化影响的地位和作用，分析了城镇植物可持续性的重要意义。在此基础上，分别从理论依据、学术逻辑联系及研究价值方面佐证了本书的选题依据，并给出了研究框架和主要研究内容。

第 2 章，通过大量篇幅综述了研究分析了北美地区的 LA 研究特征和趋势，数字技术在 LA 研究中的主要应用，Geodesign 理念下的景观规划设计的理论框架、技术需求及数字实现途径，以及景观植物选择与配置方法。根据已有的研究，分析了当前理论研究的不足及亟待解决的关键问题。

第 3 章，首先介绍了日照辐射的概念，描述了光合有效辐射与太阳辐射的关系。其次，分析了仪器测定太阳辐射和数字模拟的特点及差异，并着重分析了本书所使用的数字模拟方法的原理。最后，分析了太阳辐射中日照强度和日照时间对景观植物生长、发育和繁殖的影响。

第 4 章，植物样本调查：健康状况、日照需求及日照敏感性预测。首先，确定本书植物样本选取的区域，在研究方法中介绍了研究路线、研究步骤、植物样本特点，列举了植物调查和分析所使用的仪器和工具，并建立了植物日照不适应的健康判断标准。其次，在研究结果部分，主要分析了不同群落结构数量特征、日照不适应的植物样本数量和表现特征、不同光量子环境（PPF）与植物健康的关系、景观植物的健康等级和光量了强弱（PPF）的相关性、不同景观植物对光量子变化（PPF）的敏感程度，以及对调查区域景观植物的耐阴性进行了排序。最后，对整章进行总结，并讨论了与他人研究的差异性。

第 5 章，针对风景园林实践中未能真正做到"适地适树"的景观植物选择与配置的现象，该章节提出了基于日照模拟、分析和评价的植物选择与配置方法，皆在实现其工作理念从"经验导向"向"定量分析"的转变。研究方法部分，首先通过测量仪器对建筑阴影测定，双辐射计对日照强度的测定，将实测结果用于参数设置和校正。其次，对本书所使用的数学模型进行描述，同时对模拟结果进行等级划分。再次，描述了植物检索与匹配的方法、景观植物数据库构建的方法，并利用 Model Builder 实现了适宜植物的自动检索和匹配设计。研究结果部分，采用本书中的模拟方法，分析了研究区域的日照强度、日照时数，以及对综合日照条件进行分析，同时也分析了不同模拟高度的日照辐射差异性，这些分析结果可用于指导景观植物的选择和配置工作。最后，本章根据研究方法对研究区域的景观植物的选择进行示范和应用性展示。

第 6 章，为了使本书所提出的研究方法便于推广应用，本章介绍了采用 GIS 技术与 MATLAB 计算机编程语言的景观植物选择与配置决策支持系统（UP-DSS），将第 3 章的太阳辐射与景观植物的关系作为理论基础，将第 4 章的景观植物的调查与分析作为 UP-DSS 的参数库、植物数据库，结合第 5 章所介绍的日照评价、植物检索、植物群落模型等智能数字技术，最终形成了较为系统、便利的智能决策支持平台。在 6.6 小节中，根据设计的 UP-DSS 决策系统对研究区域进行景观植物适应性总体规划与布局，同时也对不同功能区的植物进行种类选择。主要包括滨水游憩科普区、生物多样性保护区、道路污染防护区等。植物群落结构设计方面，本书介绍了植物群落的概念，分析了旱生植物演替规律，人工环境下的植物群落与自然环境下植物群落的差异。基于这些理论基础，本书首次提出"基于日照因子限制下的植物群落模型"。根据此模型，本书设计了 100 种景观植物群落类型，用于决策支持系统的数据库支持，为该系统的数据库建设打下了基础。

为了使该系统能够普及推广，在第 6 章中借助 MATLAB 计算机编程语言设计了 UP-DSS 的 GUI，并利用 MATLAB 将 GUI 中的控件进行编码，实现了该系统的功能化、动态化，最后利用 MATLAB 编译器（MATLAB compiler）将本书生成的 UP-DSS.m 文件编译成 UP-DSS.exe 可执行文件，最终实现了 UP-DSS 系统的普及推广。

第 7 章，对本书的主要成果进行总结，探讨本书的主要内容。主要包括景观植物的日照需求及敏感性预测体系、日照因子限制下的植物群落模型、基于 GIS 技术与 MATLAB 计算机语言的智能决策平台等，总结了本书的主要结论与成果。最后，展望了本书中研究的应用前景，以及今后需要继续开展的研究内容。

第2章 研究综述

风景园林学汇聚了生命科学、艺术美学、信息技术、计算机科学、历史学、社会经济等领域的内容，具有综合性和多学科的特点。从事该学科的理论研究者，应根据自己的研究方向并结合国际研究前沿探索学科空白，解决风景园林学中的关键问题。

从这一理念出发，本书在研究前期阶段对科学文献进行了大量的阅读和分析，分别探讨了以北美为代表的 LA（landscape architecture）发展特征和趋势、数字技术在 LA 研究中的主要应用、景观植物选择与配置的可持续方法等。

2.1 北美地区 LA 研究特征和趋势

经济、社会及环境的变化导致了对相关知识的需求，迫使人类找到一个可以协调各种矛盾、减缓恶化进程并有意识地把握发展方向的学科体系，风景园林无疑是承担这一社会责任的学科之一。近年来，我国风景园林学科发展迅速，2011 年国务院学位委员会和教育部颁布的《学位授予和人才培养学科目录（2011 年）》正式公布风景园林学成为一级学科。随后众多高校成功申请了风景园林学一级学科博士点，招生和培养力度进一步加大。同时也应看到，风景园林作为我国新成立的一级学科，其理论基础相比建筑学、城乡规划学还比较薄弱，更面临着学科内涵外延确定、不同院校人才培养目标协调及二级学科建设问题。在国外，最近出现了应对气候变化的风景园林教育讨论，这些启示我们要及时跟踪国际研究前沿、学习国外先进经验。风景园林职业市场份额方面，具有国际影响力的景观规划项目如奥林匹克运动会总体规划，据统计，国外景观设计公司在其中占有较高比例。随着我国环境污染加剧、极端气候频发、生物多样性保护及国际职业市场的竞争等问题的出现，迫使我们亟须完善风景园林知识体系、加快学科建设、拓展实践领域，才能缩小与国际上的实际差距并提高竞争力。

美国是世界上第一个设置风景园林专业的国家，经过百余年的历史积淀和理论体系建设，现已发展成为国际学者所认可的成熟学科和职业市场。我国学者早期（2000）对美国 LA 实践内容总体的描述，以及近年（2010, 2011）对美国 LA 课程体系和雨水管理的研究，这些成果对我国风景园林的发展具有很好的参考价值。但是，在我国风景园林发展的新形势下，对近期美国 LA 实践内容的定量分析和系统研究则更为重要。

本节的内容是通过文献收集的方法，对近几年 ASLA 年会的议题进行统计分析，系统梳理了议题数量变化、议题研究内容及议题发展趋势，并对议题研究热点进行深入讨论。

（1）方法

美国风景园林师协会（American Society of Landscape Architects，ASLA）是世界公认的集景观教育、实践、管理、规划和对自然环境进行艺术设计的专业协会，在美国每年举行的年会中均有来自教育、政府、企业和非营利机构的人员参加，讨论的问题则是当前 LA 领域中学术研究的热点、景观项目管理和景观工程实践等。

本书所使用的方法为统计方法。文献统计分析方法在科学研究中较为常见，特别是根据学科相关的优秀期刊作为信息来源，成为把握研究热点、分析研究规律和预测发展趋势一个很好的手段。对 ASLA 年会参会人员议题提纲的统计分析，可定量地判断美国 LA 实践内容、研究热点，并推测今后的发展趋势。ASLA 年会议题及时跟踪城市化进程中出现的新问题，其时效性强、参会人员广泛等优点，涵盖了 LA 领域不同层次的各个方面，这也是本书选取 ASLA 年会材料作为分析对象的初衷。

（2）过程

研究前期阶段，主要对所下载材料进行筛选，按材料编号顺序进行分析，剔除企业或协会宣传材料、重复议题、无信息价值议题。中期阶段，确定所需统计工具、统计类别和制定相应表格。后期阶段，利用统计分析工具，分析研究类别的数量关系、变化趋势和发展特点。

（3）材料

本书的数据主要来自 ASLA 网站公开数据。包括 2009—2012 年年会各参会人员演讲提纲（handouts），其中 2009 年 9 月 18—21 日在美国芝加哥举行的年会议题提纲 49 篇；2010 年 9 月 10—13 日在美国华盛顿举行的年会议题提纲 45 篇；2011 年 10 月 30 日至 11 月 2 日在美国圣迭戈举行的年会议题提纲 54 篇；2012 年 9 月 28 日至 10 月 1 日在美国菲尼克斯举行的年会议题提纲 82 篇。共计 230 篇年底议题提纲作为本书的主要数据来源。

2.1.1 议题及变化分析

美国 LA 实践领域较广，几乎涵盖了户外的一切人居环境的维护、改变及重塑。本书通过对议题题目词汇的提取、议题内容的归纳，以及对议题内容出现频率较高的词汇作为"关键词"进行统计，将其归纳为 26 类。根据风景园林学科理论研究和实践特点将 26 类划分为规划与设计、管理、工程、技术、材料和其他六大类，并对其进行分析讨论。

根据分析（表 2-1），ASLA 年会议题中各类型研究所占数量比例从大到小的排序分别为规划与设计、管理、材料、技术、工程和其他。由此可见，规划与设计类专题在 ASLA 议题中所占数量比例最大，这类议题不仅是美国风景园林师的日常工作内容，而且反映了美国 LA 实践领域的基本概貌。管理类议题，在数量比例上排名第二，说明该类议题近 4 年在美国 ASLA 年会中所占比例较高。材料类、技术类和工程类议题，这 3 类所占数量比例差距较小，在美国 LA 实践中工程和技术措施常相互结合使用。因此，在数量上工程类和技术类议题相差不大。其他类议题是美国 ASLA 年会中新出现的内容，所占数量较少。

表 2-1 ASLA 议题中不同研究主题类型划分及数量比例

一级分类	二级分类	数量	比例
规划与设计	可持续发展 / 设计、公园 / 园艺、生态学理论 / 应用、公共开放空间、都市农业、城市设计、休疗养公园、湿地规划、校园设计、高尔夫场地、休闲度假村、城市气候、城市热岛	141	64%
管理	雨水收集 / 管理、景观遗产保护、景观设计公司管理	28	13%
工程	能源 / 灯光设计、城市风能利用	7	3%
技术	数字技术 / 应用、土壤改良 / 分析、景观分析 / 评价	19	9%
材料	城市植物 / 应用、屋顶 / 垂直绿化、透水铺装材料	21	10%
其他	风景园林师作用、风景园林师写作	5	2%

六大类议题在 2009—2012 年的数量变化上，也有较丰富的动态特征。如规划与设计类议题，每年议题数量与其他几类相比均为最高。2009 年相对较少，2010 年和 2011 年增长较平稳，但在 2012 年出现了陡增的现象。这一现象说明，规划与设计类项目近年来在美国 LA 实践中增长较快。管理类议题 4 年中的数量特点为，2009 年和 2010 年相同，2011 年略降，但 2012 年数量增长较快。这一现象反映了美国风景园林师对资源、环境、遗产保护和管理的重视程度不断提高。2009—2012 年材料类议题数量变化特征为凹形，2009 年和 2012 年数量较多，而 2010 年和 2011 年则较低。技术类议题在 2011 年数量最高，其次为 2009 年，2010 年和 2012 年数量则较少，数量变化无规律。而工程类议题 4 年中表现为波动增长，2012 年数量增长较快。

另外，在议题类别归类时，规划与设计、管理和工程三大类中的部分小类有重叠现象，主要是公园 / 园艺、雨水管理和湿地规划议题。对于公园 / 园艺的讨论，把具有历史性公园的保护、开发和管理性质的议题归为 "管理" 大类；对于详细介绍施工工艺的议题归为 "工程" 大类，其余全部归为规划与设计类。在雨水管理和湿地规划议题中，同样有些介绍了工程设备、工艺技巧的议题，研究中把这类议题划分为 "工程" 大类。

2.1.2 议题内容分析

ASLA 年会议题材料所涉及的内容非常丰富，为更好地量化不同论述议题的数量，本文通过对议题题目词汇的提取、对议题内容的归纳，以及对议题内容出现频率较高的词汇作为 "关键词" 进行统计。风景园林师的工作领域涉及社会、经济、环境和艺术表现的各个方面，为便于统计分析，将美国 LA 研究内容划分为了 26 类（表 2-2）。出于统计分类方法无法全部概括，且个别议题数量较少的原因，从美国 LA 的 26 类实践内容中选取 8 类单独论述，另外 18 类集中讨论。

表 2-2 2009—2012 年议题报告数量

议题	2009 年	2010 年	2011 年	2012 年	总计
可持续发展 / 设计	11	12	11	16	50
公园 / 园艺	5	8	5	8	26
雨水收集 / 管理	3	5	4	7	19
生态学理论 / 应用	2	8	2	4	16
数字技术 / 应用	3	2	6	2	13
城市植物 / 应用	3	2	2	4	11
公共开放空间	1	2	3	4	10
都市农业	1	2	3	3	9
城市设计	0	1	3	5	9
屋顶 / 垂直绿化	5	0	0	3	8
能源 / 灯光设计	0	2	0	4	6
景观遗产保护	3	2	1	0	6
休疗养公园	2	0	1	2	5
湿地规划	0	0	3	1	4
风景园林师的作用	1	0	1	2	4
土壤改良 / 分析	2	0	2	0	4
城市气候	0	1	1	1	3
景观设计公司管理	0	0	0	3	3
校园设计	1	0	0	2	3
城市热岛	0	0	0	2	2
透水铺装材料	1	0	1	0	2
高尔夫场地	1	0	0	1	2
休闲度假村	0	0	0	2	2
景观分析 / 评价	0	0	1	1	2
城市风能利用	0	0	0	1	1
风景园林师写作	0	0	0	1	1

（1）可持续发展理论

可持续发展作为对未来环境管理和自然资源使用的决策框架被广泛接受。景观融合了地理要素和生态功能，对自然资源的保护和生态服务的发挥起到了重要作用。景观的可持续发展要求景观结构支持生态、社会和经济过程的需求。LA 作为协调人类对空间、审美、非物质需求与自然供给相矛盾的学科，因此在欧美国家和地区非常重视可持续理论的运用。根据统计发现从 2009 年至 2012 年年会议题所涉及的可持续理论在美国 LA 实践中的应用分别有 11 篇、12 篇、11 篇和 16 篇，在议题数量上分别占全年之首（表 2-2）。可持续景观要求响应环境变化，通过设计手段和植被材料增加碳汇、清洁大气和水、提高能源使用效率和增加生物栖息地，进而显著地增加经济、社会和环境效益。在美国，2003 年秋环境保护局（EPA）

当地工作人员就曾选用原生草和乡土开花植物替换了约2英亩的人工修剪草坪,以响应总统关于在"联邦机构实施强制性可持续景观方案"的提案。可见,政府强制性法案和相关政策的出台,以及政府的示范作用对风景园林实践中可持续的实施非常关键。

表2-3　2009—2012年年会议题主要可持续理论研究及内容

作者	年份	研究内容	所属机构
J. Ahern	2009	弹性理论;城市可持续研究	马萨诸塞大学阿默斯特分校
J. Woodward	2009	弹性景观与可持续能力	加州州立理工大学
J. Hou	2009	城市可持续能力	华盛顿大学
J. Attarian	2009	城市可持续基础设施	芝加哥交通局
D. Dale	2010	能源可持续与规划;系统工程与城市规划	威廉麦克唐纳
M. Lehrer	2010	可持续食品系统;农业和可持续城市	米亚·莱勒设计事务所
S. Benz	2011	可持续设计;土地规划	奥林工作室
N. DeLorenzo	2011	景观与城市可持续;农业与城市设计	德洛伦佐公司
C. Brown	2012	可持续干旱区设计;特殊生境设计	史密斯集团
J. Robertson	2012	文化响应研究;美国土著文化社区	JSR设计工作室
I. Brown	2012	生物多样性;生态系统服务功能;评价模型	AECOM
S. Martina	2012	沙漠风格设计;沙漠美学研究	史蒂夫马丁公司
T. DeWan	2012	风能规划;视觉影响评价	特伦斯·德万与合伙人
S. Brown	2012	太阳能利用;城市景观	布莱特公司
M. Ellenberger	2012	太阳能照明;清洁能源与景观规划融合	索尔公司
D. Dreher	2012	可持续铺装;可持续铺装与绿色基础设施	Geosyntec咨询
T. Tavella	2012	可持续铺装系统;工艺方法	塔维拉设计集团
M. Hilleman	2012	可持续指标;景观、效益与尺度	圣保罗港务局
N. Holmes	2012	雨水管理;环境生态融合	尼奇工程

ASLA年会议题中可持续理论的研究从城市可持续设计、区域规划、资源能源和生物多样性等角度展开。根据可持续理论应用研究的代表性学者及其贡献分析(表2-3),Martina认为可持续设计应根据区域自然条件状况选择可行设计方案,不但节约资源和管理成本,而且形成特色地域景观。而Robertson则通过对美国原住民文化的深入了解,将这种文化理念纳入美国原住民的社区规划、恢复和重建上。Brown从维护城市生物多样性和生态服务角度出发,认为城市景观规划应立足于改善碳氮循环、缓解城市热岛效应、节约水资源及适应气候变化。2012年,Dewan等、Brown等和Ellenberger等分别从太阳能、风能结合城市规划、景观规划角度切入,充分说明了美国LA实践中对绿色能源的关注。而对资源的可持续设计在ASLA议题中表现得也非常明显,如Tavella和Dreher等通过透水铺装工艺方法吸收雨水,Lehrer和Delorenzo等通过城市规划与农业生产的结合以达到食品可持续供应的目的。ASLA议题中Ahern和Woodward等认为城市的不可持续是因为城市景观系统的弹性不足造成的,

Hilleman 则从可持续指标的角度分析景观、尺度和效益的关系。综合分析，各学者在探讨 LA 与可持续理论上，从宏观到微观、从整体系统到单个要素均有论述。美国 LA 的研究方向已经由纯美学向（经济、生态、文化）效益、由表现形式向景观系统功能方向转变。

与可持续发展的单个要素研究相比，城市景观系统模拟则显得尤为重要。目前，针对大尺度的风景园林规划项目中集可持续性评价、地理评价、文化评价、生态评价和环境评价的综合评价模型系统还较少，不过 AECOM 公司研发的可持续系统综合模型（sustainable system integration model, SSIM）具有类似的功能。另外，可持续发展想要落实到风景园林规划的实践过程中，必须出台相应的强制性法规，对景观规划方案的相关指标进行科学评价。

（2）公园或花园

公园作为公共开放空间的典型类型，研究数量仅次于可持续设计。2009—2012 年 ASLA 年会中涉及"公园或花园"词汇的共计 39 篇，议题包括屋顶花园、屋顶绿化 8 篇，休疗养专题公园 5 篇，其他 26 篇（表 2-4）。

表 2-4 2009—2012 年会议题主要公园 / 花园研究

作者	年份	公园名称	主要功能	适用群体
S. King, et al.	2009	Kellogg 公园，圣地亚哥	体育活动；娱乐活动；遗产保护	家庭；儿童
S. King, et al.	2009	Tumbleweed 公园，钱德勒	体育活动；教育；遗产保护	家庭；儿童
J. Hou, et al.	2009	Seattle 社区花园，西雅图	农业教育；食品供应；体育活动	所有人群
T. M. Hazen, et al.	2009	Schwab 休疗养花园，芝加哥	治疗恢复；安抚放松	病人；其他
J. S. Bachrach, et al.	2010	Jackson 公园，芝加哥	生物多样性保护；活动展览；遗产保护	所有人群
D. Jones, et al.	2010	Red Mountain 公园，亚拉巴马	户外运动；遗址保护	所有人群
T. Balsley, et al.	2010	Bryant 公园，纽约	休闲聚会；文化娱乐	所有人群
L. Starr, et al.	2011	Central 公园，纽约	生物多样性保护；娱乐活动；体育活动	所有人群
K. Smith, et al	2011	Orange 县大公园，欧文	社区活动；生态保护；食品生产	所有人群
V. Estrada, et al.	2011	Balboa 公园，圣地亚哥	活动展览；文化娱乐	所有人群
D. Larsen, et al.	2012	Papago 公园，凤凰城	遗产保护；体育活动；生物多样性保护	所有人群
J. Burnett, et al.	2012	Sonoran 沙漠花园，加州	生物多样性保护；特色游览	所有人群
T. Woltz, et al.	2012	Royal Botanic 花园，墨尔本	生物多样性保护；植物科普教育	所有人群
J. Hopkins, et al.	2012	Elizabeth 奥运公园，伦敦	体育活动；娱乐活动	所有人群
A. Bokde, et al.	2012	Multi-Benefit 公园，加州	改善水质；栖息地保护；娱乐活动	所有人群

美国的公园根据建设早晚、规模大小、重要程度等影响因素可分为国家直管、州、地方管理和私人管理 4 个层次的经营模式，而国家公园管理局（NPS）是联邦政府的直属机构，因此公园在美国经济社会中具有举足轻重的地位。国家公园管理局成立最初的宗旨是保护资源和提供游客娱乐的场所。在美国，公园既有综合性公园、动植物资源保护性公园，又有儿

童公园、休疗养公园和社区园艺等专类公园，在社会经济发展中具有重要价值。甚至有学者研究发现，居住区与公园、道路、湖泊和溪流等开放空间距离的远近对房屋价格也有非常显著的影响。公园在美国除了供人民游憩、避难避灾、户外运动、保护资源和缅怀纪念外，有时还能为其他社会服务提供场所支持。例如，位于芝加哥南边著名的 Jackson 公园最初是由 Olmsted 和 Vaux 于 1871 年设计而成的，为 1893 年世界哥伦比亚博览会的成功举办发挥了重要作用。而位于圣地亚哥北部的 Balboa 公园则在 1915 年和 1935 年举办了巴拿马太平洋国际博览会，同时留下了许多展览馆。总结 2009—2012 年 ASLA 议题中对公园或园艺的研究，主要有以下变化特点：在功能发挥上，公园从建设之初的供游客"休闲娱乐"的单一功能，转向自然资源保护、生物多样性保护、遗产保护、生态防护、体育活动、文化教育、食物供应、休疗养服务等兼具游憩娱乐的多功能方向；在发展类型上，公园从较单一的类型向综合性公园、专题公园、防护公园和特殊性公园等多类型方向转变；在发展方向上，今后对公园的建设和管理将会从显形的经济效益向隐形的资源、生态价值方向转变，同时更加关注各种价值的平衡与协调问题。

造园（gardening）在美国主要指种植和培养植物的实践活动，从内容归属上为园艺学（horticulture）的一部分。造园定义中的实践领域和内容范围非常广泛，ASLA 年会议题主要集中在社区庭院或屋顶种植的园艺活动，也有少量的在非居民区的公共绿地中的园艺活动，常结合都市农业进行讨论。而屋顶绿化或屋顶花园最初是为了模拟陆地花园景观，供人游憩、供应产品，目前节能降温相关的生态效益也逐渐开始受到重视。此外，城市中专为病人、亚健康人群和城市居民设计的用于通过园艺活动、视觉刺激、心理抚慰等过程，达到放松精神、治疗相关疾病的休疗养公园（healing gardens）在 ASLA 议题中也有较多论述。

（3）雨水收集与管理

2009—2012 年 ASLA 年会所涉及的雨水收集或管理议题分别为 3 篇、5 篇、4 篇和 7 篇。雨水收集（rainwater harvesting）其实是一个工程技术措施，通过管道和储水装置在雨水没进入地下水层时储存起来并重新利用，收集的雨水可用于饮用、动物饲养、家庭卫生和农业生产等。

ASLA 议题中的雨水收集的主要目的是用于景观中的植物需水，提供雨水收集管理设备或提供技术的相关企业居多。以生物净化为原则，通过工程技术手段收集、净化雨水，为景观或环卫需水的案例在美国高校中也很常见。2010 年 ASLA 年会议题中 Graffam 等介绍了位于耶鲁大学克朗厅的雨水收集系统，从建筑屋顶和周围地面收集雨水，雨水流入沉降池，后流经储存池和生物处理池。水生植物香蒲、菖蒲和莲藕可吸收水中的氮磷元素，最终达到生物净化水质的目的。

雨水对生物入侵，对森林、湿地等栖息地的缩减都有较大的影响，2010 年 Stern 等针对雨水对 Rock Creek 公园造成的这些影响提出了具体的恢复措施。通过对雨水收集量的计算，结合灌溉需求，2012 年 Ogata 等对实际应用、设备维护及商业化进行了展望。雨水的收集对于干旱少雨的国家和地区意义非常重大。Wenk 认为，城市化改变了水文过程进而改变了城市中雨洪径流、流量和强度，这种改变增加了水对土壤的侵蚀、栖息地破坏、面源污染和洪灾问题。

Tavella 则认为雨水的下渗是未来可持续设计的关键，在大尺度景观中利用自然系统自我管理消除城市雨水管道将是雨水管理的理想状态。雨水收集在美国 LA 实践中已经纳入常态化的工程措施，既有可持续政策做保障又有市民环保意识的支持。另外，雨水收集措施还可以调节雨洪，降低极端天气对当地的影响。ASLA 议题对雨水收集或管理的研究常结合可持续发展规划，综合分析各研究内容主要有以下特点：在研究思想上，对雨水的管理是实现自然系统的自我管理还有人工管理，以达到节约水资源和减少雨水过多造成的负面影响的目的；在理论方法上，主要探讨了雨量计算、雨水过滤、消毒和储水设施等一系列的问题；在发展方向上，雨水收集理论和景观规划、景观需水的融合将是未来发展的重点，而工程造价成本也应是需要考虑的一个方面。

城市园林绿地的日常需水量非常大，特别是在夏季一些非乡土的草本植物。我们通常使用城市自来水管道喷灌，或者是使用水罐车就近连接消防栓取水，不仅会造成城市用水量大增，还会增加运输车辆的能耗。ASLA 议题中关于将雨水收集重新利用的技术将会在未来节约型园林实践中得到越来越多的体现。

（4）生态学理论及应用

早在 1960 年，生态学结合环境运动就已经成为普及的科学，并引入景观设计、城市设计和建筑设计等设计职业。生态学理论应用到现代景观规划中的案例在 ASLA 年会议题中最为常见，特别是在影响到生态系统大尺度的规划区域。当生境遭到破坏、土壤和水体污染，以及河道生态系统恢复时，生态学理论将发挥积极作用。如美国宾夕法尼亚州匹兹堡的 Nine Mile Run 峡谷在过去的九十多年里经常被城市化和工业发展所干扰，2000 年匹兹堡市政府开始探索新的使用策略。为了恢复该区域的生态活力，建立了永久的绿道连通弗兰克公园和莫农格希拉河等。该生态方案的实施最终实现了溪流恢复、湿地恢复、河岸生境恢复、入侵物种控制、水质管理和公园基础设施改善等目的。

2010 年 ASLA 议题中，Tredici 利用生态原则将城市植物景观分为 3 个类型：残留景观（remnant landscapes）、维护的城市景观（managed urban landscapes）和废弃的城市景观（abandoned urban landscapes）。从维护成本角度论述城市植物的景观类型，这一理论为 LA 实践者提供了植物种植的生态原则，从而减少了景观维护的劳动力和投入成本。例如，在一些维护程度较低、资金缺乏的景观规划区域，园林植物的应用上应多选用原生乔木、灌木和耐干旱贫瘠的草本植物作为群落组成，从而最大限度地降低维护要求。结合目前多数园林企业和业主对"流行树种"的热捧，从而忽视后期的维护要求、植物生态习性和植物群落的稳定性，作为园林工作者应该反思这一现象并在实践中有所作为。

城市化的进程将对环境中的生物、水资源、气候和大气造成较大影响，生态学理论结合景观规划可以缓解这种压力，并将影响降到最低。2012 年 Brown 等通过对城市环境中的生物多样性和生态系统服务功能的研究，利用定量方法探索城市碳循环、城市热岛管理、生物多样性、水资源管理、气候改变和生产性景观，同时也强调了生态学在综合可持续规划背景下的重要意义。Bishop 等利用人类生态学理论，通过案例探讨了在人居环境的规划上，景观设计师、生态学家和规划师应相互合作才能够在人类栖息地、水文系统和人类迁徙等大尺度系统上做出科学规划，并建立人和环境的和谐关系。2010 年 Bowers 等和 2011 年 Reed 等同样讨论了景观设计师利用生态学知识结合设计实践的案例，并认为生态学理论和景观设计可以很好地结合。根据 ASLA 议题生态学理论的研究可以发现，关于普通生态学理论的讨论较少，而与城市、景观和人居相关的应用生态学理论则较多。由此可见，美国 LA 学科研究中面对复杂的人居环境问题时，应用生态学理论与 LA 相关理论融合的趋势非常明显。

（5）数字技术及应用

数字技术在 2009—2012 ASLA 年会中的介绍主要包含了计算机仿真技术、社会媒介应用、三维模拟和相关理论技术的融合问题。计算机仿真技术主要用于模拟具有历史价值的建筑、文物及景观文化遗产。2009 的年 ASLA 年会中，Bachrach 等介绍了加州大学洛杉矶分校城市仿真团队用计算机对 1893 年举办的哥伦比亚世界博览会进行仿真模拟，形象再现了 Jackson 公园博览会的历史场景。近些年来，对于社会媒介的使用人数不断增长这一趋势，Coleman 等在 2011 年的议题中通过调查方法统计了美国的社会媒介使用人数达到了 1 亿 9000万，并分析了常用的 Facebook、Twitter、LinkedIn 和 Google+ 等社交工具，并呼吁风景园林师应熟练利用这些工具和客户、社会保持互动关系。大尺度的场地规划和繁多的场地照片使设计师们无法辨识具体的地埋位置，2010 年，Sipes 针对这一问题提出用 GPS 模块为数码相机提供地理属性信息从而解决这一难题。在 3D 模拟方面，2011 年，Schrader 和 Gilbey 等介绍了 GIS与 CAD 的融合在数字设计环节中的应用，而 Tal 和 Gilbey 等则介绍了 3D SketchUp 在场地规划和设计的应用。

1969 年，McHarg 在《设计结合自然》一书中地理要素叠加的思想开启了理性设计的先河，GIS 技术的发展则提供了设计的技术支持，Geodesign 的提出更是 Steinitz 景观设计框架与地理信息技术相结合的成功典范。Steinitz 景观设计框架结合 GIS 技术平台将成为今后的数字景观规划发展方向。2011 年 ASLA 年会议题中 Hanna 等认为 Geodesign 包含了目前 CAD、GIS 和 BIM 所具有的优势，并从其定义、特点、价值、课程和目前的方法与应用方面进行了介绍。2012 年 Wittner 等针对 3D 模型在风景园林中的应用进行了回顾，在不同的工作环节、项目类型和成果展示方面所使用的方法和工具也有所区别，他们认为，今后的发展趋势将集中在数据采集过程与精度、用户界面、工具集成方向上。Fletcher 等则展示了脚本和参数化设计在风景园林中的应用，并认为参数化设计软件在制图中具有很大的应用潜力。

自 2010 年 Geodesign 首次峰会致力于地理设计框架和概念以来，每年均有来自建筑、景观设计、景观生态、区域规划、环境规划和土木工程等领域的学者专家参会。对于不同尺度（scale）的规划所关注的重点、规划依据、数据要求和使用手段其实相差很大，从地方（local）、区域（region）到全球（global），越向上越需要理性规划，因为大尺度规划对生态环境的改变和人类影响也越大。Geodesign 思想是要求设计要以丰富的地理属性数据为依据，通过规划理论选择更优的实施方案。

在 Geodesign 提出之前，美国学者 Allenby 所提出的"大地系统工程与管理"（ESEM），以及我国孙筱祥先生所提出的"地球表层规划"在宏观规划思想上具有相似性，这些宏观规划须有科学的地理数据和模型为依据才不致造成严重的规划失误。另外，为了便于地理信息部门、规划管理部门、规划单位和利益相关者（stakeholder）在数据提供、规划要求、方案设计和方案征求方面的高效沟通、修改和管理，通过数字技术使规划理论集成化、模块化的需求越来越明显。这种方法需要熟知规划理论内涵，拥有丰富的规划实践经验、计算机编程及 GIS 二次开发能力才能实现。

（6）城市植物及应用

植物作为景观中最为活跃的要素，在每年 ASLA 年会议题中均有探讨。在 LA 实践过程中植物始终发挥着重要作用，植物对维持碳氧平衡、维护生物多样性、净化土壤及缓解城市热岛效应方面已经有许多研究并得到证实。

2009—2012 年 ASLA 议题中介绍的植物部分主要集中在植物的生态设计、植物净化作用、适宜性种植和乡土植物种植等几个方面，以及通过深入了解植物生长的生理条件，在后期的种植、维护和生长调控方面可以人为加以干预。2012 年 Kennen 利用现代技术展示了树木吸收地下点源污染物的方法，根据收集到的数据证实了植物吸收污染物的作用。Starr 等主要从乡土植物色彩和美学形态上的选育具有景观利用价值的植物种类，并进行市场的推广应用。屋顶绿化、垂直绿化对于使用的植物材料要求较高，主要是满足屋顶特殊的生态环境条件，如土层薄、光照强、风速高和空气湿度较小等特殊生境。2012 年 Delplace 等、Floor 等在 ASLA 年会中分析了设计和建设屋顶花园的诸多困难。而 Mehaffey 等则详细分析了墙体绿化的优点和相关技术规范。

2010 年美国纽约高线公园的建设成果获得了 ASLA 设计奖项，其可持续植物的设计和种植选择成为该项目中的核心工作。Corner 等针对高架铁路特殊的生态环境，提出"适应性种植和乡土植物种植"方案。2011 年 ASLA 的议题中，Risner 等和 Reed 等分别提出了耐旱植物在特殊环境中营造景观的作用及植物在区域环境表达方面的意义。2012 年在 ASLA 议题中 Urban 等介绍了植物对雨水的生物截流，对水体和土壤的净化作为介绍重点，并对比研究了各种雨水管理措施的优缺点。在景观营造中，选择适应性强的乡土植物可极大地节约景观建设和维护成本，这也是今后发展的方向。

（7）公共开放空间

公共开放空间（public open space）经常被景观设计师和城市规划师提起，其有两个内涵：一是"公共"，即国家或当地政府所有、公共非营利机构所有或者私人个体和组织所有，但是大众可使用或者进入；二是"开放"，使公众易进入、进行休闲活动，特指户外而非室内。对城市中公共开放空间对市民的身心健康、社会行为和邻里关系影响的研究已经广泛开展。ASLA 年会议题中公共开放空间出现的频次也较多，主要包括公园、绿道、广场、人行道、商业区、滨水区域等。公共开放空间在美国 LA 领域中研究较为成熟，其主要原因是美国城市化进程较早，城市拥挤、环境污染和市民对亲近自然的心理需求相关。与我国情况不同的是，公共开放空间规划是美国风景园林师所实践的主要业务之一，而我国则主要纳入城市规划环节。

2010 年会议题中，Spain 介绍了她早年供职于国家公园丹佛服务中心的保护美国公共历史和自然场地的经历。在 2006—2010 年美国华盛顿国家广场（National Mall Plan）的规划设计中，Spain 担任项目主管参与了该项目的整个过程。国家广场计划提供了 50 年公园的未来框架，为恢复和促进国家广场繁荣提供了一个综合的蓝图。经过 4 年的努力，国家广场每年吸引 2500 万游客到访，作为开放空间的广场绿地在城市生活中作用越来越明显。社会对公共开放空间的需求受到当地政治、经济和文化的影响，在人为改变的社会和自然系统下，需要寻找应对这种动态变化的策略。2012ASLA 年会议题中，Cubell 等针对西雅图中心（Seattle Center）面临着复杂多变的社会需求问题，指出设计师应吸纳当地历史文化、了解各类需求，以便及时应对未来的挑战。

ASLA 年会中多数景观设计师认为目前的城市、郊区和农村的发展给开放空间造成的较大压力，目前的当务之急是国家、州和当地政府的相关部门需要制定合适的政策、策略和标准，对于保护城市开放空间应从可操作的政策和准则入手。也有学者曾认为，目前的公共开放空间面临着数量和质量的减少，表现最明显的是公共空间的私有化，推动这一变化的重要的原因就是财政问题。特别是由于政府对于某些区域投入的削减，公共空间的服务水平也随之降低。

（8）都市农业

都市农业（urban agriculture）在美国甚为流行，其概念可以追溯到 1940 年。第二次世界大战期间美国为了减轻食物供应系统的紧张，有近 2000 万的美国人耕作都市农业，当时被称为胜利园艺（victory gardens）。最近几年，美国人对都市农业的热情又被重新点燃。都市农业被认为绿色安全，并且能增进居民健康、保障食品供应、提供就业岗位，以及强化农业文化交流。由于地球人口数量的剧增，加之城市所占人口比重继续扩大，食品安全问题将会受到越来越多的重视。

2009 年 ASLA 议题中 Despommier 提出了城市立体农业概念方案，皆在解决城市人口数量增加与食物供应缺乏之间的矛盾问题。2010 年以"通过都市农业探索生产性城市景观""农业都市化：寻找可持续食物系统"为题，分别介绍了城市设计结合农业生产的先进理念，在具体都市农业系统运作上对政府政策、食物生产、作物赠送、种子保存、教育和园艺治疗理念又分别作了探讨。Nelson 等认为，都市农业小到社区大到整个城市在不同的尺度有不同的理解，在过去的 10 年已经获得了可观的生产能力，但是目前的市民较少关注个人与都市农业的类型、生产经验和相关农业知识的认识。而 Lehrer 等介绍了旧金山、底特律和洛杉矶等地都市农业的进展，并分析这些农业项目成功的基本因素及对环境、社会和经济的影响。

都市农业在实践中常结合城市可持续发展研究，如西雅图市为重视农业在城市可持续发展中的作用将 2010 年设为都市农业年。学者 DeLorenzo 分析了都市农业的起源，并倡议风景园林师应将农业纳入城市设计中以保障居民食品供应的安全。2011 年、2012 年在圣地亚哥和凤凰城的年会中又各有 3 篇介绍都市农业与城市规划、生产景观与城市环境、21 世纪农业与景观设计及城市与可持续农业等议题。在美国，都市农业受政府和人民的欢迎的还有一个重要的原因是"过去一代人的农业情怀不能很好地继承下来，通过这种手段可以唤起年轻一代对与农业相关产业的关心"。由此可见，美国很重视农业文化的继承与传承，倡导把乡土农业文化融入景观规划设计。

（9）其他研究

与城市环境相关的研究始终是 LA 领域中讨论的热点问题，2009—2012 年与城市设计理论相关的研究有9篇、城市气候3篇、城市热岛效应2篇及风能利用1篇。城市设计相关理论的探讨包括无障碍理论、社区规划、城市景观营造、公共参与和城市空间营造，而公共艺术与城市景观的完美结合则为学科交叉和融合的典范。城市微气候变化如城市热岛效应表现非常明显，尤其是在工业化程度较高的大都市。目前，景观设计师的研究致力于通过改变景观要素的面积比例和组合方式，来达到改善城市微气候的目的。在风能利用上，2008年美国缅因州由州长Baldacci牵头成立风能源法案，风能的开发极大地满足了当地能源需求，这也是可持续规划的重要表现。在美国，景观评价和景观遗产保护同样重要，如2009年议题中Gaudio等介绍了Olmsted的展望公园现代发展问题，特别是在历史性景观场地建设现代娱乐设施，以及协调娱乐设施与用地短缺矛盾的问题。这些都凸显了美国对景观遗产科学评价、景观遗产保护及今后发展问题的系统理念。

美国LA领域的其他专题研究在年会议题中也占据了较大比例，研究热点主要集中在湿地规划、高尔夫场地设计、屋顶垂直绿化、休疗养公园和休闲度假村等，在数量上分别为4篇、2篇、8篇、5篇和2篇。湿地在都市中发挥着污水净化、空气净化、文化娱乐和增加生物栖息地等多种生态价值，在ASLA议题中主要针对工业、生活、雨水和农业污水的净化进行论述。值得关注的是，在2009年、2011年和2012年的议题中共有4篇专门讨论风景园林师在可持续发展建设、健康环境营造和学科融合方面的作用，可见风景园林师不能仅仅作为景观方案的实践者，在学科理论和学科发展方面也应有积极贡献。

2.1.3 研究趋势分析

根据2009—2012年ASLA议题材料的统计数据和议题内容的深入研究，对近4年美国LA实践的主要特征、热点排序、传统领域和新兴领域的发展动向和趋势进行分析。

（1）议题特征

可持续发展理论成为美国LA研究和实践的立足点，可持续新能源与节能措施、可持续食品供应和水资源为具体表现形式。多学科的交叉融合已成为美国风景园林学科的显著特点，如应用生态学、气候学、计算机科学结合景观问题的研究，这一特征在解决复杂问题时学科协作、知识互补和实践领域拓展的优势非常显著。

（2）热点排序

2009—2012年之间议题总数量排名前10位的是：可持续发展/设计、公园/园艺、雨水收集/管理、生态学理论/应用、数字技术/应用、城市植物/应用、公共开放空间、都市农业、城市设计和屋顶绿化/垂直。在议题报告数量前10位中，可持续发展（设计）数量最多，约为公园/园艺议题出现次数的2倍。雨水收集/管理和生态学理论应用议题数量为其次，而数字技术、城市植物应用、公共开放空间、都市农业、城市设计和屋顶/垂直绿化相比前者出现数量少且较均衡。

（3）传统领域

主要包括公园/园艺、生态学理论/应用、城市植物/应用、公共开放空间、都市农业、城市设计、屋顶/垂直绿化、景观遗产保护、休疗养公园、湿地规划、土壤改良/分析、校园设计、高尔夫场地、休闲度假村和景观分析 / 评价。公共开放空间、都市农业、城市设计和景观遗产保护 4 类议题随年份变化趋势显著，其中，景观遗产保护议题数量从 2009 到2012 年呈显著下降趋势，其他 3 类的数量在 4 年之中呈现显著递增趋势。景观分析 / 评价议题数量虽少但仍具有递增趋势。公园 / 园艺和生态学理论议题在总数量上排名第二和第四，从 4 年的数量变化上来看呈现波动变化，但未有明显的上升或下降趋势。城市植物、屋顶 /垂直绿化议题数量相对较多，城市植物议题略有增长，而后者在 2010 年、2011 年未出现，2012 年与 2009 年相比数量上有下降趋势。

（4）新兴领域

主要包括可持续发展 / 设计、雨水收集 / 管理、数字技术应用、能源 / 灯光设计、风景园林师的作用、城市气候、景观设计公司管理、城市热岛、透水铺装材料、城市风景利用、风景园林师写作。2009—2012 年 ASLA 议题中可持续发展年均数量与总数量上虽最高，但是每年出现议题数量较平稳从而呈现上升趋势一般的状况。4 年中雨水收集议题总数量较多，从数量变化上来判断具有增长趋势。数字技术在 ASLA 议题中也有浮动增加趋势，特别是以GIS 为数字平台的实践讨论越来越多。景观公司管理在传统的美国 LA 研究中较少出现，而2012 年议题中则有 3 篇讨论，说明美国 LA 领域的企业开始重视公司的管理运作。2010 年和 2012 年对能源 / 灯光设计的介绍也是美国 LA 领域研究中的新动向。

2.2　数字技术在 LA 研究中的主要应用

2.2.1　数据获取

基础数据是各类规划的基本保障，数据获取是景观规划或景观设计初期的主要任务。数字技术的进步和发展拓展了基础数据获取的途径，如我们所熟知的 3S 技术、风环境模拟技术及热辐射模拟技术等，其中风环境和热辐射模拟可为景观规划设计初期提供微环境数据。

大尺度的森林、湿地景观规划中，规划人员利用解译后的遥感图像或航片，结合移动GPS 的现场定位或具有定位模块的数字摄像设备，可以提供基础性的规划数据。虽然前期有较大的经济投入，但是这种数据获取的方法具有高效、准确、节省人力等诸多优点，特别是在人无法涉足的区域其优势表现更明显。在中小尺度的规划项目中，Google 地图经常被设计师用来获取规划区域的基本地理要素信息，利用 CAD 软件勾绘地表信息并建立属性。对地理位置准确性要求较高的景观规划区域，可利用便携式 GPS 选取关键的边界、拐点、地物等特殊特征点，收集所需地理坐标校正地理位置。另外，Fisheye 技术、123DCatch 技术及数码摄像设备在景观规划初期的数据获取阶段也有广泛应用。

近年来，风环境模拟在城市景观规划中也开始使用，可为景观规划设计提供风向、风速和湍流模拟数据。另外，因城市热岛效应引起的城市热环境数字模拟研究也被景观规划和景观设计领域所关注，这类研究可以为规划提供基础的分析数据。

2.2.2 地理分析

1969 年，麦克哈格（McHarg）的著作《设计结合自然》开启了理性设计的先河，其核心思想就是地理要素叠加作为景观设计的依据。"千层饼"式的地理分析方法已成为 GIS 技术的象征性符号，但这种技术发展的理念仍根植于景观设计思想。

目前，为了保护景观资源、维护生物多样性、发挥景观系统的服务功能，景观规划工作必须结合规划区域的地质、地形、水文、植被、动物、气象、文化及周围环境，这也是斯坦尼兹（Carl Steinitz）常说的景观规划要基于科学、基于价值，特别是在较大尺度上更应注意。因此，数字技术为这些因素的分析与评价提供了可能。景观规划和景观设计项目中，如雨水汇流与排水、景观道路的优化、假山与池塘或微地形的填挖方均需要利用 GIS 技术，才能指导规划项目的科学计算和项目实施。另外，对于景观规划区域的光照、湿度、风速、坡度等生态因子和微气候的分析与评价结果，可以作为选择合适景观植物及建立稳定植物群落的科学依据。

2.2.3 公众参与

早期的景观规划或景观设计项目在公共参与上略显滞后，纸质调查表、调查问卷及宣传材料是规划主体与利益相关者沟通的常用主要手段。这种工作方法主要缺点表现在效率低下、参与数量不足、反馈信息不畅，显然景观规划或景观设计成果存在不尽人意之处。人与景观的相互关系决定了公众参与的重要性，自下而上（bottom-up）和自上而下（top-down）的公众参与在实践中常结合使用。如利用 PPGIS（public participation GIS）方法使利益相关者充分理解景观规划的目的，收集大众对景观规划的合理性建议，并通过一些规划流程、技术平台、统计表格、栅格或矢量化的艺术表现，对公众进行宣传引导。

随着数字技术的快速发展并成功应用到景观规划和景观设计领域，其中影响较大的主要是 Web-GIS 技术的应用。通过网络平台将景观规划或景观设计项目详细信息发布出去，借此广泛收集不同利益相关者的建议、意见和愿景等反馈信息用于方案制定的决策与依据。在规划或设计的各个环节方面公开透明，让利益相关者充分了解项目的进度和内容。但是，Web-GIS 的应用在现阶段也存在一定的限制。首先，Web-GIS 的界面相对比较复杂，未经专业训练的普通市民在使用上将受一定影响。其次，Web-GIS 的功能和运作多应用定量方法，定性对当地的文化背景及影响要素的描述较少。再次，Web-GIS 缺乏高效互动要求，在一定程度上影响合作和参与过程。最后，Web-GIS 技术的复杂性较高，仅允许使用者浏览，缺乏复杂查询语句的使用。

2.2.4 决策支持

景观规划和景观设计的方案在最终实施过程中会根据反馈意见进行反复的修改，在不同的规划或设计区域、文化背景和生态环境条件下，其目标和侧重点会略有不同，会产生不同的规划和设计方案。因此，对于景观规划和景观设计工作，还有一个重要方面就是规划或设计方案的科学寻优。这一问题的解决，有利于招标单位或公众对景观规划、景观设计方案综合的评价、判断及决策。

在可持续城市规划领域，目前已开发出类似的决策工具。如 AECOM 公司开发的可持续系统集成模型（sustainable systems integration model，SSIM）具有综合、直观和易用的特点，该模型可提供城市规划中的 3 个阶段的决策支持：阶段 1 的城市形态评价，通过基于 GIS 模型工具比较可持续相关指数，选择城市形态方案；阶段 2 的基础设施系统模拟，评价可持续实践和措施并分析基础设施水平；阶段 3 的控制规划优化，选择水资源、能源、交通等规划要素的最佳组合达到控制性规划优化目的。可见，SSIM 可为规划中各个环节提供决策支持。另外，建筑领域中的 BIM（building information model）提供了从概念设计到运行、维修及拆除的全过程跟踪和查询，可借助于该系统提供相关的决策和支持。

然而，在不同景观方案的决策方面，目前还存在着景观价值定量计算、景观美学评价及评价主体的差异性等诸多困难或问题。通常景观规划和景观设计人员可结合景观管理部门、景观受益群体的建议，采用定性结合定量的方法比较不同方案的优劣、确定最终实施方案。在方案决策数字集成方面，今后还需要开发出便于科学评价、科学决策的计算系统，为景观规划和设计人员提供便利的决策工具。

以计算机代表的相关数字技术，在各个领域均发挥着重要作用。对于 LA 研究和实践，也具有革命性的影响，主要表现在规划设计理念、方法、效率的显著变化。本小节主要对数字技术在 LA 研究中的主要应用进行分析和讨论，目的在于掌握其发展方向和了解应用动态。

2.3 Geodesign 理念：景观规划设计的理论框架、技术需求及数字实现

地理设计（geodesign）的提出皆在实现科学、技术和艺术在规划设计领域中的完美融合。地理设计研究目前还处于概念阶段，而快速城市化对景观规划设计理论、程序及技术平台提出了更高的要求。因此，将景观规划设计理论和地理设计的支持环境整合，总结景观规划设计的现实需求，以及探索可行的技术实现途径尤为关键。

本小节对地理设计的概念起源、发展历程和指导思想进行系统梳理，并解析在地理设计视角下的景观规划设计理论及技术需求。在此基础上，提出 GIS 平台、软件开发和软件集成 3 个技术实现途径。此研究对本书起到非常关键的作用，坚定从事风景园林理论或实践，必须平衡科学、技术和艺术之间的关系。

2.3.1 概况

地理信息技术的发展有时会推动其应用领域的进步，Geodesign 就是目前讨论的热点之一。地理设计方法的科学性分析、模拟、计算等诸多数字特征，以及人性化的设计环境构想，迅速得到了风景园林、城市规划、建筑等相关应用领域的积极响应。利用 ISI 引擎对关键词"Geodesign"的检索，结果发现仅有少量的学术文献，部分为评论性文章。Google 学术检索显示，大多数是近 3 年的会议讨论。由此说明，地理设计虽然受到景观领域的关注，但是

在理论研究和具体实践上还处于初级阶段。对地理设计进行一个深入、系统的梳理，有利于相关应用领域中学者们之间的交流，引起对景观规划设计的理论方法、技术需求和技术实现手段的讨论。

（1）概念起源

1993 年，德国著名空间规划学家 Kunzmann 在《地理设计：机会还是风险？》文献中，首次使用了 Geodesign 词汇用于讨论空间规划问题。2005 年，Dangermond 基于对传统地理信息环境下自由设计的新奇感受非正式地提出了 Geodesign 概念。早在 2001 年，我国学者就曾讨论过地理设计的问题，利用人文地理的基本理论进行实证研究，但其含义与目前的Geodesign 是有差异的。因此，对 Geodesign 这个合成词的内涵做出科学解释非常必要。

从 Geodesign 的组成分析，最需要理解的部分是"Geo"，这也是传统设计活动和地理设计方法的区别所在。各个学者对此有不同的理解并给出不同的定义，其中 Steinitz、Ervin、Flaxman、Miller 和 Goodchild 等的论述最具代表性，"Geo"表示地理空间或地理信息空间（geographic-space）较被认可。Flaxman 认为地理设计是紧密结合的系统思维，是对地理环境影响、模拟的规划设计方法，其更强调是一种思维方式与方法论。Steinitz 在《地理设计框架》一书中，结合大量的景观规划设计实践描述了地理设计的工作方式。地理设计名称出现的时间虽不长，但学者们都很关心其今后的科学研究与具体实践内容。

（2）发展历程

在美国，虽然地理设计概念出现较晚，但其实践工作早在 20 世纪初期就已在建筑设计、景观规划等领域中开展。优秀的建筑设计常重视将建筑融入自然，通过自然要素的天然属性发挥最大的生态效益。早期的建筑师如 Wright 和 Neutra 多注重自然条件和周围环境对主体建筑的影响，同时后者对 1970 年的环境保护法的形成也有深厚的影响。20 世纪 70 年代之前建筑领域的地理设计工作因科学技术的限制，常用描述性的定性方法指导实践。电能的应用改变了地理设计的工作方式，其中影响较大的是曾与 Olmsted 共事的景观设计师 Manning，通过使用光照透明桌简化画图方式。1912 年 Manning 使用图纸叠加的方式，通过光照透明桌完成了整个美国的景观规划工作。

1969 年《设计结合自然》的问世使地理设计实践升华到了规划理论层面，虽然 McHarg 并未使用地理设计，但是他很注重对地理要素的综合评析。同时，实践团队中不乏多种学科背景的景观从业人员，其地理空间分析方法对 GIS 的发展也有重要影响。目前 Steinitz 教授是最受景观学界所推崇的学者之一，其丰富的实践经历和优秀景观规划设计理论成果为学科发展做出了重要贡献。2012 年出版的《地理设计框架》记录了早期的景观规划项目，详细论述了地理设计的结构、框架、模型，以及展望了地理设计未来的技术、方法和教育问题。Dangermond 是地理设计的主要推动者，目前其主要工作是使地理设计从概念讨论走向科学、科研和教育（图 2-1）。

在我国，古代基于"风水"理论和"天人合一"思想指导下的实践工作，被认为是地理设计在中国的雏形。近年来，中国的快速城市化凸显了人地关系紧张、文化遗产流失、生物多样性保护和生态系统脆弱等诸多问题。针对这一现象，相关学者提出利用景观生态学原理，建立生态基础设施（ecological infrastructure）和景观安全格局（sandscape security pattern），用以维护城市发展过程中人与自然的和谐关系。在地理信息领域，相关研究更多的是从技术角度探讨地理设计工作方式对规划实践的改变。

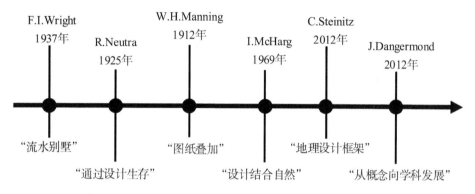

图 2-1 根据 Miller 文献修订

总之，不同领域对地理设计工作方式有不同的理解，而实践中也具有不同的工作路径和各自的特点。但是，在地理设计理念下，对技术平台的高度依赖已成为共识。

（3）文献统计

通过 ISI、Google 学术及 CNKI 等搜索引擎，对地理设计相关文献进行检索（该部分的研究日期为 2013 年 6 月份，文献统计以此日期为准）。将收集到的相关文献进行统计，分析内容主要包括：文献数量变化、文献贡献地区和文献类型。文献统计过程中，排除了未显示时间、出处、类型及重复的文献。另外，非英语或非中文的文献也不在统计范围内。根据文献分析（图 2-2），主要有以下特征。

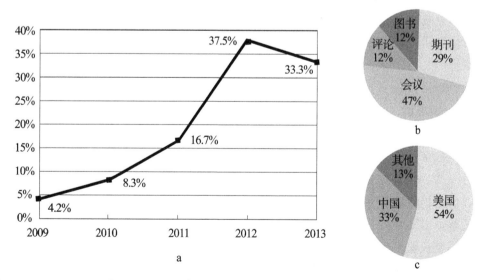

图 2-2 2009—2013 年 Geodesign 相关文献数量（a）、贡献地区（b）和文献类型百分比（c）

文献总数量变化上，2009—2013年总数量比例随年份呈上升趋势，但2013年文献数量比例低于2012年。2013年地理设计会议于10月28—29日在北京召开，会议与本次文献统计时间较近，部分会议资料还未上传至网络。

在文献贡献的地区结构上，以参与Esri公司地理设计峰会的美国学者居多。因此，现阶段美国地区学者的贡献比例较大。我国学者对地理设计的讨论近年来也逐渐增多，其主要是风景园林、城市规划相关的教育或科研工作者。其他国家的学者如英国的Batty主要对地理设计的评论，沙特阿拉伯的Aina是基于相关理论的实践介绍。

在文章类型结构上，目前的文献贡献还多集中在会议层面上。期刊文献上，我国学者对地理设计的介绍较多。外文期刊的搜索共有4篇，其中3篇是社论或书评，另外1篇是地理设计指导实践的案例研究。

2.3.2 Geodesign 的思想内涵

（1）科学思想

美国哲学家Peirce第一次提出猜测（guessing）理论，他认为假设a是来自于一种情景中的观察结论，而b结论是根据a推测的结论；当a结论是正确时，猜测结论b也理所当然的正确。因此，反绎（abduction）是这种猜测的逻辑推理形式，从观察到猜测、验证及寻找相关的解释证据。Miller对这一哲学思想有经典的论述，并用于解释设计思想和主要特征。他将设计活动描述为三大特征：反绎思维（abductive thinking）、快速迭代（rapid iteration）和多方协作（collaboration），地理设计思想是这三大特征的基本反映。

设计的本质是设计师基于专业知识、实践经验的再现活动，也有超越推理的非线性创造。因此，许多设计行为和设计决策具有不可预测的特性。设计的不可预测性决定了设计风险性的增加，解决这一问题的关键是对设计流程、环节、信息反馈与情景模拟的快速迭代。计算机相关的信息技术发展及在专业领域的应用，提高了人工迭代的效率，改变了传统设计活动的工作方法和手段。设计工作不只是设计师的独自活动，大部分的景观规划设计项目牵涉到众多管理部门、设计单位、民众和其他利益相关者。因此，缺乏高效的沟通、互动和协作则无法实现既定目标。

（2）系统思想

景观规划设计在处理复杂景观问题时通常利用模拟和影响分析的技术手段，结合相应的科学理论及社会价值，反映在多种可选择的方案上。实现这一目标，既需要充足的地理信息作为设计支持，又需要相关软件作为技术手段。现有的数字技术虽然在一定程度上便利了设计工作，但是仍然缺乏协同工作能力。系统思想应作为地理设计的指导思想，这也是处理景观问题的基本出发点。

系统思维反映了从计算机、信息技术到相关应用的软硬平台，都是对地理设计工作方式的认识。地理设计的系统思维以系统论为基本模式的思维形态，也是科学理性应用于设计活动的完美构想。设计工作最大的需求是使用易用的作图工具快速地表达设计师的构图理念，同时需要在设计工作中体现科学理性。反映对设计循环的计算机支持，实现设计人员、改变对象、利益相关人员的三方人性化的互动表现。

（3）尺度思想

Steinitz 信奉物理学家伽利略的相对空间观，"许多方法在小尺度上有效，但在大尺度上不一定有效"。对于景观规划设计工作同样适用，许多处理景观问题的思路在不同的尺度上应该有所不同。景观设计工作有时候与多种学科相联系，如地理地质、水文、生态、文史及公共政策管理，对于这些学科的从业人员多立足于宏观思想行使工作（图 2-3）。对于建筑和景观设计多注重微观尺度上的问题处理。

处理景观设计问题上常分为愿景（vision）、目标（goal）、策略（strategy）和手段（tactic）。全球尺度上（global）的景观改变将影响到自然资源、生态系统、地质水文和人居文化，在解决这些问题时将承担极大的风险，但成功的案例同样会惠及更多更广。在大尺度的景观问题上，应依赖科学手段和价值判断，承认人类感知能力的限制，避免造成严重的设计后果。设计成果应满足公众的愿景、达到既定的公众目标。中小尺度的景观问题上，应尊重少数群体的文化、审美和特殊需求，作为景观设计师应该捍卫他们的这些权利（图 2-3）。

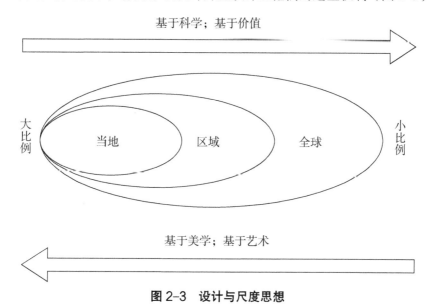

图 2-3　设计与尺度思想

2.3.3　景观规划设计中的理论框架

国内有学者将景观规划设计的核心工作分为空间形态、生态资源及心理感受的协调与满足。在景观规划设计的理论方法上，多根据不同的景观尺度、景观类型和地域不同而有所区别，体现了解决问题的针对性。

地理设计方法下，最具普适性的景观规划设计理论框架是 Steinitz 的景观改变模型（图 2-4），这一理论可用于景观问题的研究、分析及解决。景观改变模型现简要概括为"三循环（iteration）、四参与（partner）、六步骤（step）"。

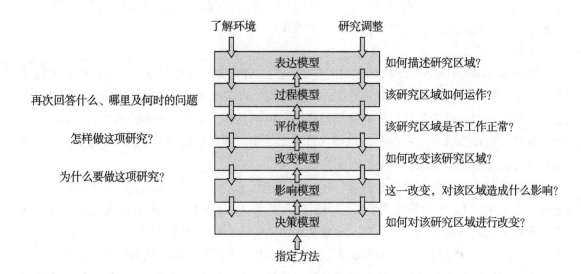

图 2-4　景观改变模型

（1）三循环

设计工作的典型特征是循环迭代，这也是景观设计师因反复修改方案而感到备受折磨的主要因素。

第一，了解环境。任何设计人员在设计创造之前必须经过的过程就是"了解环境"，对于景观设计师来说，也就是对需要改变的景观进行一个综合的了解与评价，这需要数据模型和评价模型。

第二，采取方法。有了对环境的深入了解，则要进入第二个循环，即"采取方法"，这取决于针对具体的景观问题选取不同的理论方法和技术手段。这一过程同样需要评价模型，只是从"描述"模型转变为"影响"模型。

第三，研究调整。根据对环境要素的分析、理解及评价，通过影响评价模型对采取的改变景观的方法做出评价，将转入"研究调整"循环。这个循环主要解决的是，采取的景观改变方案是否符合行政管理人员、当地居民及其他利益相关者对景观改变的需求，采用的方法和措施是否满意，如果满意则确定方案，如果不满意将重新返回上一循环进行修改调整。

（2）四参与

景观改变模型中的"四参与"主要指设计活动需要紧密协作的景观设计师（landscape architect）、利益相关者（stakeholder）、地理学家（geographer）和信息技术人员（IT staff）。

景观设计师是地理设计工作的主体，其中也包括与人居环境相关的城市规划人员、建筑师、土木师、管理者和社区公众。景观设计人员所起的作用是对景观问题的数据收集、分析方法的制定、景观改变方案的制定与修改。地理和信息技术人员在景观设计的活动中，主要对数据收集、数据处理及准确度控制的支持作用，这两方人员决定了景观设计人员对景观问题的分析、模拟及评价是否科学准确。利益相关者是景观服务的主要对象，也是对景观改变最为关心的群体。在景观设计中主要提出景观改变的需求，对景观改变方案给出反馈建议。

（3）六步骤

Steinitz 通过 6 个模型形成的"六步骤"构建了景观规划设计的基本理论框架，6 个模型即描述模型（representation models）、过程模型（process models）、评价模型（evaluation models）、改变模型（change models）、影响模型（impact models）和决策模型（decision models）。前 3 个模型包含了评价过程及地理环境具备的基本条件，后 3 个模型包含了景观设计师对景观干预的过程，分析景观需要怎样改变？景观改变后有何影响？了解潜在的影响差异后决定是否需要改变景观。值得关注的是，以上"六步骤"与"三循环"看似混乱矛盾，其实质是多个"循环"为多个"步骤"的重复过程，景观规划设计理论框架（或地理设计框架）简洁、清晰地描述了解决景观问题的工作过程，以及严谨、科学的景观规划设计理论。

2.3.4　景观规划设计中的技术需求

信息技术研发人员及教育工作者，从技术组成和实际需要方面对地理设计工作进行了讨论，展望了地理设计工作的构想和需求，主要概括为技术体系建立、科学分析决策、传统设计支持和人机互动。

景观规划设计在实施过程中通常分为概念性规划、总体规划、详细设计、扩充设计和施工设计等环节，不同类型的景观项目中有时会略有差异。现根据景观规划设计不同阶段对地理设计视角下的技术需求，形成了一个较完整的系统序列，并按照不同环节对技术需求进行简述（表 2-5）。

表 2-5　景观规划设计环节、内容及技术需求

环节	内容	技术需求
前期准备	资料、数据收集与调研	快速、准确、精练、全面
概念性规划	示意性景观类型、景观布局、景观理念	手绘输入、智能拓扑、云计算、效果展示、对比分析
总体规划	景观的定位、布局及目标	各指标的定量评价、空间分析、智能模拟、参数设计
详细设计	景观要素的准确布局，比例把握	视觉分析，景观模拟、示范、漫步，造价控制
扩充设计	对上一环节的补充设计，比例把握	空间关系，材料种类、规格、色彩管理，造价控制
节点设计	优秀景观节点的放大显示与表现	空间关系，景观模拟、示范
施工设计	景观语言转化为标准化的工程语言	造价控制、工序调整、施工答疑、现场管理与维护

（1）技术体系建立

景观规划设计的工作流程和使用的技术手段多种多样，但与城市规划、设计相比，还没有较成熟的技术体系。除了用于约束景观规划设计活动的法律、法规和管理条例外，技术体系的探讨和建立也非常迫切，这一工作可以规范景观规划设计流程、提高工作效率及保证后期成果的科学性。

（2）科学分析决策

科学分析、科学决策在传统的土地规划、区域发展规划上较为偏重，景观规划设计领域多使用描述性的分析。如概念性规划阶段的景观分区、景观轴线、景观视线分析及指引多用线条简单勾绘，加之语言描述。在景观空间分析、景观服务、风环境分析、微气候分析、地理分析、三维分析方面较少，这些在景观规划设计的基础分析中往往是非常重要的内容。景观规划设计的方案选择有多种类型，景观方案选择决策多为专家评比判断，尚缺乏可依据的科学决策模型。

（3）传统设计支持

景观设计师的手绘技能是从事景观规划设计的基本要求，其优点是能快速反映设计思想及表现。在规划设计项目的初期用于沟通设计理念，后期用于局部效果表现。数字技术的发展使手绘借助于计算机的数字输入，通常用 CAD、PS 及 3D 软件进行景观规划设计创作。在地理设计理念下，需要对设计师的设计思想进行数字化输入，并转化为具有特定属性结构的数据便于逻辑统计和分析，这需要计算机硬件、软件的发展与进步。

（4）人机互动支持

景观规划设计工作最大的特点是反复修改、快速迭代，人机互动技术的需求主要表现在设计进程中的公众参与与协作、信息反馈和景观体验。

人机互动支持可借助计算机、网络、多媒体及软件操作平台，将景观规划设计的四方人员紧密联系起来，实现公众对景观规划设计的充分参与和协作。自下而上的景观规划设计不只是今后的发展方向，而且最能表达公众对规划设计区域的景观愿景，并及时将公众的建议反馈到方案中。景观体验则通过数字技术展现景观规划设计的各个环节、进程或成果，有利于公众对景观方案的理解与支持。

2.3.5 景观规划设计中的数字实现

（1）GIS 平台途径

现有技术中，虽然不同软件在某一工作环节具有突出的优势，但 GIS 在规划设计整个流程中所起的作用最为全面。GIS 的优势主要表现在规划设计前期的数据收集、处理与储存，中期的空间分析、景观模拟、3D 显示，后期的工程制图、数据管理、流程建模，以及整个规划设计过程中的信息反馈与修订。另外，GIS 的二次开发、应用模块添加功能可为景观规划设计需求提供可拓展潜力。

景观规划设计初期，遥感、航片、统计数据、图纸等所使用的资料均可通过一定的处理存储，虽然在矢量勾绘上相对没有 CAD 软件便利，但是用 GIS 勾绘矢量图形后的属性建立、储存及分析是其绝对优势。规划设计中期的空间分析与评价方面，GIS 可以承担地质、水文、生态、经济等一系列的分析与评价，这些客观的评价成果用于指导概念性规划，也可以作为总体规划的依据。GIS 软件的 Arcsketch 拓展模块在方案绘制阶段同样具有 CAD 的优点，而 Model Builder 功能可将相关评价与分析建模，可视化相关评价要素的关联、权重，便于信息反馈的修改和及时调整。这种可视化的模型一旦建立，可以重复使用减少后期工作量，也可通过 ArcGIS Server 实现互联网共享。

GIS 作为景观规划设计技术平台还有另外一个优势，那就是二次开发功能。景观设计师可以根据工作中的特殊需求，通过 MATLAB 或其他计算机语言设计数学模型，添加分析或评价新模块。这一拓展能力是 GIS 技术用于规划设计的生命力所在。随着移动 GIS、云 GIS 及数据挖掘的探索与应用，在地理设计理念下，人人参与式的景观规划设计将成为可能。

（2）软件开发途径

景观规划设计领域中，专业的软件平台需求早已经凸显。常用的软件工具多来自于建筑、城市设计行业，如 BIM（building information model）、CityEngine 技术系统，其中 BIM 可以完成建筑从概念设计到运行、维修及拆除的全过程跟踪和查询，较符合地理设计视角下的技术理念。但是，在景观规划设计行业之所以迟迟没有类似的软件技术出现，要从目标需求及软件开发方面解释。

新软件开发是根据用户要求建造出软件系统或系统中软件部分的一个产品开发过程。软件开发是一项包括需求获取、开发规划、需求分析和设计、编程实现、软件测试、版本控制的系统工程。首先，景观规划设计软件开发之前，应明确软件开发的目标要求及可能性。景观设计师根据从业经历与感受，对于软件的需求应比较明确，地理设计理念下的景观规划设计已有学者提出了技术需求和系统概念组成。这些需求都处于概念描述阶段，要进行软件开发还需要将目标细化。其次，对于非专业软件开发背景的景观设计从业者，需借助计算机软件开发团队集体协作，进行软件系统框架设计、数据库设计。再次，完成后的软件设计进入程序编码阶段，也就是将其转化为计算机能够运行的程序代码。最后，完成的软件需要进入严密的测试。除了软件的技术测试外，还需进行实际应用测试，检查系统的漏洞、稳定性和兼容性。从新软件的开发流程及所需要的技术支持方面来看，需要大量人力、财力的投入，这也许是限制这一新软件出现的主要因素。

（3）软件集成途径

软件集成（software integration）是指根据软件需求，把现有软件构件重新组合，这种软件复用的方法是解决大量软件需求、降低软件开发成本的简便途径。根据软件开发分层设计的思想，软件集成可以分为数据集成、业务集成和表示层集成 3 个层面的集成。实现软件集成的关键技术有软件构件技术、中间件技术和软件体系结构。

在地理设计理念下，景观规划设计软件的集成技术不失为一条明智的选择。已有学者将整个景观规划设计流程中可能用到的软件技术归纳图解，这一研究较好地反映了景观规划设计实践对数字软件的总体需求。景观设计师在实践工作中积累了相关软件系统的使用习惯或经验，并希望在集成的软件中可以利用到这些工具。在软件构件技术阶段，软件工程师可以将已有的景观规划设计软件系统进行改造，封装成符合集成要求的系统。软件集成中间件环节，软件开发人员可以利用中间件集成大量的景观规划设计软件资源。软件集成的技术方法，目前最为关心的是各种数据在不同软件处理、传递过程中的准确度、信息保持度，以及无缝衔接问题。软件集成的方法为地理设计工作的实现提供了一种思路，相比新软件开发途径所需成本可能要低，但是这种集成难度仍然存在。

地理设计工作的理念，虽得到不同规划设计领域的热议，且欧美国家也已有多所高校开设了相关课程，但从目前的概念讨论、理论研究及应用实践来看仍处于这一理念的初级阶段。地理设计工作的理论基础为景观规划设计理论框架，技术支持目前仍以 GIS 为主。在景观规划设计领域，还未出现类似SSIM、BIM在相关领域中应用的成熟技术。地理设计可以作为一种方法论，在景观规划设计、城市设计、建筑设计或土木工程等领域中发挥重要作用。对于景观领域来说，未来的工作应将地理设计这种科学理念应用于景观规划设计实践，同时需要发展或开发一个可靠的技术平台为其提供保障，最终才能实现科学、技术和艺术的完美融合。

2.4 景观植物选择与配置方法

风景园林相比其他艺术形式，被称为活的艺术，其原因在于景观会随时间、季节、年份的变化而变化。另外，风景园林也发挥着生态服务的功能，这也是其他工程措施无法实现的。综其原因，景观植物是关键因素。

相比保护区、郊野区、防护区等区域的植树造林，城市植物应用和配置较为复杂，除了满足植物的生长环境外，艺术构图也占有较大比重。风景园林领域中的理论研究者和实践者非常重视植物部分在景观营造中的作用，相应地对景观植物选择和配置的理念、方法和技术手段均有很多讨论。

本节主要对城市植物的选择与配置中的原则、理论、方法和技术手段等内容进行综述，并对比分析国内外相关研究的特点、差异和相关进展，为本书研究的开展寻找文献支撑。

2.4.1 遵循原则

为保持城市植物的可持续性，理论研究和实践领域主要提倡一个共同的原则，那就是"适地适树"。通俗地讲，树木种植或植物类型种植应选择适宜的区域。20 世纪 80 年代，树木常用于防风固沙、水土流失治理等生态防护作用，造林的成败取决于种植区域的生态条件及树木的适应能力。因此，对种植区域的立地条件进行划分和评价，针对性地选择适宜的树种非常关键。

目前，"适地适树"原则在城镇园林植物选择和配置应用中也开始提倡，已有学者对其进行了探讨，并认为适地适树有两个科学内涵：狭义的内涵是根据立地条件选择适宜的树种，强调植物的成活；广义的内涵包括植物的生理适应性，还应该考虑环境保护和美学方面的内容。还有学者认为，除了传统的科学内涵外还应对其进行发展，应增加植物景观的功能型、资源节约需求、稳定性和生物多样性需求等。植物对丰富城市的生物多样性具有重要贡献，在植物的生长条件允许的情况下，应尽可能多地增加植物种类和类型，发挥植物的生态功能。景观审美方面，彩叶植物对丰富城市景观具有重要价值，对彩叶植物的种类和应用现状进行系统调查后，定性地给出一些合理性的建议。特殊场地的应用方面，除了植物的生态需求需要满足外，还需要对其功能需求进行分析，如公路绿化中的树种选择，更应注重植物对交通安全的影响、对空气污染的耐受性等因素。

在国外，城市植物选择考虑的因素和遵守的原则与我国非常相似。早在 20 世纪 40 年代，美国环境保护及林学专家 Minckler 就曾在 Appalachian 大峡谷进行大量的树木种植试验，分析场地特征、土壤特点与树木存活和生长的关系，为该区域或相邻山区造林提供数据参考。因此，根据以上文献的记载，北美地区的适地适树种植原则（Right Tree in the Right Place）比我国要早。根据植物的生长状态与生长环境的数据关系，可以初步分析植物对生长环境的要求。以观察的数据用于指导实践，是适地适树原则的具体应用。对于城镇住宅区的植物种植设计，景观设计公司也非常重视该原则，并认为植物的生态需求若是能匹配立地环境，不但会长势良好，而且能够增强植物的抗病防虫能力。若要做到适地适树，必须对种植场地进行评价，包括对庭院的土壤质地、光照条件、排水状况等因素进行分析。在欧洲，出生于北爱尔兰的 Nicola，根据在爱丁堡 30 年的园林养护经历完成了一本景观植物学方面的著作，主要讲述的是城市植物的选择和配置，该著作的畅销可以反映出大众对"适地适树"原则的认同。

2.4.2　定性方法

定性方法在城市植物选择和配置理论研究和实践中具有很长的历史，特别是在科学研究的初级阶段，主要因为研究方法、技术手段的限制。

长久以来，我国风景园林有一个倾向，那就是重视艺术表现。在景观植物选择研究中采用定性的方法，这就很常见了。相关研究中有学者认为，目前的城市植物选择与应用的突出问题是植物种类偏少，多样性不高。表现地域特征的植物常使用相同或相似物种，对引进物种的生态安全问题没有充分重视，容易导致物种入侵的风险。学者同时还认为，应重视乡土植物的应用，大力挖掘多年生的草本花卉植物，从而可以节约城市植物的维护成本，增加城市植物的多样性。在城市景观塑造方面，彩叶植物具有较强的表现力，在丰富城市景观方面发挥着重要作用。通过调查方式，对城市彩叶植物的种类进行分类整理，可为今后植物选择、引种和应用提供借鉴。湖泊、江河、海岸线等区域在生态条件上与其他地域有一定的差异，因此，在植物选择与应用上也应具有地方特色。研究认为，景观植物具有软化、映衬和凸显海岸景观的作用，使用调查方法对现状进行分析，提出改善植物选择与应用的建议。还有研究认为，城市植物的选择具有随意性和盲目性，要从市场角度分析其中的原因，并对植物资源的开发利用提出对策。从以上的研究可以看出，多数研究均使用调查方法，在对现状进行分析和评价后，定性地给出一些建议。

北美地区在景观设计或庭院设计中的植物选择有时也采用定性的方式，如美国科罗拉多州在城市植物种植时，将树木造景分为独赏树、组状种植和丛状种植，在植物外观特征上也有具体要求。在绿色节能理念上，科罗拉多州非常重视树木的选择与设计方法，常采取树木种植的方位、落叶或常绿、体量大小等手段，实现冬暖夏凉的效果。明尼苏达州对城市植物选择主要考虑植物类型、植物高度和宽度、质地、形状、季相、花色、生长、抗病虫害、气候和土壤条件等要素。犹他州在城市植物选用的手册中，同样考虑了气候、土壤条件和需水特性，但是此项研究主要针对该地区的特殊区域环境。密歇根州在对城市植物选择的程序和原则上，主要考虑植物的功能、美学、场地适应性、管理（低维护费用）等。在其他的学术研究方面，如 Sæbø 等认为，城市植物的选择用于街道、公园及其他绿地，应主要考虑气候、需水特性、光照、土壤条件、街道结构、空气污染、安全问题、野火及抗病虫害能力。在城市高大建筑环境中选择树木，应选择光补偿点较低的。

对于国内外城市树木选择与配置方法的差异性，学者认为我国的研究主要存在的问题一方面是适地适树原则过于宏观，定性的方法在具体场地应用难以操作；另一方面是，城市植物的基础研究不够，对城镇树木选择的支撑力度不佳。借鉴国外的方法，可将城市植物选择的标准具体化，增加实践中的可操作性，同时编制城镇树种选择与应用名录，建立树种信息库，提高城市植物选择的科学性。

2.4.3　定量方法

自然界中没有一种树木或植物能完美地适应任何环境条件，因为环境条件存在异质性，因此对植物种植场地的环境分析和评价显得尤为必要。定量方法在城市植物的选择和配置的研究与实践中也逐渐增多，在北美地区最为常见。根据文献发现，目前定量方法已成为美国各个州政府林业管理单位、高校林学或园艺系、景观企业常用的研究手段和实践方法。

美国康奈尔大学园艺部 Nina 教授领衔的城市植物研究课题组，针对这一问题对城市植物的生长状态进行观测与跟踪，并将不同城市植物的生态习性和生长表现进行汇编。为实现真正的适地适树原则，针对性地制定了城市植物种植场地的评价手册，这种具体化的定量评价方法为实践提供了方便（表2-6）。佛蒙特州城市与社区林业计划为实现城市植物种植的成功，同样采取了对种植场地定量评价的方法，根据评价结果选择适宜的物种。该方法应用之前主要需要思考4个问题，分别是：树木种植的目的是什么？种植场地的地上、地下条件怎么样？植物养护设施或条件怎么样？什么植物更容易成活并能可持续？该方法将定性方法与定量方法相结合，以实现科学的植物选择。美国明尼阿波利斯市支持的创新项目《城市树木可持续能力指南和最佳实践》研究，目的是为城市和郊区基础设施提供树木选择、种植和养护的具体指南。该指南可以为树木生长和生态效益的长久发挥，提供可持续的途径。除此之外，美国明尼苏达州、犹他州、密歇根州等地区具有相应的植物种植场地的评价方法，在"可持续"或"适应性"的城市植物种植理念上具有一致性。伊朗德黑兰地区属于干旱或半干旱气候区，极端的气候条件使城市植物更难存活。为避免经济和环境资源损失，有学者使用 AHP 和聚类分析方法，选择植物的气候适应性、城市条件、美学价值、维护成本、生长特征和特殊特性作为评价指标。除了将城市植物的种类进行排序外，还讨论了引入的几个新的植物种类，以适应该区域的特殊气候条件。

我国对植物的生态防护应用领域有一些研究，主要利用观测、试验、对比等研究手段，对植物的生态适宜性或生态防护性进行评价分析。城市植物对水的需求具有较大差异，为了适应城市缺水的现状，应用节水、抗干旱的景观植物非常关键。例如，有学者根据北京市的这一现状，通过对北京市60多种常用景观植物的解剖结构、生理习性及对水分的胁迫观察，建立相应的评价指标，为特殊气候特征场地的植物选择提供了可能。为测试植物的固沙能力，有研究在塔克拉玛干沙漠地带对植物选择、配置和种植密度进行对比测定，该研究可以定量地分析特殊环境下防护植物的发育机制。香港学者詹志勇曾对广州市城市林业类型的物种多样性进行研究，将林业类型分为道路边缘林、城市公园林和公共绿地林 3 种，共计 11 万余株树木，高达 254 种，分布 62 科。植物种植场地的条件改变、决策和管理制度的改变、资金的限制、发挥的生态功能及流行的景观审美等，对这些分析和探讨，可以为其他城市的植物选择和配置提供借鉴。

表 2-6 植物种植区的场地评价表

种植地点		＿＿＿
场地描述		＿＿＿
气候条件	USDA 气候带	6b__ ; 5b__ ; 4b__ ; 3b__
		6a__ ; 5a__ ; 4a__ ; 3a__
	日照等级	全光照（直接辐射 ≥ 6 小时）__
		部分光照__ ; 散射光照__
	微气候要素	反射辐射__ ; 霜冻__
		风__ ; 其他__
	灌溉条件	自动灌溉__ ; 无灌溉设备__
		灌溉量和灌溉频率＿＿＿
土壤因素	pH 范围	＿＿＿
	土壤质地	沙土__ ; 壤土__ ; 黏土__
	紧实程度	＿＿＿
	排水特点	＿＿＿
	其他特征	＿＿＿
	具体问题	＿＿＿
结构因素	地上限制	上方电线（高度）__ ; 距离建筑__
		其他__
	地下限制	设施标注__ ; 根系体积__
现存植物评价	植物种类	＿＿＿
	植物大小	＿＿＿
	生长速率	＿＿＿
	视觉评价	总体__ ; 树干__
		根系__ ; 枝叶__

从研究文献中我们可以发现，定性方法和定量方法的应用并不是截然分开的，多数情况下是定性结合定量对具体问题进行分析（表 2-7）。总体来看，针对城市植物的生态价值的定性、定量研究较多，对植物选择和配置方法的研究较少。在不同地区和不同尺度下，城市植物选择和配置方法较难统一，相关研究广度和深度仍然不够充分。另外，还缺少连接场地评价、环境分析、植物生态习性、美学评价的系统方法和手段，在实践中操作性也不是很强。

表 2-7 基于"适应性"原则的植物选择研究中的方法对比

时间	作者	评价要素	研究地点	研究方法	
				定性	定量
2005	Day, K.	防沙控沙	西雅图，美国	√	
2006	赵存玉 等		塔克拉玛，中国		√
2000	Kuhns, M. 等		犹他州，美国	√	
2008	王玉涛	抗旱	北京，中国		√
2009	Roloff, A. 等		北美、中欧及亚洲	√	
1996	Rupp, L. 等	抗病	犹他州，美国	√	
2005	Sæbø, A. 等	气候适应性	欧洲一些城市	√	
1989	Hibberd, B. G	土壤适应性	英国一些城市	√	
2001	Company, R.E	抗旱	德黑兰，伊朗	√	
2006	Franco, J. 等		穆尔西亚，西班牙	√	
1997	Flint, H. L.	美化环境	佛罗里达，美国	√	
2014	Asgarzadeh, M. 等	区域抗性	德黑兰，伊朗		√

2.4.4　综合评估

城市植物的选择方法和程序方面，定性和定量方法均有应用。例如，把植物的生态适应性、生态效益、景观特点、抗病虫害和抗污染等特性作为评价指标，这些指标体系的建立和评价以专家咨询为主。在植物的定性选择和应用方面，仍以植物对环境和生态条件的适宜性为前提，文化审美和艺术表现应以植物的存活和正常生长为基础。Clark 等将城市植物选择按照光照条件（强度、时间）、水肥条件、土壤类型等因素作为植物选择的基础，其次再根据植物的美学特征选择。

Sæbø 等对城市树木的选择标准进行了一个系统的梳理，但是缺乏对城市环境中的各个要素进行定量的评价，植物的选用也常使用经验性的方法。城市特殊的生境要求在植物的选择和应用上需更关注土壤的透气性、干旱和污染问题，而在城市光照方面，则很少有人探讨对植物种类的选择及对植物配置的影响。则 Pauleit 建议对城市树木的选择应使用综合的可持续程序，对适宜的树木种类、树木质量、养护标准进行规范。有学者提出使用 AHP，将植物的区域耐受性、城市耐受性、美学特征、维护费用、生长特点和特殊特征作为指标层，结合实践工作者的评分排序，最终确定合适的植物类型。

首次提出对植物种植区域的生态条件进行评估的学者是 Bassuk，他将城市中可能对园林植物造成胁迫的各种要素进行归纳，认为在植物选择和配置时需要按照这种程序进行。欧洲部分地区也有类似的方法：在法国，规划师对植物进行选择通常采用多指标分析的操作程序，考虑场地和植物特征；在葡萄牙的里斯本地区，城市周边或大的区域进行造林时，采用物种的试种测试方法；在瑞典，采用的程序是将植物园、树木园和私人花园的有价值信息进行系统的收集，使用树木改良模型；在荷兰、斯洛伐克等国家常关注植物的抗病虫、环境适应性、生长特征、观赏特征、和功能指标等。

目前，对于城市植物的应用实践，世界上各个国家、地区、城市均有相应的方法，基本上都强调要尊重植物的生态需求与对环境的适应性，同时采用对植物的种植场地进行评估的方法程序。

2.4.5　技术手段

当今以计算机为运行平台的各种软件技术、信息技术，改变了各个领域的传统工作方式，在城市林业或城市园林绿地的建设、管理和维护过程中，同样发挥着重要作用。

早期的植物科学记载以图书文献为主，在应用实践中无法进行高效的查询检索。数据库的开发与使用解决了这一问题，如中国科学院植物研究所支持完成的中国植物主题数据库（http://www.plant.csdb.cn/），其提供了中国植物名称数据库和植物图像库，也为植物研究者和应用者提供了信息检索的便利。另外，还有其他的植物数据库，像中国植物图像库（http://www.plantphoto.cn/）、中国植物志（http://frps.eflora.cn/），以及中国植物（http://www.cnzhiwu.com/）等。

技术手段在大尺度的适地适树造林方面应用较早，有研究探讨了基于空间信息技术的适地适树网络系统。在城市绿地系统规划中，GIS 作为技术平台对植物种植区域的生态条件进行评价，对植物数据进行管理，并提供综合的应用方案。这一研究改变了传统的城市植物选择和应用方法。

技术手段用于实现树木种植位置的选择，相关研究利用 GIS 方法结合土地覆盖数据，确定潜在的树木种植区域。研究以美国洛杉矶为案例进行分析，并最终确定了 2200 万树木的种植位置，约 109.3 km^2 潜在树木覆盖率。该研究的价值主要体现在对潜在树木种植区域的模拟、分析和显示，此方法对大尺度的城市造林中具有较高的价值，但是对于树木类型、习性和其他要素关注较少。Mark 等介绍了基于 GIS 的新工具 CITYgreen，这个数字程序可用于评价城市树木树冠的生态效益，并以威斯康星州的斯蒂文斯为案例进行研究。树木可以通过同化或储存碳，但是不同的树种生长到成熟期的大小、生长期、生长速率相差很大，对于城市树木来说，人为对树木进行养护，同样会使用化石燃料，并将二氧化碳排放到大气中。因此，评估不同的树种选择和养护方式对树木碳储存的收支具有重要意义。有学者针对这一问题，使用数学模型对不同树种和维护方式进行深入分析，并建议为了增加碳储存，城市树木要选择寿命长、低维护、中等或快速生长的大型树种，还需要与种植场地的生态条件相匹配。另外，对于城市植物的养护，应减少化石燃料的使用。

加拿大学者在研究中对决策支持原型系统进行介绍，这个研究的主要目标是开发一个友好的使用工具，直观地促进城市林冠的管理。研究中的决策支持原型系统分为 7 个部分：潜在的乡土和非乡土树种用于规划的决策；确定可种植的非种植区域；植物种植地点的确定；物种多样性的分配；评价树龄分布；评价树冠覆盖和阴影分析。系统的开发是基于 3 个常用的程序：Microsoft Access 的数据、GIS 的 ArcTrees 模块和 Microsoft Excel 的 TreeModules。

2.5　本章小结

　　城市植物发挥着重要的生态价值，如何选用合适的景观植物维护城市生态环境，更好地服务于城镇居民，应成为风景园林领域的理论研究者思考的重要问题。本章主要对风景园林领域中北美地区的 LA 研究热点与趋势，国内外植物选择与配置所遵循的原则、使用的研究方法、操作程序及常用的技术手段进行综述和分析，目的在于探索景观植物选择与配置方法的理论创新点。

　　根据北美地区 LA 研究领域中的文献统计与分析发现，城镇的可持续发展是最受学者所关注，而城镇中公园、公共开敞空间能够提供居民游憩放松之场所。城镇植物在可持续发展中具有不可忽视的作用，如何保障植物的成活与健康生长是发挥植物生态服务的基础。而数字技术是伴随计算机技术发展而来的相关技术的总称，也是近年来 LA 研究领域中的探讨较为广泛的内容，其中包括利用数字技术获取数据，依据数字技术的地理分析、公众参与及决策支持等。

　　近几年，由 Dangermond 和 Steinitz 发起的 Geodesign 学术讨论，在 LA 领域中也产生了共鸣。从 Geodesign 的思想内涵上，其更加强调景观规划设计工作的系统性、科学性与尺度性。在这一科学理念下，景观规划设计工作对数字技术的依赖性也更加强烈。

　　在景观植物的选择与配置研究方面，"适地适树"这一植物适应性选择与种植原则被国内外学者所推崇。从国内外的研究文献上看，对植物种植场地的定性、定量评估均有探讨，但是在对植物种植场地的生态因子评价上，还缺乏系统的方法与技术平台，特别是在对日照因子的评价与分析上。针对目前的研究现状及实践中存在的问题，本书拟提出利用数字技术，以系统化、数字化及智能化的方式解决植物选择及植物群落配置问题。基于日照需求习性的城镇植物及其群落智能决策方法，主要解决以下关键问题：

　　①通过"黑箱"思维、城镇植物健康判断和数字技术等综合手段，解决测定景观植物的日照需求习性及日照敏感性强弱的问题；

　　②解决日照因子限制下，城镇植物种类选择与植物群落配置问题；

　　③拟利用 GIS、MS Excel、MATLAB 等相关数字技术与手段，解决城镇植物选择与植物群落配置工作的系统化、数字化及智能化问题。

第3章 日照（太阳）辐射、数字模拟与景观植物的关系

3.1 相关概念

3.1.1 日照辐射

日照辐射也称太阳辐射（solar radiation），是指太阳向宇宙间发射的电磁波和粒子流的总称。这些电磁波和粒子流涵盖了可见光、不可见光，像宇宙射线、紫外线和远红外线等。太阳发出的这些可见光、红外和远红外（热量）对生命体是不可或缺的，作为初级生产力的绿色植物光合过程，更是离不开这些能量。

到达地球大气上界的太阳辐射称为天文太阳辐射量。当地球位于日地平均距离处时，地球大气上界垂直于太阳光线的单位面积在单位时间内所受到的太阳辐射的全谱总能量，称为太阳常数，单位为 W/m^2。世界气象组织 1981 年公布的太阳常数值是 1368 W/m^2。然而，当太阳辐射进入大气层后，这些辐射能量发生了很大的改变。如图 3-1 所示，太阳总辐射被大气层反射了 6%、云层反射了 20%、地球表面反射了 4%，这些反射的太阳能量也是不恒定的，与大气厚度、天气状况和地面粗糙度、材质等有密切关系。另外，剩余的太阳辐射能被大气吸收 16%、云吸收 3%，剩余的部分才是地面接收到的太阳辐射能。这部分能量，对于地面的增温和植物的光合最为关键。在本书中，城市植物所需要的这部分太阳辐射能，是植物正常生长和发育的主要供给能量，研究主要分析了该部分能量在建筑环境中的改变状况。

3.1.2 光合有效辐射（PAR）

太阳辐射能是一系列不同波段辐射能量的总称，太阳辐射光谱 99% 以上的波段在 150~4000 nm。可见光的波长在 400~760 nm，而能量则占太阳总辐射能量的 50%；小于 400 nm 波长的光为紫外谱区，能量占太阳总辐射能的 7%；红外光占据太阳总辐射能的 43%，波长分布在大于 760 nm 的区域（图 3-2）。

然而，在太阳辐射的光谱波段中，并不是所有波长的光对植物的光合作用都是有效的。在植物的生理学研究中，我们将对植物光合作用有效的光称为光合有效辐射（photosynthetically active radiation, PAR）。有研究认为，两种不同测量方式下植物的 PAR 波长范围不同，其中光合量子通量（photosynthetic photon flux, PPF）和光子通量（yield photon flux，YPF）的辐射波长分别在 400～700 nm 和 360～760 nm 的范围内。一般认为，太阳辐射中对植物的生理活动和生长发育均有影响的辐射波长在 300～800 nm 的范围内，我们称之为生理有效辐射，在波长范围上较 PAR 更广。

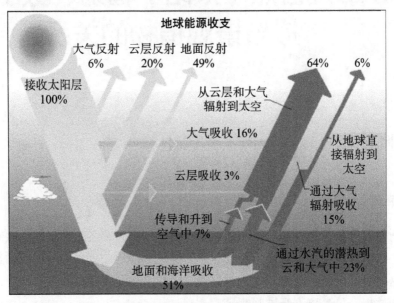

图 3-1　太阳辐射的分解与地面收支示意（来源：NASA）

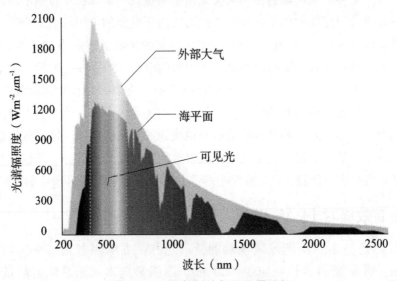

图 3-2　太阳辐射波长及能量特征

　　然而，对植物生长有效的光量子单位为 $\mu moles/m^2 \cdot s$，而太阳辐射能量常用单位为 W/m^2，人工光源的发光单位为 Lux。因此，我们在进行研究的过程中，各种光辐射单位需要进行相互转换，换算可以参考不同发光源之间的转换系数（表 3-1）。

表 3-1　本书中相关单位转换系数

辐射源	Photons 到 W/m²	W/m² 到 Photons	W/m² 到 Lux	Lux 到 W/m²
阳光	0.219	4.57	0.249	4.02
冷荧光灯	0.218	4.59	0.341	2.93
植物生长荧光（Gro-Lux）	0.208	4.80	0.158	6.34

3.1.3　太阳高度角

太阳高度角（solar elevation angle）是指太阳光线的入射方向和地平面之间的夹角，是以太阳视盘面和理想地平线所夹的角度（图 3-3）。太阳高度角的大小决定了太阳辐射所到达地面的距离。太阳辐射穿透距离的增加，因大气层中各种粒子对光线的阻挡、折射和反射，会使能量相应降低。图 3-4 中，α 为太阳高度角；φ 为天顶角；ψ 为方位角。因此，则有以下换算关系：α=90°−φ 或 φ=90°−α。

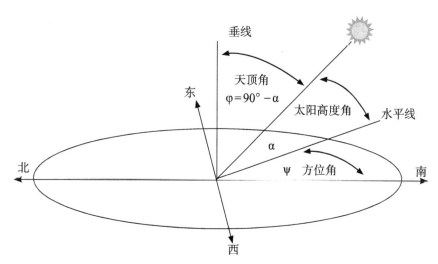

图 3-3　北纬太阳高度角和天顶角示意

3.1.4　太阳高度角和日照

太阳高度角在一年中具有较大的日变化和月变化，这些变化规律可以利用计算函数进行计算。数字软件模拟中，其计算原理主要是根据这一变化规律所得，并结合系统预设的参数设置窗口，即可计算直接得出结果。

根据武汉地理纬度的设置（东经：114.31667°；北纬：30.51167°），将太阳高度角的年变化和日变化计算后，结果显示如图 3-4 和图 3-5 所示。

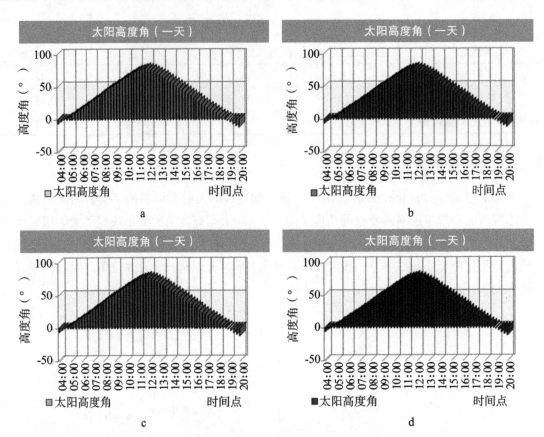

图 3-4　太阳高度角的日变化规律（图 a、b、c 和 d 分别表示春分、夏至、秋分和冬至时）

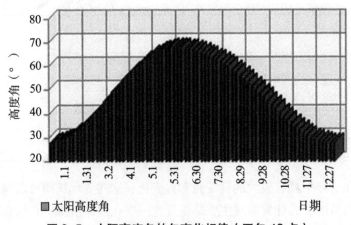

图 3-5　太阳高度角的年变化规律（正午 12 点）

　　由图 3-4 和 3-5 可以看出，太阳高度角随日和年的变化呈现出一定的规律性。从理论上来说，太阳辐射的能量值可以精确计算。但是由于对流层中降水、云层、雾霾等出现频率的不确定性，模拟结果的理论值应大于实际值。在实践应用过程中，为了科学合理地利用数字软件模拟日照辐射，可结合当地气象数据，对相关参数进行调整和修正，以达到更加接近实际值的目的。

3.2　太阳辐射测定

太阳辐射测定的方法主要有仪器测定和数字模拟。仪器测定出现较早，主要用于气象站点对太阳辐射的测定。另一种是数字模拟，这种太阳辐射模拟的途径是随着计算机发展和相关数学模型、软件技术的开发才得以实现。

太阳辐射的测定仪器主要有 2 个类型：太阳总辐射表和日照计（图 3-6），分别用于测量太阳总辐射和日照时数。太阳辐射表（pyranometer）是用来测量太阳辐射通量的仪器，测量角度为 180°。因此，所测量的日照辐射值为直接辐射和散射辐射的总和，即总辐射。

b　玻璃球日照计

a　太阳辐射表　　　　　　　c　暗筒式日照计

图 3-6　常见的太阳辐射测量仪器

总辐射表由以下 3 个部分组成：

①热传感器的接收表面有一黑色涂层或黑白相间的涂层；

②半球玻璃罩，同心圆式地覆盖在接收表面上；

③仪器上常被用作热参照体，因此经常被遮光罩遮住。

作为气象站的常用设备，总辐射表的精度也受到相关学者讨论。其中余弦相应误差和方位相应误差最为引人关注，特别是太阳在低高度角时，这些误差可能比较明显。

日照计（sunshine recorder）用于测量日照时数，常用的日照计分为玻璃球日照计（campbell-stokes recorder）和暗筒式日照计（Jordan sunshine recorder）。这些仪器是气象观测站常用设备。在记录日照时数上，两者有一定的区别。玻璃球日照计的原理是将照射到球体上的太阳辐射聚焦成一点，通过焦点产生的高温使记录纸产生痕迹。无论太阳在天空中的哪个方位，玻璃球体均可产生焦点，通过计算因高温产生的痕迹长度换算成日照时间。筒式日照计的构造为上部是一个黄铜圈筒，两边各穿一小孔。两孔距离的角度为 120°，前后错开为了避开上午和下午的日影重合。而暗筒内部也是通过感光纸实现记录的，上午和下午的光线分别通过小孔，光线照射感光纸使其感光，最后通过感光纸上的感光线条的长度计算日照时数。

3.3 太阳辐射模拟

3.3.1 模拟技术

数字技术（digital technology）是一项伴随着计算机发展的科学技术，是计算机技术、软件技术和信息技术的统称。模拟（simulation）是通过计算机处理信息的能力，加之对数学功能的描述，用于展示物质世界的过程。当数字计算机成为常见的设备时，人们开始从事模拟或者称为数字模拟的工作。因此，当现实现象无法被人们清晰地了解和认识，或者因为需要较高的观测条件使这一工作无法进行时，数字模拟则成为最佳选择。

目前，软件技术和高配置计算机的发展为数字模拟提供了条件。在日照辐射定量分析和模拟方面，常用的软件有计算机辅助设计（CAD）、Sketchup 及地理信息系统（GIS）等相关软件。软件模拟中，国内生产的 Sunlight、FastSun 和 SUN 等日照分析软件也都能较好的模拟日照，但在软件编写上多为 AutoCAD 的二次开发。在欧洲，哥德堡大学城市气候组利用 Java 和 Matlab 编写的 SOLWEIG（solar and long wave environmental irradiance geometry model）计算机程序，通过对比发现该程序具有较好的稳定性，并已成功应用于城市环境热辐射的相关研究。

3.3.2 模拟原理

Solar Analyst 模块在 ArcGIS 9.2（ESRI）以上的版本中，已经集成到空间分析工具中。最早的太阳分析工具是由 Rich 等创立的，最终被 Fu 等延续发展为半球视域计算方法。太阳辐射模拟的原理是以太阳图（sunmap）和天空图（skymap）的方式分解计算，以点的视域与之叠加而成。太阳图与视域叠加可用于计算直接辐射，天空图与视域叠加用于计算散射辐射。计算方式上，模拟半球视域是基于地形及其他地物向上进行的。

视域算法中，将每一个输入的地面 DEM 栅格作为一点指向天空半球，该方向被其他物体阻挡时的最大角度。视域越开阔，接收日照辐射的时间越长，接收日照辐射的机会越多。这种计算原理可以用鱼眼（fisheye）图解释，计算的是天空未被遮挡的区域（图 3-7a 和 b）。

太阳图则表示一年中，太阳在纬度之间的变化。将天空被划分无数个栅格大小，在 ArcGIS 空间分析模块的 Solar Analyst 模块中将默认值设为 200，最大值为 10 000。一般而言，当时间间隔大于 14 天时，将天空大小设置为 200。如果时间间隔更小的话，则需将天空大小设置为更大的值。天空大小设置越大，该算法计算的效率越低，计算时间也越长。图 3-8a 为北纬 45° 区域的太阳图，计算时间为冬至到夏至时的整个太阳辐射。然而，地面上某一点可得到的太阳辐射，在一般情况下总会小于理论上的太阳辐射，这是因为地面上这一点向四周方向总会被一些地形或地物所阻挡，从而减少了被遮挡的太阳辐射（图 3-8b）。

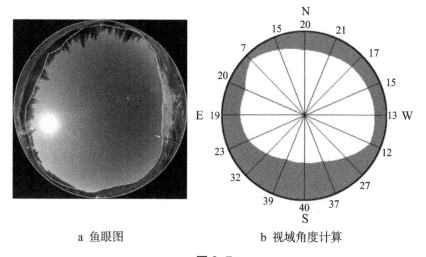

a 鱼眼图　　　　　　　b 视域角度计算

图 3-7

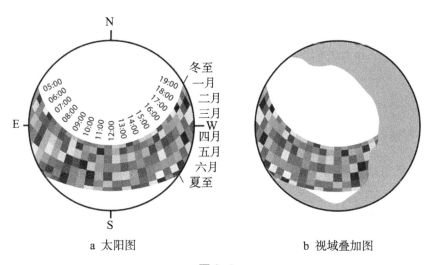

a 太阳图　　　　　　　b 视域叠加图

图 3-8

3.3.2.1　太阳总辐射

太阳高度角、海拔高度、天气状况和大气透明度等因素在一定程度上都会影响太阳辐射的大小。太阳辐射经由大气层到达地面，由地形和其他地面物体分解，然后分解为直接辐射、散射辐射和反射辐射等几部分。直接辐射所占比例最大，其次为散射辐射，因反射辐射对总辐射能量的贡献较小，在半球视域算法中，未将其计算在内。因此，太阳总辐射的公式简化为：

$$Sun_{total} = Direct_{total} + Diffuse_{total}, \tag{3-1}$$

其中，Sun_{total} 为太阳总辐射，$Direct_{total}$ 为直接辐射，$Diffuse_{total}$ 为散射辐射。

3.3.2.2 直接辐射

在太阳图理论中，某点的总直接辐射（$Direct_{total}$），是所有太阳图扇区中直接辐射的总和：

$$Direct_{total} = \sum Direct_{\theta,a}, \qquad (3-2)$$

其中，单个太阳图扇区中的直接辐射为 $Direct_{\theta,a}$，其质心位于天顶角 θ 和方位角 α 处，该直接辐射量是由下列公式计算而得：

$$Direct_{\theta,a} = Sun_{constant} \times \beta^{m(\theta)} \times Sun_{duration\,(\theta,a)} \times Sun\,Gap_{\theta,a} \times \cos(AngIn_{\theta,a}), \qquad (3-3)$$

其中，$Sun_{constant}$ 是地球与太阳平均距离处大气层外的太阳通量，称为太阳常数。β 为最短路径（朝向天顶的方向）的大气层透射率；$m(\theta)$ 为相对的光路径长度；$Sun_{duration\,(\theta,a)}$ 为天空扇区日照的持续时间；$Sun\,Gap_{\theta,a}$ 为太阳图扇区的孔隙度；$AngIn_{\theta,a}$ 为天空扇区的质心与表面的法线轴之间的入射角。

而相对光路径长度 $m(\theta)$ 是由太阳天顶角和海拔高度决定的。对于小于 80° 的天顶角（大于 80° 需考虑大气的折射），可用以下公式计算：

$$m(\theta) = EXP(-0.00018 \times Elev - 1.638 \times 10^{-9} \times Elev^2)/\cos(\theta), \qquad (3-4)$$

其中，θ 为太阳天顶角；$Elev$ 是海拔高度，单位为 m。

天空扇区的质心与截留面之间的入射角 $AngIn_{\theta,a}$，用以下公式计算：

$$AngIn_{\theta,a} = acos[\cos\theta \times \cos G_z + \sin\theta \times \sin G_z \times \cos(\alpha - G_a)], \qquad (3-5)$$

其中，G_z 表示表面的天顶角；G_a 表示表面的方位角。

3.3.2.3 散射辐射

对于每个天空扇区都将计算质心处的散射辐射量（diffuse），并按时间间隔进行整合，再通过孔隙度和入射角进行更正，使用以下公式：

$$Dif_{\theta,a} = R_{global} \times P_{dif} \times Dur \times SkyGap_{\theta,a} \times Weight_{\theta,a} \times \cos AngIn_{\theta,a}, \qquad (3-6)$$

其中，R_{global} 为全球总辐射量；P_{dif} 为全球总辐射量中散射辐射的比例。在清洁天空条件下一般为 0.3，在多云天空条件下为 0.7。Dur 为用于分析的时间间隔；$SkyGap_{\theta,a}$ 为天空扇区的孔隙度；$Weight_{\theta,a}$ 为给定天空扇区与所有扇区中散射辐射量的比例。

Solar analyst 中，散射辐射的比例也可以灵活设定。一般根据天气条件可以人为设置：当天气晴朗时，太阳辐射中散射辐射的比例较小，这时可以设为 0.2 ~ 0.3；而天空中云层较厚，散射辐射所占比例较大时，可以将该值上调。

均匀天空散射模型中，$Weight_{\theta,a}$ 可用以下公式计算：

$$Weight_{\theta,a} = (\cos\theta_2 - \cos\theta_1)/Div_{azi}, \qquad (3-7)$$

其中，θ_1 和 θ_2 分别表示天空扇区的边界天顶角；而 Div_{azi} 则表示天空图中方位分隔的数量。

由此可知，在实际应用中，使用软件模拟的日照辐射若按照晴朗天气条件下设置的参数模拟，其生成值理论上应大于当地日照辐射。因此，可根据气象部门记录的晴朗天气数量或阴雨天气数量，折合一定的系数进行校正。

3.4　太阳辐射和景观植物的关系

作为地球上初级生产力的主要承担者——绿色植物，光照是其生命过程中所必须的要素。太阳辐射有许多特征，除了绿色植物对日照需求有共同特点外，对景观植物的影响最大的因素是辐射强度和辐射持续时间。二者共同影响景观植物的生长、发育和繁殖，并可以调节植物花芽分化和植物开花。

3.4.1　光照强度与景观植物

光照（日照）强度主要影响景观植物的光合速率（photosynthesis rate），光照强度需达到其光补偿点（light compensation point, LCP）才能有干物质的积累，光合速率随光照强度的增加而提高，直至其光饱和点（light saturation point, LSP）停止。因此，根据园林植物对光照强度的需求，可分为喜阳植物（heliophilous Plants）、耐阴植物（shade-tolerant plants）和中性植物（light-insensitive plants）。

园林植物对光照强度的需求除了从外观上有初步判断外，更多的是从植物生理角度确定（图 3-9）。据研究，耐阴植物的光补偿点和光饱和点均低，而喜阳植物则相反，在实践中已经将分析 LCP 和 LSP 作为判断植物耐阴性的主要指标。根据建筑或他物对植物光照的遮挡，有学者将植物的立地条件分为：全光照（full sun）、全光照 + 反射热（full sun with reflected heat）、早晨阴影 + 午后光照（morning shade with afternoon sun）、早晨阳光 + 午后阴影（morning shade with afternoon shade）、斑驳阴影（filtered shade）、阴影（open shade）、荫庇（closed shade）等 7 个类型。在园林植物的选用和配置中，可根据植物与建筑物的空间关系及植物群落之间的层次关系，综合确定其最适合的光照条件（表 3-2）。

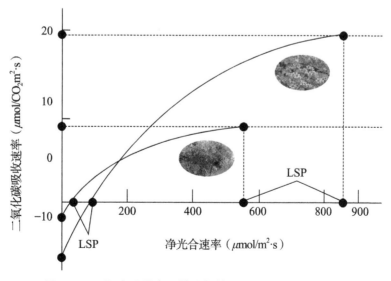

图 3-9　不同光照需求习性植物的 LCP 和 LSP 差异对比

表 3-2　典型景观植物对光照需求的适应性

植物（类型＋名称）		日照（太阳辐射）					
		时数（直接辐射）			强度（总辐射）		
		全光照	部分光照	无光照	强	较强	弱
乔木	银杏	√	√		√		
	红豆杉		√	√			√
	黑松	√	√		√		
	垂叶榕	√	√		√		
	广玉兰	√	√			√	
	栾树	√	√		√		
	金合欢	√	√		√		
	木棉	√	√		√		
	落羽杉	√	√		√		
灌木	大叶黄杨	√	√		√		
	龟背竹		√	√			√
	八角金盘		√	√			√
	红花檵木	√			√		
	垂丝海棠	√			√		
	山茶花		√				√
	含笑花		√				√
	紫薇	√	√		√		
	散尾葵						
藤本	油麻藤	√	√		√		
	薜荔		√	√			√
	中华常春藤	√	√		√		
	紫藤	√	√		√		
	藤本月季	√	√		√		
	地锦	√	√	√		√	√
	葡萄	√			√		
	络石	√	√		√		
	凌霄	√	√		√		
地被	红花酢浆草	√	√			√	
	葱兰	√	√			√	√
	二月兰		√	√			
	沿阶草	√	√	√			√
	石菖蒲		√				√
	结缕草	√	√		√		
	马尼拉草		√	√			√
	石蒜		√				√
	马蹄金		√	√			√

注：植物英文名称见附录。

3.4.2 光照时间与景观植物

光照（日照）时数对园林植物的影响主要表现在调节植物的光周期（photoperiod），根据植物对光照时间的要求可分为：长日照植物（long day plants）、短日照植物（short day plants）和中性植物（day-neutral plants）（图 3-10）。

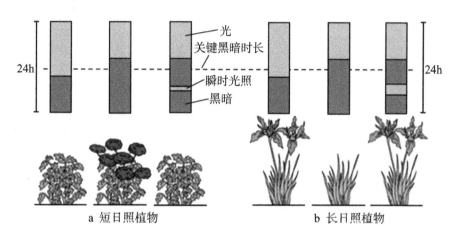

图 3-10 短日照植物和长日照植物开花习性对比

长日照植物在开花前日照时数需超过关键日长（critical duration）（一般为 12 ~ 14 小时），才能诱导花芽形成并最终开花和结果，且光照时间越长开花越早；短日照植物则与其相反，光照时数需小于关键日长，在满足光合需求的前提下，光照时数越短开花越早；中性植物对光照时间的长短不敏感，营养生长到一定程度即可转为生殖生长。但是，长日照和短日照植物对光照时长的需求并不是绝对的，通过一定时数的光照或遮阴即可打破光周期。

3.5 本章小结

本章首先介绍了本书所涉及的相关概念，如太阳辐射、光合有效辐射、太阳高度角、太阳高度角与日照的关系等，对太阳辐射测定的仪器及数字模拟方法也进行了分析与介绍。

其次，在此基础上，研究了太阳辐射与景观植物的关系，从日照时数和日照强度两个方面，着重分析与总结了其对景观植物生长和开花的影响。

第4章　景观植物调查：健康状况、日照需求及日照敏感性

4.1　研究区域

现代都市中园林植物发挥着重要作用，除了基本的生态功能外，其对艺术效果的形成和构建也是风景园林师关注的重点。但是，现在都市区域中的环境条件越来越不利于植物的生长、发育及景观效果的形成，如不利的土壤条件、大气污染、病虫危害及日照条件的极大改变等。本书主要关注日照条件改变后，对植物类型和种类选择的影响，提出相应决策支持方法辅助植物设计、植物选择和植物种植。基于这一目的，本部分的探讨将现代居住区作为案例进行分析。选择现代居住区作为案例的原因在于：第一，居住区是重要的植物种类聚集之地，对植物多样性的保护具有重要意义；第二，现代化的居住小区更注重植被丰富度、景观多样性；第三，该研究的目的是在日照辐射有限的情况下，如何最大限度地实现植物种类的多样性和景观的多样性这一目标。

本书中的研究场地位于武汉市洪山区，该研究区域由3个居住单元组成，分别为大华南湖公园世家、金地格林小城和南湖雅苑（图4-1）。

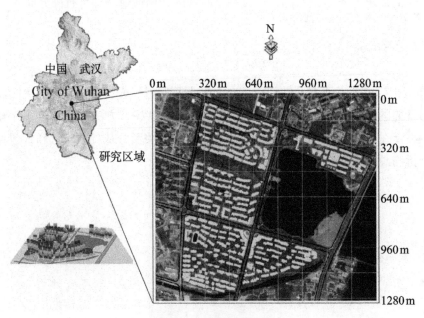

图4-1　研究区域分布

本研究所选择的 3 个居住小区，均为武汉市的示范性居住小区。项目注重体现武汉市的城市特点和文化脉络，充分挖掘武汉市的湖泊和河道景观资源。社区内部规划的生命绿廊，沿袭公园化社区模式，其规划设想以绿化主轴设计为主线，以生态绿化系统和道路系统为纽带，串联起各个独立住宅组团，小区尽量扩大各个组团的中心绿地，提高大环境的质量。而金地格林小城的规划，使容积率达到 1.5，绿化率达到 47.2%，植被种类非常丰富。这些特点，植物种类的选择非常高，但另一方面是这些建筑区域的日照辐射呈现多样性与不均衡性。

4.2 研究方法

4.2.1 技术路线

传统的日照模拟和日照分析技术常用于建筑采光、建筑通风或太阳能量发电等领域，较少用于植物种植应用领域。在倡导"适地适树"原则的大趋势下，科学合理的评价植物种植场地的生态条件已成为必要，特别是日照模拟和分析。本书起始于这一观念，将研究重点集中于植物的日照需求、日照适应性，研究路线如下（图 4-2）。

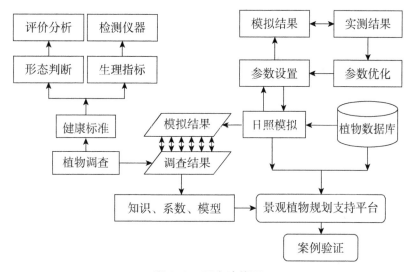

图 4-2 研究路线图

（1）调查内容

本书主要调查研究区域中的景观植物，包括主要乔木、灌木和各类地被植物。利用数码相机获取照片，现场记录所调查植物名称、分布、生长状况，利用仪器测定所调查样本的生理指标。

（2）样本分布

利用谷歌地图和百度地图选取所研究区域，通过下载高分辨率卫星影像图，结合武汉市建筑普查数据（ESRI.shp 格式），在 ArcGIS 软件中校正数据空间坐标。在实际样本调查中，在利用 GPS 设备结合移动地图勾绘方式，将调查样本的空间地理位置匹配到 GIS 数据库中。

（3）数据获取

本书中所使用的仪器、设备和相关技术主要分为两部分：第一部分为植物生理指标的测定仪器，以及样本分布位置的光合速率测定仪器；第二部分为软件、模型，主要用于日照辐射分析、模拟和计算。

（4）结果分析

将调查数据、测定数据、模拟数据利用统计软件进行分析，根据分析结果提取回归模型、应用参数和系数。

4.2.2 植物样本的分布和数据输入

将现场记录数据和样本点位置勾绘数据，添加进入 ArcGIS 数据库。首先，在 ArcCatalog 中建立 Point 文件，命名为"植物样本"。其次，依次添加属性字段"图片编号""乔木""灌木""地被植物""不健康植物的名字""特征"等属性信息。最后，根据统计数据准确地录入属性信息（图 4-3）。另外，通过 ArcGIS 工具箱中的转换工具"从 Excel 到 Table"，也可将统计数据直接转换为 ArcGIS 属性表，然后根据属性表的连接或关联功能，将属性数据与点数据匹配。

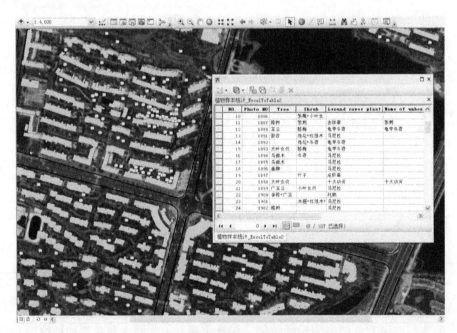

图 4-3 调查样本分布和属性信息

4.2.3 使用的仪器和技术

本书中所使用的仪器、设备、软件和数字模型主要包括勾绘工具、图像获取、生理测定、光合测定及日照模拟、测量仪器等类型（表 4-1）。在不同的研究阶段，所使用的仪器和设备有所侧重，但需要相互配合使用才能实现本书的总体目标。

表 4-1　研究中所使用的仪器、设备、软件和数字模型

编号	类型	名称
1	勾绘工具	样本调查表、研究区域影像图、卷尺
2	图像获取	尼康 COOLPIX S8100 数码相机、智能手机
3	生理测定	Li-6400XT 光合测定系统（LI-COR 公司）、分光光度计
4	光合测定	双辐射计（Spectrum technologies 公司）
5	日照模拟	Solar analyst 模型（ArcGIS 软件包）
6	测量仪器	全站仪（套）

4.2.4　植物日照不适应的健康判断标准

植物的日照不适应主要有两种情况：一是日照不足，造成植物的观赏价值下降、生长不良、干枯死亡等；二是日照过强，造成一些不耐强光直射的植物受害，常表现为叶片灼烧、嫩枝干枯。

景观植物因具有美学价值，其健康判断目前多以外观判断为主，在判断标准上常常采用定性判断和定量计算相结合的方法。然而，不同植物类型具有不同的保护价值。因此，当前的研究中对古树名木健康评价的研究相对较多。对于城市居住小区植物群落，可分别按照乔木、灌木和地被 3 种植被类型进行划分。评价方法可以参考相关研究，并结合本书的主要研究目标，将植物光照不适健康判断标准体系设置如下（表 4-2）。

表 4-2　植物光照不适健康判断标准体系

方法	指标	等级类型			方法类型
		健康（H）	亚健康（S-H）	不健康（U-H）	
外观判断	叶片颜色（Leaf color）	正常	泛黄（部分彩色叶转绿）	焦黄或失绿（部分彩色叶植物转绿）	经验判断
	枯枝率（Dead branch rate, DBR）	DBR ≤ 30%	30% < DBR ≤ 50%	DBR>50%	定量计算
	综合长势	旺盛	较弱	极弱或枯萎	经验判断
	土壤裸露等级（Soil exposed level, SEL）	SEL ≤ 10%	10% < SEL ≤ 50%	SEL>50%	定量计算
生理指标	光合速率（Photosynthetic rate, PR）	PR ± 正常值 *10%	PR ≥ 正常值 *50%	PR< 正常值 *50%	定量计算
	叶绿素含量（Chlorophyll content, CC）	CC ± 正常值 *10%	CC ≥ 正常值 *50%	CC< 正常值 *50%	定量计算
其他	叶面积指数（Leaf area index, LAI）	LAI ≥ 正常值 *90%	正常值 *90% < LAI ≤正常值 *50%	LAI < 正常值 *50%	定量计算

注：表中"正常值"为对比样本的同类指标值。

研究中，植物外观判断的方法根据经验估算、现场计算得出样本的健康等级。生理指标中的光合速率的测定借助于 LI-6400XT 光合测定仪现场测定和室内数据处理。叶绿素含量的测定采用实验室乙醇–分光光度计的方法测定。叶面积指数的计算采用较为方便的"点接触法"，在现场进行计算。

为更加科学合理评价植物的健康等级，在样本评价过程中，评价人员由园林养护工人、园林施工人员、植物生理学教师组成，共计 10 人。植物外观的经验判断由植物养护工和园林施工人员判断，共计 8 人；植物生理指标的定量计算，由植物生理学实验人员判断，共计 2 人。

为排除其他胁迫因素造成对所分析植物样本的差异，在样本调查选取过程中采用了相应的措施（表 4-3）。

表 4-3 研究中用于排除胁迫因素的方法

类型	排除内容	样本选取原则
土壤条件	大量元素、土壤质地、土壤颜色、砂石含量	在样本选取时，为排除该项胁迫因素，通过经验方法初步判断样本植物生长的土壤条件的差异。采用外观判断、手触分析等手段，排除差异较大的样本后，可认为其他样本的土壤差异性忽略不计
水肥条件	排水设施、浇水频次、肥料类型	本书的样本选择主要是在现代居住小区，排水设施作为基本的基础设施较完善，可以排除植物立地条件中的长时间积水胁迫；而浇水频次和施用的主要肥料，本书则是通过访谈小区绿化养护人员，以及查看养护记录获取相关信息。样本选取时，尽量选择水肥条件管理相一致的植株或地被
病虫管理	病虫类型、养护记录	病虫害的判断可以从植物叶片、枝条、树干及根系外观判断，也结合了养护记录，对于有病虫害的植株不作为本书的分析样本
人为破坏	植株完整性、自然形态	根据植株的自然形态判断，在样本选取过程中，排除人为破坏的植株，也尽可能减少有人工修剪痕迹的植株数量
极端天气	气象记录、养护记录	通过武汉市气象数据，排除极端天气条件对植株的影响，另外需要结合小区养护记录数据
其他	盐碱、有机污染、重金属	本书中的小区为居住小区，土壤为小区建成后外来客土，在调查过程中这些因素忽略不计

4.3 结果分析

4.3.1 不同植物群落结构的数量与特征

本书的研究区域位于洪山区南湖，其中包含南湖雅苑、金地格林和大华社区 3 个居住小区单元。根据调查，该研究区具有较高的植被覆盖度，植物数量也较为丰富。为了增加植物在小区中发挥的生态效益，在植物群落构建方面，均选择了营建植物的上、中、下群落层次结构。

　　根据分析[①]，本书所收集样本共计 200 余例，选择具有明显景观特征差异的样本共计 108 例用于统计分析。样本中的植物主要包括：栾树、樟树、含笑、大叶女贞、马褂木、蜡梅、玉兰、广玉兰、银杏、垂柳、翠竹、栾树、枇杷、柑橘、罗汉松、紫玉兰、榔榆、桂花等（乔木）；海桐、鸡蛋花、山茶花、毛竹、红枫、银边黄杨、紫薇、小叶女贞、紫荆、红花檵木、冬青、木槿、樱花、银边黄杨、苏铁、瓜子黄杨、雀舌黄杨、棕榈、十大功劳、洒金东瀛珊瑚、南天竹、龟甲冬青、金叶女贞等（灌木）；马尼拉、狗牙根、吉祥草、沿阶草、葱兰、红花酢浆草、鸢尾、龟背竹等（地被植物）。

　　群落结构类型主要有：乔木 + 灌木 + 地被（T+S+G）、灌木 + 地被（S+G）、乔木 + 地被（T+G）、乔木 + 灌木（T+S）、地被层（G）、乔木层（T）、灌木层（S）。

　　分析结果显示（图 4-4），不同群落结构样本数量，乔木 + 灌木 + 地被（T+S+G）、灌木 + 地被（S+G）、乔木 + 地被（T+G）、乔木 + 灌木（T+S）、地被层（G）乔木层（T）和灌木层（S），分别占 45 例、18 例、18 例、14 例、6 例、6 例和 1 例。

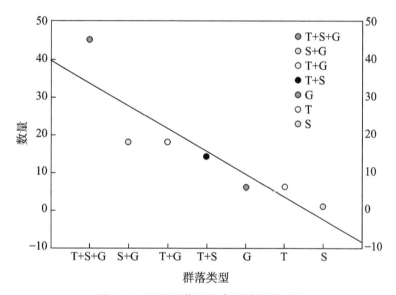

图 4-4　不同群落结构类型的数量对比

　　由此可见，调查样本中"乔木 + 灌木 + 地被（T+S+G）"所占数量比例最高。因此，研究区域中的植物群落结构上，非常注重植物的生态效益。其次为"乔木 + 地被（T+G）"或"乔木 + 灌木（T+S）"结构，这些样本主要分布在小区干道或游步道区域，这样有利于车辆、行人的通行，或者有利于交通视线。而较为单一的"地被层（G）""乔木层（T）""灌木层（S）"，主要分布在小区的开敞空间、道路两旁，虽然生态效益不如"乔木 + 灌木 + 地被（T+S+G）"结构类型，但是可以发挥景观的游憩功能，发挥遮阴价值和观赏价值。

---

① 注：因植物样本调查数量的限制，以上列举的植物种类数量低于研究区域中的实际数量。以上植物名称均为中文商品名，拉丁名称以文后附表中对应的拉丁名称为准。

4.3.2　日照不适宜的植物样本数量与特征

在调查的植物样本中，有部分植物样本呈现因日照不适宜而导致的"生长纤弱""枝叶枯萎""枝叶稀疏""土壤裸露""死亡"等不良症状（图4-5）。植物的生长不良在现实中会有许多因素导致，如病虫害、水淹、干旱、人为破坏等因素。为排除这些干扰因素，我们采用外观观察和生理测定两种方法进行判断（参照调查方法）。另外，本书在植物样本调查过程中，也咨询了小区物业公司的植物养护记录，对一些样本进行干扰因素排除。最终，确定这些植物的生长不良是由日照条件不适宜造成的。

图4-5　光照不适宜的植物样本特征

根据调查的结果显示（图4-6），在研究区域中参与的植物样本主要有：马尼拉、杜鹃、沿阶草、小叶女贞、红花檵木、银边黄杨、红花酢浆草、洒金东瀛珊瑚、八角金盘、十大功劳、一叶兰、紫荆、南天竹、红枫、罗汉松等。其中洒金东瀛珊瑚和罗汉松未有明显生长不良的表现，其余植物样本均有不同程度的生长不良表现。

数量关系上（图4-6）：乔木、灌木、地被植物分别占总数量的20％、53％和27％；不同植物种类的具体数量，按照从大到小的顺序分别为25例、19例、19例、16例、14例、14例、8例、8例、8例、8例、7例、7例、6例、6例和5例。

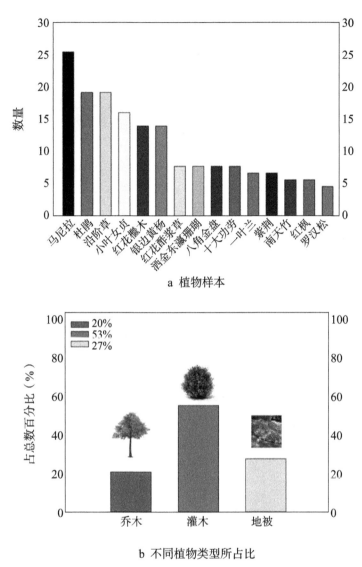

a 植物样本

b 不同植物类型所占比

图 4-6　生长不良的植物种类和数量比例

4.3.3　不同 PPF 环境与植物健康的关系

　　研究中采用光合量子通量测定仪器对植物样本所处位置或冠层上方的光合量子通量（PPF）进行测定，PPF 水平的高低对植物的光合作用具有重要影响，而不同植物对 PAR 水平的高低有不同的需求。因此，同一种景观植物对不同等级的 PPF 应有不同的反应，而不同植物对同相同 PPF 值的生长反应也应不同。基于这一假设，本书将植物样本立地位置所测得的 PPF 值与植物的健康等级进行线性拟合，分析 PAR 值与植物健康表现的线性关系、不同植物对 PPF 值变化的敏感程度、不同植物适应 PPF 的范围，以及样本植物的耐阴性排序等。

4.3.4 植物的健康等级与 PPF 的相关性

城市中不同的立地环境具有不同的日照条件，其 PPF 水平也相差较大。在研究中，现代居住小区作为样本调查和 PPF 测定地点同样具有较大的差异性。研究结果显示（图 4-8 至图 4-22，表 4-4 和图 4-7），植物样本马尼拉、杜鹃、小叶女贞、红花酢浆草、红花檵木、银边黄杨、一叶兰、洒金东瀛珊瑚、罗汉松、南天竹、沿阶草、八角金盘、十大功劳、紫荆、红枫等健康表现与 PPF 等级的相关性有不同的表现。

研究中根据线性关系对相关性进行排序，结果显示（表 4-4 和图 4-7）：小叶女贞、一叶兰、十大功劳和马尼拉与 PPF 值具有极强的线性相关性，其次为紫荆、杜鹃和银边黄杨。相关性一般的为红花檵木；红花酢浆草、红枫则表现为极弱；沿阶草、南天竹和八角金盘表现为较弱。在调查的样本中，洒金东瀛珊瑚和罗汉松生长良好，在不同的 PPF 值中均无明显的差异，因此在相关性的排序中则显示为无相关性。

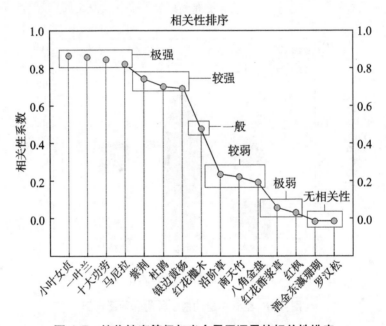

图 4-7　植物健康等级与光合量子通量的相关性排序

相关性从大到小的总体排序为：小叶女贞、一叶兰、十大功劳、马尼拉、紫荆、杜鹃、银边黄杨、红花檵木、沿阶草、南天竹、八角金盘、红花酢浆草、红枫。其中，一叶兰、红花酢浆草和红枫为负相关，其余为正相关。

本书中，线性拟合程度较好的主要有：小叶女贞、红花檵木、十大功劳、紫荆。拟合程度较差的主要有：马尼拉、杜鹃、银边黄杨、沿阶草、八角金盘。由此可以说明，线性拟合方法在一些植物类型上有一定的局限性。在影响植物健康的各种生态因子上，其表现为更加的非线性。

表 4-4　植物健康等级与所受光量子通量（PPF）的线性关系

编号	名称	线性关系	相关性系数（R^2）	相关性特征
1	马尼拉	$y = 0.0048x + 0.8792$	0.8235	+
2	杜鹃	$y = 0.0079x + 0.9782$	0.7059	+
3	小叶女贞	$y = 0.0105x + 0.6412$	0.8678	+
4	红花酢浆草	$y = -0.0007x + 2.8295$	0.0704	−
5	红花檵木	$y = 0.0039x + 1.6431$	0.4852	+
6	银边黄杨	$y = 0.0048x + 1.0663$	0.6958	+
7	一叶兰	$y = -0.0037x + 3.0853$	0.8614	−
8	洒金东瀛珊瑚	$y = 3$	无	无
9	罗汉松	$y = 3$	无	无
10	南天竹	$y = 0.0017x + 2.6216$	0.2338	+
11	沿阶草	$y = 0.0017x + 2.3544$	0.248	+
12	八角金盘	$y = 0.0028x + 2.4159$	0.2043	+
13	十大功劳	$y = 0.0162x + 1.0875$	0.8474	+
14	紫荆	$y = 0.003x + 1.6298$	0.7447	+
15	红枫	$y = -0.001x + 2.5933$	0.0444	−

4.3.5　不同植物对 PPF 变化的敏感程度

　　景观植物对 PPF 变化的敏感程度，是指植物在不同的 PPF 环境中植物的健康等级、生长状况的表现。敏感程度较高的植物在 PPF 发生改变时，其健康等级也发生相应改变，但是仅在一定的光照区间内。本书根据植物的健康等级与 PPF 的相关性回归模型，将线性方程的斜率作为植物响应 PPF 变化的速度，用于评价植物对 PPF 变化的敏感程度。斜率越大，其对 PPF 的敏感程度也较强，反之则较弱。当斜率为负值时，表示植物的健康等级随着 PPF 的增加而降低，同理可以说明某种植物在一定程度上忌讳过强日照。

　　根据研究的结果显示（图 4-7 至图 4-22），植物日照需求的敏感程度从高到低排序为：十大功劳、小叶女贞、杜鹃、马尼拉、银边黄杨、红花檵木、紫荆、八角金盘、南天竹和沿阶草。植物光需求的敏感程度在一定程度上可以说明植物日照需求习性、日照需求范围、耐阴习性等。本书中，洒金东瀛珊瑚和罗汉松的健康表现在不同 PPF 值上均正常。因此，这两种植物对 PPF 的变化不敏感，同理可以说明这两种植物对日照强度适应的生态位（ecological niche）较广。但是也应考虑到本书在调查过程中的一些限制因素，如洒金东瀛珊瑚和罗汉松的生长分布并不是特别广泛，其健康等级和 PPF 拟合的样本数量相对有限。

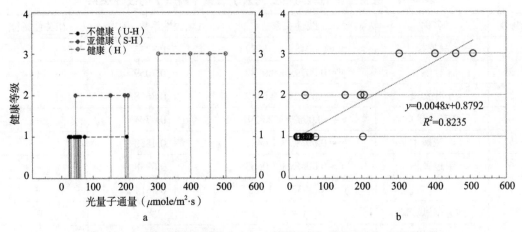

图 4-8　不同光量子通量（PPF）环境下的"马尼拉"生长状况

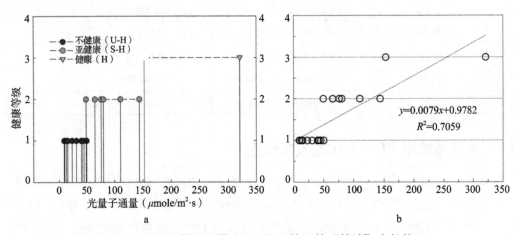

图 4-9　不同光量子通量（PPF）环境下的"杜鹃"生长状况

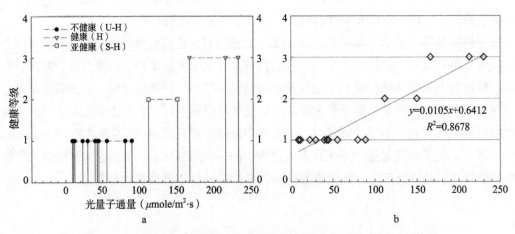

图 4-10　不同光量子通量（PPF）环境下的"小叶女贞"生长状况

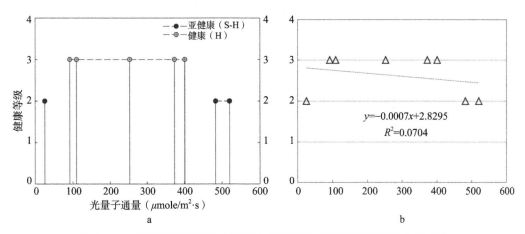

图 4-11　不同光量子通量（PPF）环境下的"红花酢浆草"生长状况

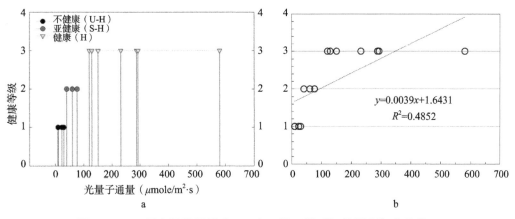

图 4-12　不同光量子通量（PPF）环境下的"红花檵木"生长状况

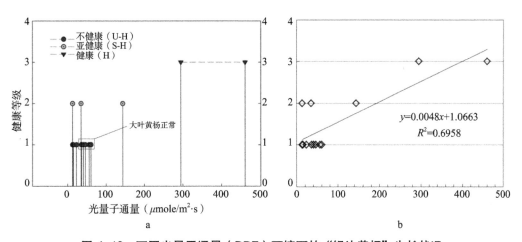

图 4-13　不同光量子通量（PPF）环境下的"银边黄杨"生长状况

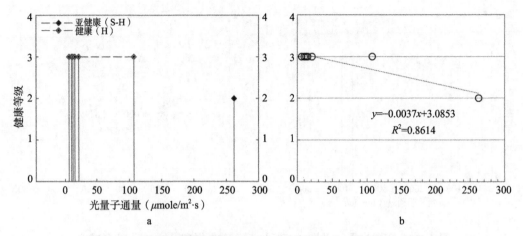

图 4-14　不同光量子通量（PPF）环境下的"一叶兰"生长状况

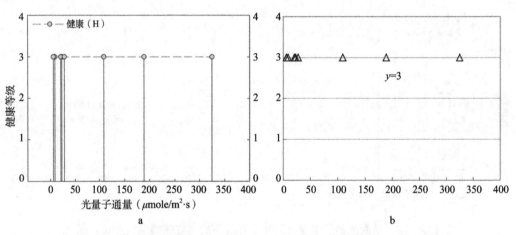

图 4-15　不同光量子通量（PPF）环境下的"洒金东瀛珊瑚"生长状况

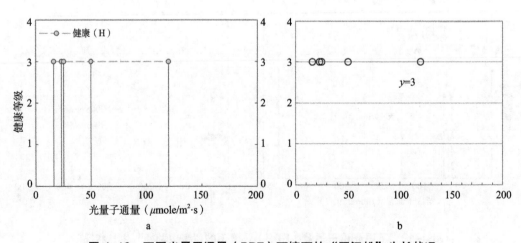

图 4-16　不同光量子通量（PPF）环境下的"罗汉松"生长状况

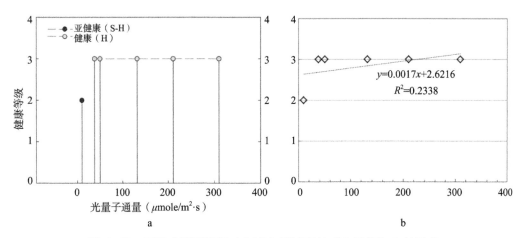

图 4-17　不同光量子通量（PPF）环境下的"南天竹"生长状况

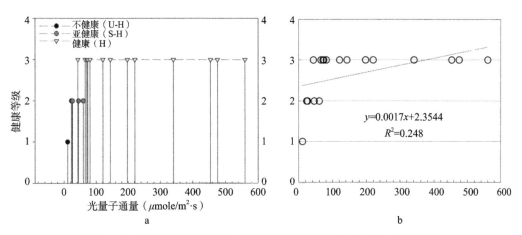

图 4-18　不同光量子通量（PPF）环境下的"沿阶草"生长状况

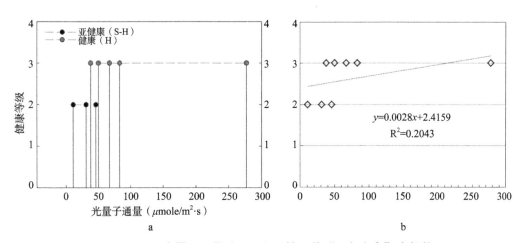

图 4-19　不同光量子通量（PPF）环境下的"八角金盘"生长状况

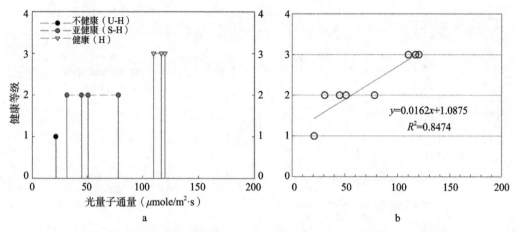

图 4-20 不同光量子通量（PPF）环境下的"十大功劳"生长状况

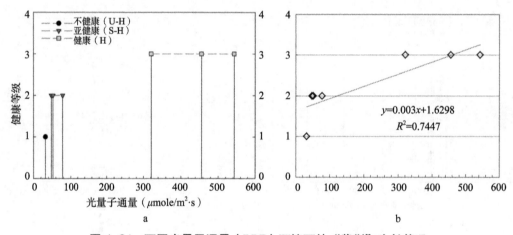

图 4-21 不同光量子通量（PPF）环境下的"紫荆"生长状况

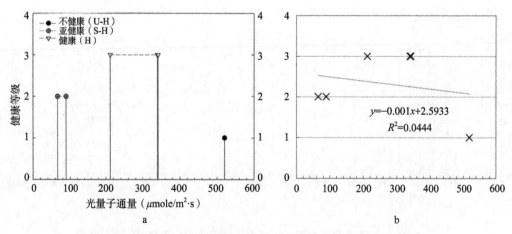

图 4-22 不同光量子通量（PPF）环境下的"红枫"生长状况

另外，研究结果还显示（图 4-23），红花酢浆草、红枫和一叶兰的健康等级与 PPF 测定值的线性拟合斜率为负值。由此可以说明，这些植物对日照强度需求并不是越强越好。为更好地解释这些植物对 PPF 变化的敏感程度，研究中对其进行了非线性拟合（图 4-24）。

结果显示（图 4-24），一叶兰对过高的日照强度较敏感，而对荫庇环境具有较好的适应性。研究中发现，一叶兰在上午 11 时左右，PPF 值在 6 μmole/m^2·s 的立地环境中同样能够健康生长。这充分地说明了其具有很强的耐阴性，在武汉地区可以作为林下地被植物广泛应用。而红花酢浆草则表现为既不耐过度荫庇，又不耐较强的光照强度。研究发现红花酢浆草在 PPF 值低于 26 μmole/m^2·s 和高于 483 μmole/m^2·s 时，会有不同程度的健康问题出现。研究中，红枫较不耐过强的日照直射，当立地环境中的 PPF 长时间大于 520 μmole/m^2·s 以上时，过强的日照容易导致叶片的"灼伤"干枯。

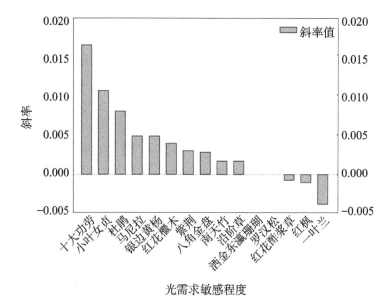

图 4-23　植物对光量子敏感程度排序

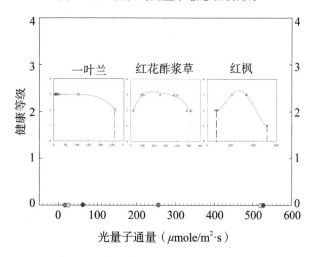

图 4-24　一叶兰、红花酢浆草和红枫对不同 PPF 值的响应曲线

在本次调查研究中，处于相同日照条件下，银边黄杨的健康状况要比大叶黄杨差。由此可以说明，在耐阴程度上银边黄杨比大叶黄杨要弱。银边黄杨与大叶黄杨相比，单位叶面积的叶绿素含量要低于后者，而叶绿素是利用光能积累光合产物的主要物质，从而导致银边黄杨较不耐阴。有研究曾认为，彩叶植物较绿色植物的光合能力低，而彩叶植物叶片中的黄色、白色部分几乎没有光合能力。本书通过 PPF 值的测定及生长状态的判断，较好地佐证了这一假说。

以上研究中，将植物的健康等级划分为健康、亚健康和不健康 3 个等级，等级数量过少在一定程度上会影响到与 PPF 值的拟合关系。等级划分越细，PPF 值测定样本越多，其拟合关系越科学。

4.3.6 不同植物的耐阴性差异和排序

不同植物除了对环境中光照强度变化的敏感程度不同外，其耐受光照强度的范围也有差别。一般来讲，植物对光照强度的耐受范围越广，在实际中也越容易适应不同光照条件的种植环境。植物生理指标中可以用光补偿点（LCP）和光饱和点（LSP）的范围值去判断，而光补偿点的值更能说明植物的耐阴程度。研究中使用 LI-6400 便携式光合测定仪器对植物样本进行测试，样本选取研究区域中生长健壮的植株作为参照。测定叶片选择冠层向阳叶片，测定 3~6 次取平均值。

研究中使用仪器程序自动测定 Pn-PAR 响应曲线，根据 LED 红蓝光源设定仪器叶室内的光合辐射强度（0~2000 $\mu mole/m^2 \cdot s$）从大到小设置为 2000、1500、1000、800、600、400、200、100、80、50、20、10、0 $\mu mole/m^2 \cdot s$，拟合 Pn-PAR 曲线方程，计算光补偿点（LCP）、光饱和点（LSP）、最大净光合速率（Pmax）。

研究结果显示（图 4-25），不同植物类型所表现的 LCP 和 LSP 具有遗传的差异性。从植物的耐阴性角度分析，对耐阴性起决定性的作用是 LCP 值的大小。因此，耐阴性从强至弱的排序为：八角金盘（8.33）>一叶兰（8.41）>罗汉松（9.11）>洒金东瀛珊瑚（10.55）>南天竹（21.99）>沿阶草（23.15）>杜鹃（25.32）>小叶女贞（31.01）>红花檵木（31.21）>红枫（32.44）>十大功劳（38.49）>红花酢浆草（40.34）>银边黄杨（50.67）>紫荆（97.23）。

LCP 和 LSP 的区间范围大小表示植物能够利用光合有效辐射值的大小，其值越大说明该植物利用光辐射能力越强。LCP 和 LSP 的区间范围从大到小的排序为：红花檵木（1401.34）>小叶女贞（1210.20）>紫荆（1205.32）>十大功劳（1082.22）>杜鹃（995.85）>银边黄杨（909.85）>沿阶草（787.00）>红枫（779.97）>红花酢浆草（690.49）>罗汉松（662.28）>南天竹（639.47）>洒金东瀛珊瑚（420.68）>一叶兰（402.42）>八角金盘（303.86）。

马尼拉草的叶片过于细小，光合仪器 LI-6400-07 用于测定针叶的叶室（2×6 cm），在测定 LCP 和 LSP 的过程中较难实现，故在本书中未将其纳入排序过程。马尼拉草属于禾本科结缕草属，而禾本科植物大部分属于碳 4 植物（C4 Plant）。碳 4 植物在光合作用过程中，与碳 3 植物（C3 Plant）相比具有较低的 CO_2 补偿点，而 LSP 较高，甚至没有限制，适应环境温度也较高。因此，马尼拉草应具有较高的光补偿点和较广的 LCP 和 LSP 区间。在实践中，可以参照其他禾本科植物的需光特点。

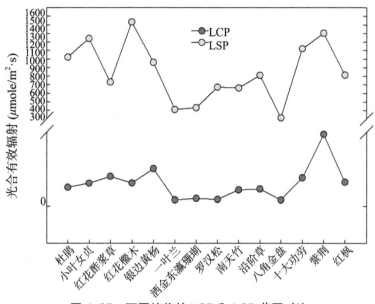

图 4-25　不同植物的 LCP 和 LSP 范围对比

4.4　结论和讨论

4.4.1　植物群落结构和健康状况

植物在现代城市环境中发挥着重要的生态、美学和其他防护作用。早期的研究多揭示城市植物的覆盖率对城市坏境改善的作用。将植被覆盖率作为衡量植物发挥生态效益的指标，在一定程度上忽视了不同植物类型、群落组成、垂直结构的差异，而绿量概念的提出更能使城市管理者和园林工作者所接受。

根据本书的调查结果显示，目前现代居住小区的植物选择和配置呈现出植物种类丰富的特性，在结构上也呈现出多样性。其中乔木＋灌木＋地被（T+S+G）植物群落结构样本最多；其次为灌木＋地被（S+G）和乔木＋地被（T+G）；之后是乔木＋灌木（T+S）；而单层结构乔木层（T）、灌木层（S）和地被层（G）的样本最少。以上结论说明研究区域中的 3 个现代居住小区的植被群落结构良好，符合植物生态设计的基本原则。

从调查的植物样本健康程度上判断，主要特征表现为"生长纤弱""枝叶枯萎""枝叶稀疏""土壤裸露""死亡"等。出现生长不良状况的样本植物数量从多到少分别为：马尼拉、杜鹃、沿阶草、小叶女贞、红花檵木、银边黄杨、红花酢浆草、八角金盘、十大功劳、一叶兰、紫荆、南天竹、红枫。

由此可见，由于植物的耐阴习性和对光照的敏感程度的差异，在实践中导致了一些问题出现。植物的生长不良或死亡在一定程度上降低了植物生态效益的发挥，增加了更换死亡植株的经济成本，同时也影响了植物的观赏价值。

4.4.2　植物的生态习性和"适地适树"

植物在长期的生长、发育、进化过程中，逐渐"自适应"了原始的立地环境。这种自适应特征表现为独特的生态习性，而且具有遗传性基因的稳定性。现代都市中的人们，为了追求更高层面的精神需求和改善环境的需要，对城市植物种类多样性的要求也有很大的提高。从目前来看，城市环境的生态供给与植物的生态需求还存在着不可调和的矛盾，除了积极开展适应性强的植物新品种外，真正落实植物选择和配置的"适地适树"原则尤为关键。

"适地适树"是我国城市植物选择和种植需要遵循的基本原则，在北美地区则有"put the right tree in the right place"或者"matching the plant to the site"的说法，这些原则与我国的植物规划理念异曲同工。适地适树原则若要实现，需要对植物种植场地的土壤条件、全年温度（极高温和极低温）、空气湿度、光照条件等相关生态因子进行定量评估，在此基础上针对性地选择适宜的植物类型和种类。

在众多生态要素中，光照已成为限制城市植物生长发育的重要因子。城市居住小区中，胁迫景观植物生长的土壤、水分、温度、病虫害等因素，在一定程度上可以通过人为养护得到极大改善。而光照条件主要由建筑物、地形要素加之随四季变化的太阳高度角共同作用而成，植物一旦种植，光照条件也将很难通过人为的方式得到改善。

本书中对植物样本的调查结果显示，在较好的人工养护条件下，光照是造成植物生长不良甚至死亡的主要因素。在今后的研究和实践中，应探讨如何通过信息技术、数字软件平台，结合植物生态习性的调查分析，促使植物选择和种植工作由"经验主导"向"定量分析"的方式转变。

4.4.3　研究技术限制和不确定性分析

景观植物的光照需求习性或耐阴性的测定多见于在人工控制的试验场地，利用现场测定仪器和实验室分析方法，对植物的耐阴性进行排序。目前的研究对象还主要集中在地被植物、低矮灌木或小乔木，而试验环境中因各种干扰因素较少，分析结果也较准确。但是，在实际城市环境中，因受到其他胁迫因素的干扰，与人为实验环境相差较大，其耐阴的适应性仍然需要进行研究。

本书对植物健康程度的分析主要采用了形态判断、仪器测定、生理分析等方法，并根据测定的数据对植物的日照需求习性和耐阴能力进行了分析，最终得出所调查植物样本的光照强度变化的敏感性和耐阴性排序。在一定程度上，本书中的调查分析方法，具有较强的科学性，试验结果更说明城市植物在不同的光照条件下的成长状况和光照响应特征。

植物 Pn、LCP 和 LSP 是反应植物光合习性的主要指标，测定技术上也主要采用美国 LI-COR 公司生产的 LI-6400 系列仪器。但是，由于仪器精度、测定条件、测定方法、测定时间、植株个体的差异等诸多因素，导致同一种植物的 LCP 和 LSP 值也有很大差异。本书中测定的杜鹃、红花檵木、红花酢浆草及其他植物的 LCP 和 LSP 值，与他人的研究也有很大的不同（图 4-26）。测定过程中的这些干扰因素，目前还无法完全排除。另外，植物在不同的环境中，其 LCP 和 LSP 值也会有一定波动。对常用景观植物的耐阴习性进行广泛的测定、对比和统计，根据这些研究结果建立不同地区的植物耐阴属性表，则更有利于植物的成活和健康生长。

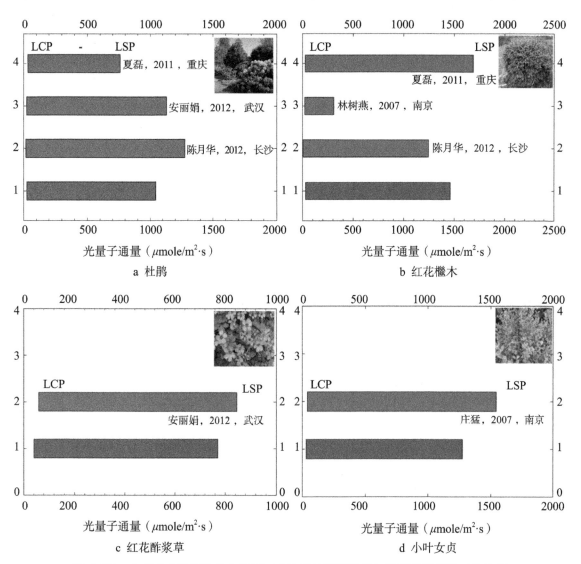

图 4-26　本书对 4 种植物的 LCP 和 LSP 值的测定结果与其他研究者的对比分析

4.4.4　PPF 测定和植物健康状况判断

对植物冠层 PPF 的测定，结合植物的健康状况判断并将二者拟合，可以判断植物对 PPF 变化的敏感程度，在一定程度上也可以反映出植物的耐阴习性。实验环境和现场环境对植物生理生态习性的测定和判断各有优缺点。前者可以排除一些干扰因素，在相关数据的测定上也比较便利，但是研究结果不能很好地说明在城市环境中的适应性。后者与之相反，特别是在数据的测定上较为不便。

本书使用双辐射计测定样本植物冠层的 PPF 值，测定时间集中于上午 10 点至下午 5 点。

由于人力和时间的限制，对 PPF 值的测定在时间序列上连续性较弱，数据量上也不是特别充足。对一些时间"点"的 PPF 值的测定，较难表达植物生长位置的整体日照辐射状况。将 PPF 值的"点数据"作为模型输入数值，使用 Solar Analyst 模块可以模拟研究区域中不同时间区间的日照辐射值。由此可见，通过数字模拟方法分析综合的日照条件则可以补充现场测定的限制。在植物健康等级的设置上，本书采用了三级划分方法，对各项健康指标采取分值累加方式。从数据与健康表现拟合关系上讲，健康等级划分越细也越有利于对植物光照敏感性和耐阴性的判断，后期的研究中，还应增加数据的输入与模拟，使植物日照需求、敏感性预测结果更加接近真实值。

4.4.5 日照辐射分析与植物选择

日照分析在建筑、能源等工程领域应用较多，现代设施园艺中也比较重视相关研究。城市绿化和植物造景中，主要应用艺术手法实现既定的美学效果，而植物种植区域的光照条件则有经验判断。源于当前在城市植物选择和配置实践中普遍存在的这种方式，本书通过植物样本调查的方法发现，利用经验方法行使这一工作存在着一定的不确定性。这一问题出现的原因在于人类感知能力的限制，特别是现代都市中的复杂建筑群导致了光环境的多样性。相对于其他生态因子，日照条件无法通过人为的措施得以改善。

对植物种植区域光环境的模拟、分析和判断已成为城市植物可持续设计与种植的前提条件，在研究中需要针对性的探讨相关的方法、技术及仿真精度。同时，开发具有便于使用的决策支持平台。

4.5 本章小结

由于景观植物遗传特性的差异，即使种植在具有相同生态条件的区域，其生长反应也不尽相同，其中日照需求就是一个重要的生理特征。本章主要通过调查、实测、模拟和植物健康评价方法，对所调查植物样本的健康状况进行分析和评价，并结合生理指标测定及植物分布位置的日照条件测定，综合分析了不同景观植物对日照需求的特性。本章印证了坚持"适地适树"城市植物种植原则的重要性，也体现了本书研究的重要价值。

首先，确定了植物调查的区域及使用的研究方法，在研究方法部分中描述了研究路线、研究步骤，还包括所调查植物样本的分布、数据的输入，以及本部分研究所使用的仪器和技术，并建立了植物日照不适宜的健康评价标准。其次，在结果部分，主要分析了研究区域中不同群落结构数量特点、日照不适宜的植物样本数量和表现特征、不同 PPF 环境与城市植物健康的关系、植物健康等级与 PPF 的相关性、不同植物对 PPF 变化的敏感程度，以及不同城市植物的耐阴性差异和排序。最后，在结论和讨论部分，主要总结了研究区域中植物的群落结构和健康状况，讨论了基于植物生态习性的重要性、研究技术的局限和不确定性分析、PPF 测定和植物健康状况判断方法。同时，总结了目前城市植物出现健康问题的原因，并展望了基于日照分析的植物选择与配置方法的应用潜力。

第5章 基于日照模拟的景观植物
自动选择与配置

日照等级不适应的问题在多数城市景观植物中都存在，为解决本书在植物调查结果中出现的问题，实现植物选择和配置的日照适应性。本章主要探讨以 GIS 为主要技术的、针对植物种植区域的日照模拟、分析和评价，结合植物的日照需求习性，最终实现景观植物的适应性自动选择和配置目标。

5.1 概述

无数的研究显示，城镇化在当今世界的社会、经济发展中是一个显著的特征，特别是在发展中国家或地区或者欠发达国家或地区表现得更加显著。城镇化的结果不只是导致城镇面积的扩张，而且也导致了城镇人口的比例逐渐上升。因此，城市环境必须满足这些增长的人口的工作、生活和居住的需要。然而，城市热岛效应、大气污染、噪声等环境问题又显著影响到城市居民的舒适度和幸福指数。不过，风景园林师可以利用各种景观植物的生态功能消除或缓解这些不利的影响，提高环境福利。例如，利用城市植物缓解城市热岛效应，消除大气颗粒物和吸收有毒气体，以及建筑物的降温节能等方面。

城市植物的存活和健康生长是各种生态效益发挥的前提条件。近年来，城市植物的适应性种植受到了风景园林师和城市林业管理部门的重视。总的来说，在城市环境中，具有抗旱、抗污染、抗病虫、抗盐碱，同时又具有气候适应范围广的景观植物是较好的选择。但是，这些植物的种类较少。过度的应用这些植物会造成城市植物的多样性降低，同时景观多样性也会下降。唯一解决的方法是按照适地适树原则，将环境条件与植物的生态需求相匹配，这样才能在有限的生态条件下实现植物生长最近、植物多样性的最大化。适地适树原则其实是实现了环境供给与景观植物的生态需求的平衡。在以往的研究中，虽然明确了适地适树的重要性，但是缺乏一个明确的方法和技术平台来保障该策略的顺利实施。

光照、水和营养是植物生长、发育和繁殖的主要要素，但是在实践中光照最容易被忽视。一般情况下，当地理纬度和时间不变时，太阳辐射在相当长的时间内变化很小。在城市环境中，除了地理纬度对太阳辐射有影响外，建筑物和地形也对太阳辐射有较大影响。这就意味着，景观植物一旦种植，其立地条件的日照无法像水、肥、土壤质地等其他生态因子一样，可以通过人为方式加以改善。因此，当在植物的选择和配置实践中，没有对立地条件中的日照进行充分分析，将会因日照条件的不适宜导致植物的生长不良或死亡，造成植物材料的巨大浪费。从目前来看，对植物种植区域的日照进行定量模拟、分析和评价是适地适树种植的技术关键。

在都市环境中，日照主要受到建筑、地形和其他地表物的影响。对一个区域日照条件的判断主要有两种方法：仪器测定和计算机模拟。前者主要借助于太阳辐射表（pyranometer）和日照计（sunshine recorder），需要比较专业的人员进行操作，精度较为准确，但是价格较为昂贵且不便于推广应用。与之相反，以计算机为基础的数字模拟方法则有许多优点，是目前研究中常用的手段，特别是计算机硬件和软件都取得了极大进步的今天。

高配置计算机结合数字软件已经可以实现较大尺度的日照定量模拟。对于日照模拟，CAD、SketchUp 和 GIS 软件均可以实现，但是这些基于数字软件的日照模拟主要用于建筑采光、太阳能利用和建筑通风方面。软件模拟中，国内生产的 Sunlight、FastSun 和 SUN 等日照分析软件都能较好的模拟日照，但在软件编写上多为 AutoCAD 的二次开发。日照辐射常结合城市气候研究，如哥德堡大学城市气候组利用 Java 和 Matlab 编写的 SOLWEIG（the Solar and Long Wave Environmental Irradiance Geometry Model）程序，通过对比发现具有较好的稳定性，已成功应用于城市环境热辐射的相关研究。

较新版本的 ArcGIS 软件，已将 Solar Analyst 模块集成在空间分析工具中。在现有的研究中，该功能多用于景观尺度的太阳辐射分析。在小尺度区域中，特别是植物种植区的日照模拟，目前尚未见报道。

经验导向的植物选择和配置方法，在实践中是非常普遍的做法。本章我们提出基于 GIS 的日照定量分析方法用于植物的选择和配置，并通过实测校正模拟系数，其目的是提供一个稳定的技术平台，避免经验方法在植物选择和配置中的不足。

5.2 研究方法

5.2.1 参数设置与校正

本书采用 ESRI 公司的 ArcGIS10.2 软件包，利用空间分析工具中的 Solar Analyst 模块进行分析。在日照模拟之前，需要对相关参数进行设置，这些参数包含了地理参数、数据参数、模型参数（图 5-1）。数字软件模拟的结果是否真实，关键的步骤是参数设置环节，这也关系到所做的工作是否科学准确。但是，虽然大多数数字模拟软件具有相似的算法，其准确性还是有待于比较分析和校正。根据这一假设，本书结合 SWEIG 模型及实测方法，对 Solar Analyst 模块的模拟结果进行对比分析，最终确定最优参数组合。

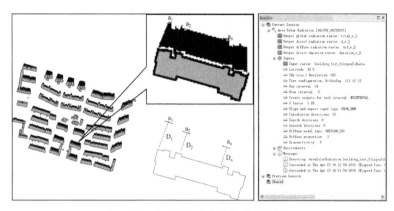

图 5-1　模拟测试方法和参数输入

本测试主要针对两方面的真实度进行评价：第一，在同一日期和时间点的建筑阴影范围与实际测定的阴影范围的差异性分析。在软件模拟参数设置的过程中，主要由地理纬度、Z 值、栅格大小、系统丈量误差及模型本身的精度等要素共同影响，本次校正主要平衡栅格大小、运行速度、Z 值和地理纬度之间的关系，最终确定相关参数。第二，样本点的实测日照辐射值与模拟值之间的差异性分析。该项的评价目的是用于调整直接辐射和散射辐射的比例系数，使之更加接近真实值。

5.2.1.1　建筑阴影实测

建筑阴影是影响植物受光的主要因素，Solar Analyst 模型同样用于计算建筑阴影的累计值。为证实 Solar Analyst 模拟的真实度，以便于进行参数设置与调整，本书进行了实测验证。

测量工具使用了全站仪、钢卷尺、相机、地面标示工具（粉笔）、记录草图等。因测量场地的限制，本次主要测量正午 12 点的建筑阴影特征，时间选择为 2015 年 5 月 6 日。首先，选取所要测量的建筑，选取的原则是场地空旷且其产生的阴影便于测量。其次，将某一时间点上产生的建筑阴影使用粉笔在地面上标示。最后，通过使用仪器进行测量，将数据记录整理（图 5-2）。

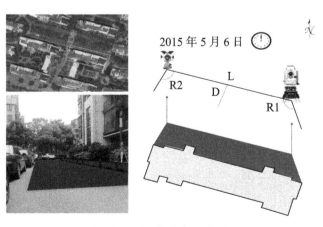

图 5-2　测量地点和方法

在距离测量上，本次采用钢尺丈量和全站仪测量两种方法相互补充。钢尺丈量公式为：

$$L_t = l + \Delta l + l \times \propto \times (t - t_0), \tag{5-1}$$

式中，L_t 为丈量的实际距离（丈量时的温度下）；l 为丈量的钢尺名义长度；Δl 为钢尺测量时的改正数（随温度变化而不同）；$\propto$ 为钢尺的膨胀系数，其值为 $11.6 \times 10^{-6} \sim 12.5 \times 10^{-6} \text{m}/1℃$；$t$ 为钢尺测量时的温度；t_0 为钢尺测定时的温度。为保证测量的精度，采用往返测量方法。

$$L_{A-B} = n + q, \tag{5-2}$$

式中，L_{A-B} 为单程测量距离；n 为测量 A–B 之间的整尺段数；q 为不足一整尺的余尺长度。为检验和校正测量精度，采用往返测量取平均值。

$$L = (L_{A-B} + L_{B-A}) \times \frac{1}{2}, \tag{5-3}$$

式中，L_{A-B} 为往测长度；L_{B-A} 为返测长度。

电子测距仪器的工作方式具有相似性。全站仪测量距离的原理是，仪器向目标方向发射电磁光束，光束到达目标棱镜后返回仪器。仪器可以通过对返回的信号与发出的信号之间的时差对比，假设光束在途经的大气中运动匀速，从而利用设定的模型计算出两者之间的距离。计算模型为：

$$L = C \times t/2, \tag{5-4}$$

式中，C 为光速（不同的大气环境下有相应的校正系数）；t 为光束往返目标点所用的时间。

根据相关测量和计算，得到建筑阴影的实测数值（表 5-1）。

表 5-1　建筑阴影测量时的条件、工具和结果

名称	内容	名称	内容
日期	2015.05.06	R1	118° 12′ 30″
天气	晴	R2	95° 48′ 06″
温度	27℃	D	8.60 m
时间	12：00	L	38.50 m
工具 1	全站仪 / 钢卷尺	—	—

5.2.1.2　建筑阴影模拟

数字模型对现实场景的模拟需要相关的参数输入，而模拟结果的仿真程度却常具有不确定性。因此，在参数设置和校正章节，设置了 8 种方案，从中选取最接近真实度的设置方案（表 5-2）。Solar Analyst 模型面板中，系统已经预置了纬度、天空大小、间隔天数、间隔小时、Z 因子、坡度和方向类型、计算方向及辐射参数。其中可以划分三大类：基本输入、地形参数和辐射参数。对建筑阴影特征影响较大的主要为 Z 值和地理纬度的设置。地理纬度的设置，则通过谷歌地图在线查询，确定模拟建筑的地理纬度为北纬 30.498582 度，约等于 30.5° N。而 Z 值则根据一定的数字序列，最终比较不同设置的接近度（表 5-2）。

表 5-2　不同 Z 参数设置方案的阴影特征

序号	Z 值	D（米）	L（米）	特征	其他参数
Ⅰ	3.28	27.51	41.34		
Ⅱ	3.00	25.20	42.15		纬度 =30.5°N；
Ⅲ	2.5	20.87	43.45		建筑栅格 =（1×1）；
Ⅳ	2.0	16.83	44.60		天空大小 =200；
Ⅴ	1.5	12.79	44.59	—	时间间隔 =0.5 h；
Ⅵ	1.0	8.68	45.75		计算方向 =32；
Ⅶ	0.8	7.13	46.32		散射比例 =0.3
Ⅷ	0.6	5.20	46.33		

5.2.1.3　日照辐射实测

　　为检测 Solar Analyst 模型对日照辐射的仿真程度，本书通过测定实际日照辐射，调整直接辐射和散射辐射的比例系数用于校正日照总辐射。在测定工具上，采用双辐射计(Quantum Meter, Spectrum Technologies 公司生产)、记录表格、测定点分布图纸（谷歌地图）和移动 GIS APP 等仪器材料（图 5-3 ）。

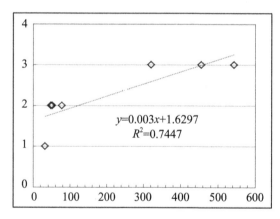

$y=0.003x+1.6297$
$R^2=0.7447$

图 5-3　日照辐射测定方法和测试点分布

　　在测定时，确定所要测定的位置，将双辐射计的感应头距地面 1m 的距离，需要置于水平状态。使用记录表格记录仪器稳定后的读数，并标记编号和测定时间（图 5-3 ）。本仪器主要用于对植物光合有效的日照辐射，因此，测定日照辐射的单位为 $\mu moles/m^2/s$。为了将日照辐射转换为 W/m^2，需要通过转换系数换算，可以使用以下公式转换：

$$R=R_t\times a,\qquad\qquad(5-5)$$

式中，R 表示为测定点的日照辐射强度；R_t 为辐射计直接测定的数值；a 为单位转换系数，太阳辐射中，Photons 转换 W/m^2 的系数为 0.219。

　　根据仪器的现场测定，测试点 p-1 至 p-2 的太阳辐射值如下（表 5-3 ）。

表 5-3 日照辐射现场测定值

编号	测定时间	测定地点	测定值（μmoles/m²·s）	转换值（W/m²）	是否有直射光
Test-p-1	10:05	金地·美茵	194	42.49	×
Test-p-2	10:10	金地·美茵	986	215.93	√
Test-p-3	10:12	金地·美茵	143	31.32	×
Test-p-4	10:15	金地·美茵	192	42.05	×
Test-p-5	10:21	金地·美茵	1142	250.10	√
Test-p-6	10:25	金地·美茵	118	25.84	×
Test-p-7	10:28	金地·莱茵	1196	261.92	√
Test-p-8	10:38	金地·莱茵	114	25.03	×
Test-p-9	10:40	金地·莱茵	112	24.53	×
Test-p-10	10:43	金地·莱茵	85	18.62	×
Test-p-11	10:44	金地·莱茵	178	38.98	×
Test-p-12	10:46	金地·莱茵	263	57.60	×
Test-p-13	10:50	大华2期	265	58.04	×
Test-p-14	10:52	大华2期	103	22.56	×
Test-p-15	10:55	大华2期	103	22.56	×
Test-p-16	10:59	大华2期	129	28.25	×
Test-p-17	11:02	大华2期	112	24.51	×
Test-p-18	11:05	大华2期	113	24.15	×
Test-p-19	11:10	大华1期	863	189.00	×
Test-p-20	11:13	大华1期	158	34.60	×
Test-p-21	11:20	大华1期	183	40.08	×
Test-p-22	11:24	大华1期	126	27.59	×
Test-p-23	11:25	大华1期	506	110.81	×
Test-p-24	11:30	大华1期	120	26.28	×
Test-p-25	11:55	南湖雅苑	1726	377.99	√
Test-p-26	11:58	南湖雅苑	1616	353.90	√
Test-p-27	12:13	南湖雅苑	863	189.00	×
Test-p-28	12:15	南湖雅苑	752	164.69	×
Test-p-29	12:20	南湖雅苑	1842	403.40	√
Test-p-30	12:27	南湖雅苑	1758	385.00	√

注：测定日期为 2015 年 2 月 4 日。

5.2.1.4　日照辐射模拟

日照辐射模拟的参数输入比较自由，需要根据实测的时间、位置和测定高度进行设置。首先，通过转换工具将研究区域的矢量数据转换为栅格数据，建筑高度作为输出值，Cell 大小设置为 1×1。其次，将转换后的栅格数据作为 Solar Analyst 模型的输入，将模拟高度设置为 1m。将设置的测定点数据作为模拟值的赋值数据输入。最后，将纬度设置为 30.5° N，按照实际测定日期和测定时间，设定模型的时间配置。根据以上几个步骤的设置，测定点的日照辐射模拟值如下（表 5-4）。

表 5-4　基于 Solar Analyst 模型的测定点日照辐射模拟数值

场地编号	时间设置	总辐射（W/m²）	直接辐射（W/m²）	散射辐射（W/m²）	时长（h）
Test-p-1	10:00 至 11:00	47.04	0.00	47.04	0.0
Test-p-2	10:00 至 11:00	326.87	272.27	54.61	1.0
Test-p-3	10:00 至 11:00	43.11	0.00	43.11	0.0
Test-p-4	10:00 至 11:00	23.13	0.00	23.13	0.0
Test-p-5	10:00 至 11:00	337.69	272.27	65.42	1.0
Test-p-6	10:00 至 11:00	30.13	0.00	30.13	0.0
Test-p-7	10:00 至 11:00	327.68	272.27	55.41	1.0
Test-p-8	10:00 至 11:00	22.84	0.00	22.84	0.0
Test-p-9	10:00 至 11:00	33.32	0.00	33.32	0.0
Test-p-10	10:00 至 11:00	22.95	0.00	22.95	0.0
Test-p-11	10:00 至 11:00	43.36	0.00	43.36	0.0
Test-p-12	10:00 至 11:00	53.28	15.66	37.62	0.1
Test-p-13	10:00 至 11:00	60.31	0.00	60.31	0.0
Test-p-14	10:00 至 11:00	18.29	0.00	18.29	0.0
Test-p-15	10:00 至 11:00	24.84	0.00	24.84	0.0
Test-p-16	10:00 至 11:00	32.62	0.00	32.62	0.0
Test-p-17	11:00 至 12:00	22.32	0.00	22.32	0.0
Test-p-18	11:00 至 12:00	29.04	0.00	29.04	0.0
Test-p-19	11:00 至 12:00	232.84	159.39	73.45	0.5
Test-p-20	11:00 至 12:00	41.24	0.00	41.24	0.0
Test-p-21	11:00 至 12:00	42.26	0.00	42.26	0.0
Test-p-22	11:00 至 12:00	23.30	0.00	23.30	0.0
Test-p-23	11:00 至 12:00	154.60	96.90	57.69	0.3
Test-p-24	11:00 至 12:00	24.07	0.00	24.07	0.0
Test-p-25	11:00 至 12:00	399.97	325.74	74.23	1.0

续表

场地编号	时间设置	总辐射（W/m²）	直接辐射（W/m²）	散射辐射（W/m²）	时长（h）
Test-p-26	11:00 至 12:00	397.67	325.74	71.93	1.0
Test-p-27	12:00 至 13:00	232.86	216.45	16.41	0.5
Test-p-28	12:00 至 13:00	208.38	194.37	14.01	0.5
Test-p-29	12:00 至 13:00	534.86	440.65	94.21	1.0
Test-p-30	12:00 至 13:00	516.50	440.65	75.85	1.0

注：模拟日期为 2015 年 2 月 4 日。

5.2.1.5 模拟与实测的对比分析

基于数字模型的相关研究，模型仿真度的验证、模型参数的校正较为关键。本书中，对决定建筑阴影范围特征的主要参数 Z 值和纬度进行验证。

不同的 Z 值设置方案和实际测量的数值进行对比，结果显示（图 5-4）：Z 值决定了建筑阴影向北拓展的程度，当 Z 值设置为 3.28 时，阴影距建筑的距离为 27.51 m，当 Z 值按照一定区间缩小时，阴影距建筑的距离最小为 5.20 m。由图 5-4 可知，八种不同的 Z 值设置模拟中，建筑阴影与实际测量最相符的为方案Ⅵ。Solar Analyst 模型中，Z 值主要用于校正模拟数据的单位。但是，这种理论上的设置若要用于指导实践，必须进行实际校正才不至于出现失真。Solar Analyst 模型的开发过程中，将纬度作为主要考虑因素，主要原因在于纬度的差异导致了太阳高度角的变化。本次校正过程中，研究地点的纬度恒定不变，因此主要校正 Z 值即可。

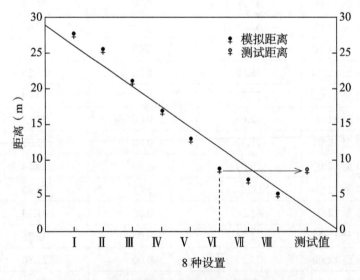

图 5-4 不同 Z 值设置下的距离与实测值的对比

对于太阳辐射量的模拟，Solar Analyst 模型计算过程中可以选择辐射参数的设置，散射辐射模型、散射比例、散射率若不做选择，模拟结果将按照晴朗天气条件下的均匀辐射来计算。现实条件下，由于一年中会不确定地出现降水、云层遮挡、扬尘等天气状况，因此，实际接收到的太阳辐射均小于模拟值。

使用光量子仪器对预设值的测定的日照辐射进行测定，根据转换系数计算出相应测定点的日照辐射值。将实测值与模拟值进行对比拟合，结果显示（图 5-5），日照辐射的实测值相比模拟值总体偏小，这些表现多分布在无建筑遮挡的区域。由此可见，这一规律较符合 Solar Analyst 模型设置的特性。另外，作为成熟的居住小区，其植被生长相对较好，特别是乔木对太阳辐射的影响较大，因此，在实测值和模拟值之间的差异，也可能会受这一因素影响。总体而言，该模型可以用于日照辐射的模拟，其模拟结果用于指导植物的应用实践具有可行性。

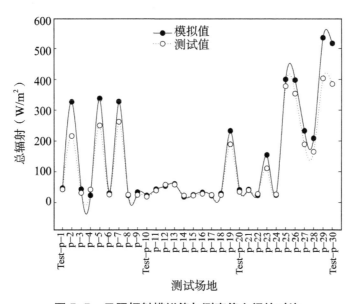

图 5-5　日照辐射模拟值与测定值之间的对比

5.2.1.6　模拟参数的确定

在使用 Solar Analyst 模型模拟日照辐射时，参数的确定在相关的研究中较少讨论，其主要原因是参数的确定与模拟精度、计算机运算速度、应用对象、模拟尺度等众多因素相关。前人的研究中，也已经对参数的设置问题进行了讨论，但是研究尺度和解决的具体问题都不相同。本书对参数的确定除了考虑已有研究中讨论的问题，还进行了实际的测定验证，因此具有较强的仿真度。另外一个问题是计算机运行速度和运行时间的问题，与其相关的参数主要是模拟场地、建筑平面的栅格大小设置。本书主要使用的计算机平台为 Dell 台式计算机（Intel R Core TM i5-2320 CPU @ 3.0 GHz, RAM 4.00 GB）和 HP 便携式计算机（Intel R Core TM 2 Duo CPU T5670 @ 1.8 GHz, RAM 2.00 GB），计算时间上应不超过 12 h。经过多次模拟对比，本书对 Solar Analyst 模型的参数设置如表 5-5 所示。

表 5-5　研究中所使用的参数

名称	描述	名称	描述
位置	武汉	建筑高度	N×3.3 m
时间	2014（全年 / 平均每天）	建筑栅格大小	0.5×0.5
纬度	30.5° N	建筑栅格数量	—
天空大小	200×200	时间配置	特定天 / 一天内 / 多天
散射辐射比例	0.4	天分隔	14
散射模型类型	标准云的天空	小时间隔	0.1 h
透射系数	0.4	计算方向	32
天空划分	8	方位角划分	8

5.2.2　日照评价模型设置

5.2.2.1　模型表达

积温是用于描述某一地区热量丰富程度的一个生态指标，是可用于研究某一地区温度与生物有机体生长、发育和繁殖之间关系的重要指标。一般使用一年中日平均气温 > 10℃的天数表示。但是，地表温度、气温及其他地面附属物温度的主要来源是太阳辐射。本书主要讨论日照辐射在不同区域的差异，由此指导不同景观植物的选择和配置。

在日照综合评价模型上，研究借鉴了欧洲和非洲光电潜力评价模型，模型表达为：

$$S_{con} = \int_1^{365} \mu(t) A_{sol}(t) S_{int}(t) \mathrm{d}t, \tag{5-6}$$

式（5-6）中：S_{con} 为日照综合条件；μ 为太阳能量转化系数；A_{sol} 日照辐射面积；S_{int} 为日照强度；t 为日照时间。针对本书的具体对象，日照辐射可以直接被植物叶片的叶绿素所利用，并在其他要素的作用下转化为碳水化合物。研究中，不考虑植物不同种类之间对日照利用率的差异，研究中将转化系数消除。式（5-6）转换为：

$$S_{con} = \int_1^{365} A_{sol}(t) S_{int}(t) \mathrm{d}t, \tag{5-7}$$

式（5-7）为本书的日照综合评价模型，该模型可通过气象站点记录的历史气象数据，评价研究区域中的日照条件。在 ArcGIS 软件中，可借助于 Solar Analyst 程序选择模拟的时间区间，可以较方便地计算各个日照因子的累加值。

根据模型的模拟结果显示（图 5-6）：武汉市年日照总辐射的区间范围为 2000～6000 W/m²·day，日照时数的区间范围为 10～14 h/day。

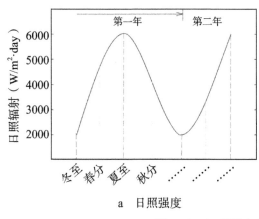

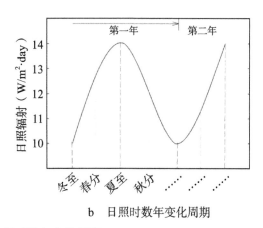

图 5-6　日照强度和日照时数年变化周期

5.2.2.2　等级划分

为了划分日照综合评价的等级，研究中采用归一化公式将日照综合划分等级：

$$S_{nor} = \frac{S_{con}}{S_{con(\mathrm{Max})}} \times 100\%,\qquad(5\text{-}8)$$

式（5-8中），S_{nor} 为归一化值；S_{con} 为某一等级日照综合评价值；$S_{con(\mathrm{Max})}$ 为日照综合评价最大值。据此，日照综合评价等级划分如下（表 5-6）。

表 5-6　日照综合评价等级划分

等级	极差	差	中	良	优
标准化值（S_{nor}）	0%～20%	20%～40%	40%～60%	60%～80%	80%～100%

5.2.3　数据处理与分析

本书主要使用的数据有建筑数据、路网数据和植物数据。建筑数据和路网数据为居住小区前期规划成果。植物数据是根据已有研究成果，将常用的园林植物按照光照需求差异，建立植物数据库。

首先，将建筑数据和路网数据（.dwg 格式）添加到 ArcGIS，一般在 CAD 软件环境中编辑的数据是缺少相应属性的。因此，可以通过查看数据属性窗口将这些数据赋予单位、参考比例和地理坐标等属性，便于在 GIS 中应用。其次，设定模拟边界。可将潜在的植物种植区域作为模拟边界，将属性设置为均一值。再次，将设置完成的数据通过数据格式转换功能，由面数据转换为栅格数据，但应根据需要设置合理的象元大小。最后，将研究区域常用的园林植物根据光照生态习性，按照乔木、灌木和地被等类别统计至表，再将完成的植物数据转换为 GIS 能够支持的数据库，以供日照模拟结果的检索。

5.2.4　植物检索与匹配

由于遗传的差异性，不同的景观植物具有各自的日照需求特征。现有的研究多根据试验场地中通过遮阴处理测定的植物生理指标和观察外观表现，最终确定植物的耐阴属性。这些研究多集中在幼年期的乔木、灌木及地被植物。本书采用已有的研究或统计数据，根据植物对光照的需求特点划分5个类型，分别为：强阳性植物（sunlight-loving plants）、阳性植物（sunlight-tolerant plants）、中性植物（sunlight-neutral plants）、耐阴植物（shade-tolerant plants）和喜阴植物（shade-loving plants）。文献资料中，对植物生态习性的描述多用定性方式，为了归纳其光照需求习性，本书将其进行归类（表5-7）。

表5-7　文献资料中对植物光照需求的定性描述归类

植物类型	文献资料中对植物光照需求的定性描述常用词语
强阳性植物（Sun-L）	强阳性；光照不足生长不良；极喜光照；强光下生长健壮；喜光照照射；强阳性树种不耐荫庇
阳性植物（Sun-T）	喜光；光照充足则生长良好；性喜阳光；阳性树；喜光稍耐阴；喜光少耐侧方荫庇
中性植物（Sun-N）	喜光较耐阴；对光照要求不严；稍耐阴；喜阳光亦耐阴；喜光幼苗喜阴；喜光较耐阴
耐阴植物（Shade-T）	耐阴；喜湿润偏阴；极耐阴；较耐湿；耐半阴；忌暴晒；较耐阴；能耐半阴
喜阴植物（Shade-L）	极喜阴湿环境；喜阴；忌强光；喜散射环境；不耐阳光直射；喜林下生境；阳光下生长不良；怕阳光直射

　　然而，植物对光照的需求是有一定区间范围的。强阳性植物因喜全光照而不耐荫庇，从而使其适应光照条件的范围较窄；同理，喜阴植物同样具有较窄的光照适应范围。而光照需求中性或耐阴性的植物，反而具有较广的光照区间范围。据此，本书将华中地区常用景观植物进行分类并集中输入植物数据库，同时建立植物检索属性（表5-8）。

表5-8　植物检索和匹配原则

日照条件	乔木（上层）					灌木（中层）					地被植物（下层）				
	Sun-L	Sun-T	Sun-N	Shade-T	Shade-L	Sun-L	Sun-T	Sun-N	Shade-T	Shade-L	Sun-L	Sun-T	Sun-N	Shade-T	Shade-L
极差					√					√					√
差			√	√	√			√	√	√			√	√	√
中	√	√	√	√	√	√	√	√	√	√	√	√	√	√	√
良	√	√	√	√		√	√	√			√	√	√	√	√
优	√	√	√			√	√	√			√	√			

注：Sun-L、Sun-T、Sun-N、Shade-T和Shade-L分别表示强阳性植物、阳性植物、中性植物、耐阴植物和喜阴植物。

5.2.5　景观植物数据库（LPD）构建

5.2.5.1　数据库概念

数据库（database）是一种组织、存储和管理数据的方式，常被形容为储存数据的仓库。结合计算机的软硬件平台支持，数据常需要数据库管理系统（database management system, DBMS）才能够根据使用者的需求，便捷的检索和应用。DBMS 提供多种进入、存储、更新和检索数据的功能，数据库管理系统也有多种类型。

比较具有代表性的数据库主要有 My SQL、postgre SQL、Microsoft SQL Server、Oracle、Sybase、Microsoft Access 和 Visual FoxPro 等。各种数据库在设置上各具特点，管理数据的类型也有差异。根据实际需要，根据数据量的大小，选择合适的数据库种类较为关键。

景观植物数据库（landscape plants database）是以储存景观植物为主要目的的数据库，主要用于景观植物各种属性的存储、管理和应用，为景观规划与设计实践提供数据支持。

根据应用特点，我国植物数据库的建设也卓有成效。如基于 Web 的相关植物数据库"中国物种信息数据库"（http://db.kib.ac.cn/zz_flora/Default.aspx）、"中国植物主题数据库"（http://www.plant.csdb.cn/）、"中国植物图像库"（http://www.plantphoto.cn/）、"中国植物志"（http://frps.eflora.cn/），以及"中国植物"（http://www.cnzhiwu.com/index.html）等。

5.2.5.2　LPD 构建的意义

近年来针对景观植物的数据库，特别是为城市景观建设服务的支持数据也有大量探讨。大致可以分为两类：第一类是常见的用于为园林规划与设计的设计人员，为植物种植、植物养护人员提供参考的数据库，可以方便地检索植物，查看植物的一些性状；第二类是用于园林植物的特殊用途管理，如色彩管理、抗病虫害、抗盐碱及其他专有特征的查询与管理。

综合分析，目前的研究中还未有针对景观植物光照需求特征的数据库，已有的研究对于植物生态因子的描述也不太统一。因此，对于该属性信息的检索与匹配还存在问题。LPD 数据库的设计可归为植物数据库的第二类，主要用于植物日照适应性的检索与应用。本书的技术体系需要 LPD 的数据支持，才能将日照环境的模拟、分析与评价的结果和适宜的植物种类相匹配。

5.2.5.3　LPD 构建的平台

日照的模拟、分析与评价，牵涉到空间位置属性，根据评价的结果检索景观植物种类。鉴于实际的需求，基于 GIS 的数据库用于存储景观植物的信息是一个较好的选择。本书采用 ArcGIS（ESRI）和 MS Excel 作为 LPD 数据库建设的平台，在数据库建设的过程中，这两种软件平台可以相互转化和相互支持。

本书中景观植物的数据主要是统计数据，数据的属性表达为数字和文字两种方式。首先，根据已有的研究和统计数据将华中地区常用的园林植物，按照所设置的植物属性格式，在 MS Excel 中完成数据库的基本信息统计。其次，利用 ArcGIS 软件的数据转换功能，将 MS Excel 数据转化为 ArcGIS 的数据表，调试数据不同属性列的编码是否合理。最后，根据 Query 语言和 Query 表达，检索相应的植物。同时，检验植物信息检索的精度和效率。

5.2.5.4 植物类型及归属

景观植物按照不同的生长习性、形态特征等属性，有比较多的划分方法和习惯。研究中较关注植物的形态高度、落叶习性、生长周期等属性，结合目前习惯性的划分方法，将植物类型和归属关系进行设置。

除乔木、灌木和草本划分方法外，一些特殊的植物类型还会单独划分，如竹类、藤本类、棕榈类和水生植物。根据植物群落关系，又分为上层、中层和下层。而草本植物中，又可分为一、二年生和多年生植物。对于植物的形状和落叶习性，统计中划分为针叶、阔叶，以及常绿和落叶。值得注意的是，在具体类型划分过程中，植物类型的归属并不是特别的严格，如一些景观植物根据体量的大小和高矮，可以划分为小乔木，也可以归为灌木类。而一些植物的落叶习性，也会根据环境条件发生一定的改变。为本书的需要，植物种类的划分和植物归属关系设置如下（图 5-7）。

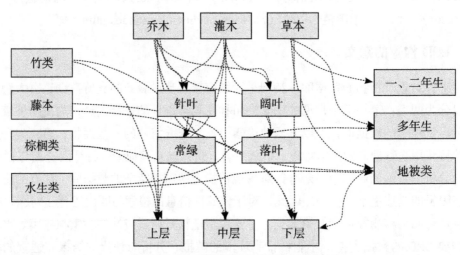

图 5-7　景观植物类型划分及归属关系

5.2.5.5 LPD 的属性设计

基于景观植物生态需求的种植设计是确保植物健康生长的关键，已有的植物数据库研究可以作为本书的参考，但是这些研究均无法对本文探讨的技术平台做数据支持。鉴于此，需要对 LPD 的属性项进行设计，以满足本书的实际需要。

景观植物属性设置中，较多关注不同景观植物的生态习性，同时也需具备植物的基本信息。根据本书的相关信息，将 LPD 的属性设置如下（表 5-9）。

表 5-9　LPD 的属性内容设计

编号	数据类型	属性内容说明
中文名称	文字	文献、著作中常用的中文名称
拉丁名称	文字	国际通用的拉丁名称
科名	文字	文献、著作中归属科名
属名	文字	文献、著作中归属属名
类型	文字	根据植物的遗传或应用特征，根据高度划分
落叶习性	文字	华中地区城市露地栽培时，冬季是否落叶
观赏特征	文字	在城市应用实践中，主要观赏特征、观赏部位
开花习性	文字	是否开花，是长日照、短日照还是中性
分布区域	文字	主要分布区域，判断是否适合华中地区生长
透光系数	数字	上层植物对下层植物受光的影响，描述日照辐射减弱的程度
光照需求	文字	植物对光照需求的生理敏感程度
其他	文字	植物的其他描述信息

　　植物在检索过程中，景观植物的属性信息可以通过一定的步骤进行筛选。科学、合理的设计信息检索路径，既可以简化使用者的操作，又可以提高系统的工作效率。本书将系统的检索路径设置为以下步骤（图 5-8）。

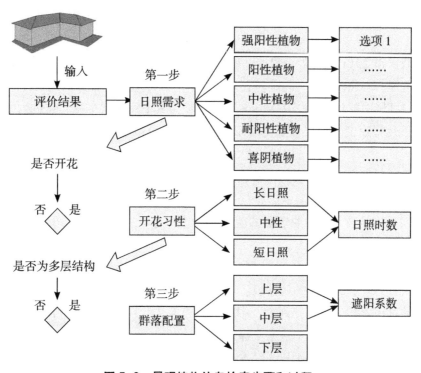

图 5-8　景观植物信息检索步骤和过程

5.2.6 植物自动检索与智能匹配设计：基于 Model Builder 工具

5.2.6.1 Model Builder 简介

模型构建器（Model Builder）是 ArcGIS 软件平台中用于创建、编辑和管理模型的一个应用工具。使用者在进行数据转换、数据处理或命令执行的过程中，会牵涉众多的操作步骤和命令。为了减少这些重复的操作，从而提高工作效率，避免数据在操作、转换、执行过程中的逻辑错误，同时可以分享数据需求、地理处理的工作流程，Model Builder 是一个极佳的工具。在模型构建过程中，Model Builder 是通过直观的树状结构图来表示的，因此也被称为构建工作流程的可视化编程语言。

在 ArcGIS 软件中，Model Builder 工作界面友好，有 6 个主要菜单，19 个主要工具。在模型构建过程中，除了使用工具界面中的工具加载数据外，还可以通过直接拖拽的方式加载数据和模型。

5.2.6.2 植物自动检索和匹配

依据对地理环境中日照的模拟、分析和评价，进而检索和匹配最优植物种类与组合是本书的主要目的。对于数据支撑，本书主要使用了武汉市建筑普查数据、测量数据、植物生态习性数据。技术支持平台，主要依靠 MS Excel 和 ArcGIS for desktop 软件包。为了实现基于日照评价结果的景观植物自动检索和匹配目标，研究使用了 Model Builder 工具，使数据转换、数据处理、模型选择、日照模拟、等级判断等过程和结果，与景观植物数据库相连，从而实现这一目标（图 5-9）。基于 Model Builder 工具的建模过程，主要分为以下步骤和环节。

①根据武汉市 2013 建筑普查数据，确定研究区域范围。在 ArcCatalog 工具中建立研究区域边界，选择 Intersect 工具，将建筑普查数据与研究区域边界相交取交集。

②将研究区域中的建筑数据从 Vector 格式转换为 Raster 格式。在转化过程中，平衡模拟精度和计算机运行速度的重要设置是 Cell 的大小。按照本书的参数设置表，对 Cell 的大小进行设置。

③在太阳辐射模拟环节，首先，根据日照辐射的实测和测量数据，对不同参数设置的结果进行对比，选择最优参数。其次，根据优化的参数组合，对 Solar Analyst 进行参数输入。

④根据设置的标准，将日照辐射的模拟结果进行等级划分。使用 Reclassify 工具，将模拟结果重新分类。

⑤利用 Conversion 工具，将已经划分等级的日照模拟结果从 Raster 格式转化为 Vector 格式，使之具有可以添加信息的属性表。

⑥根据园林树木学、园林花卉学、中国植物志等文献数据，建立适宜于华中地区的景观植物数据库，对本系统起到一个数据支撑作用。

⑦根据植物光照需求习性编码，结合日照辐射模拟结果，对适宜的景观植物进行检索。最终，实现植物的适应性选择方案。

⑧利用 Model Builder 工具，对整个过程和逻辑进行建模。运行本系统，检查错误环节的模型，进行纠正，并反复运行。最后，完成整个模型构建流程（图 5-9）。

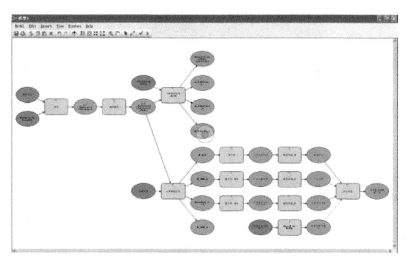

图 5-9　基于 Model Builder 的建模流程与植物检索

5.3　日照分析

5.3.1　日照强度分析

一年中，太阳辐射强度有明显的变化，这归因于太阳高度角随季节的改变。这种变化幅度，在高纬度地区表现则更明显。对于绿色植物，太阳辐射是同化二氧化碳的主要能量来源。根据研究所设置的参数，对研究区域的日照辐射进行模拟，目的在于分析研究区域的日照辐射特点，以及分析一年四季的变化趋势。

使用 Solar Analyst 模块，将模拟年份设置为 2014 年，时间区间设置为 1 个月，计算全年 1 月至 12 月的日照总辐射。由于不同的月份具有天数的差异，因此，在日照辐射总量计算上，应除以相应月份的天数。

研究结果显示（图 5-10）：日照总辐射从 1 月份开始逐渐增强，直到 6 月份日照辐射强度达到全年最大值。下半年从 6 月份开始，日照辐射强度随月份逐渐减弱，12 月份达到极弱。不同等级日照辐射的空间分布上，较强日照辐射主要分布在较大面积的水体区域（南湖），以及金地格林美茵区与莱茵区之间较大区域的开敞空间。因为没有建筑的遮挡，地形也较为平坦，因此成为日照辐射较强区域的主要分布区域。另外，值得关注的是，各建筑屋顶区域所占面积比例较大，而其接受的日照辐射非常丰富。基于欧美国家对绿色能源利用，节能减排、绿色建筑等理念的学术观点，本书中研究区域的社区管理部门，可以考虑太阳能源开发和利用。若建筑承重能够满足要求，也可以考虑屋顶花园或屋顶绿化策略，以便于达到增加植被覆盖率、增加生物多样性、降低温室效应等目的。

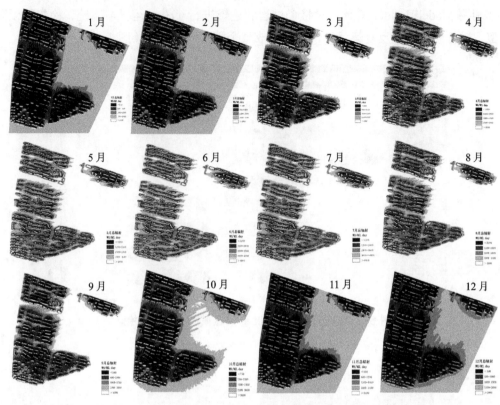

图 5-10　研究区域中 1 月至 12 月的日照强度变化趋势

研究结果同时还显示（表 5-10 和图 5-11）：从 1 月至 12 月份，日照辐射在 <5 kWh/m²·day 和 0.5 ~ 1.0 kWh/m²·day 两个等级上，以 6 月份为分界线，其面积比例的大小呈 U 形分布。在其他日照辐射等级上，面积比例的大小则没有明显规律。当日照辐射等级 ≥ 3.0 ~ 3.5 kWh/m²·day 时，1 月份、11 月份和 12 月份均未有面积分布。当日照辐射等级 ≥ 4.0 ~ 4.5 kWh/m²·day 时，1 月份、2 月份、10 月份、11 月份和 12 月份未有面积分布。当日照辐射等级 ≥ 4.5 ~ 5.0 kWh/m²·day 时，在 3 月份和 9 月份分布面积也逐渐消失。在 6 月份和 7 月份，日照辐射等级在 5.5 ~ 6.0 kWh/m²·day 时所占面积比例均为最大，分别达到了 35.15 % 和 30.83 %。当日照辐射等级大于 6.0 kWh/m²·day 时，仅有 6 月份有少量面积的分布区域。

表 5-10　研究区域中 1—12 月不同日照强度等级的面积比例

等级 （kWh/m²·day）	不同月份的总面积的百分比（%）											
	1 月	2 月	3 月	4 月	5 月	6 月	7 月	8 月	9 月	10 月	11 月	12 月
< 0.5	39.71	29.05	15.89	5.99	3.21	2.70	2.81	4.35	10.99	24.72	37.10	42.51
0.5 ~ 1.0	10.83	12.34	12.14	7.01	4.12	4.00	3.94	5.26	10.76	12.70	11.52	10.13
1.0 ~ 1.5	6.55	7.33	8.95	7.89	5.20	4.40	4.80	6.49	9.10	7.90	5.92	10.38
1.5 ~ 2.0	41.73	4.90	6.87	8.92	6.36	4.30	4.98	8.25	7.89	5.41	20.23	36.16
2.0 ~ 2.5	1.11	9.04	6.51	8.28	6.20	4.80	5.35	7.52	7.28	5.55	25.05	0.81
2.5 ~ 3.0	0.07	37.24	4.46	5.69	6.17	5.06	5.41	6.66	4.76	21.93	0.17	0.00

等级 （kWh/m²·day）	不同月份的总面积的百分比（%）											
	1 月	2 月	3 月	4 月	5 月	6 月	7 月	8 月	9 月	10 月	11 月	12 月
3.0 ~ 3.5	—	0.10	6.83	4.81	6.53	5.82	6.38	5.58	4.45	21.79	—	—
3.5 ~ 4.0	—	0.00	38.33	4.68	6.34	7.52	7.20	5.15	9.07	0.00	—	—
4.0 ~ 4.5	—	—	0.00	7.67	5.91	7.45	6.84	5.48	35.71	—	—	—
4.5 ~ 5.0	—	—	—	38.78	7.09	7.15	6.86	13.32	—	—	—	—
5.0 ~ 5.5	—	—	—	0.28	26.72	11.62	14.59	31.94	—	—	—	—
5.5 ~ 6.0					—	16.14	35.15	30.83				
> 6.0	—	—	—	—	—	0.04	—	—	—	—	—	—

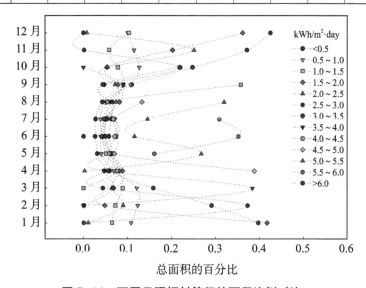

图 5-11　不同日照辐射等级的面积比例对比

5.3.2　日照时数分析

作为季节的分界点，春分、夏至、秋分和冬至常被认为是一年四季的界限。日照时数的变化也是一个渐变的过程，为了更好地说明日照时数的变化特征，本小节讨论的问题是，将春分、夏至、秋分和冬至这 4 个日时作为模拟时间，分别设置 2014 年的 3 月 21 日、6 月 21 日、9 月 23 日和 12 月 22 日为 4 个日时，利用 Solar Analyst 工具对日照时数进行模拟。

研究结果显示（图 5-12），研究区域的日照时数随太阳高度角，在一年中变化较剧烈。一年中日照时数最短的时间为冬至日，日照时数最长仅为 10 h。最长的日照时间在夏至日，日照时长可达 14 h。而春分和秋分为冬季和夏季的分界点，最高日照时长约为 12 h。由此，可以看出，本书的模拟结果较为客观、准确。

不同日照时数等级的研究结果显示（表 5-11 和图 5-13）：日照时数不足 2 h 的区域面积，在冬至日占总面积的 40.49%，其次为秋分和春分各占总面积的 19.42% 和 19.15%。而夏至日，日照不足 2 h 的区域仅占总面积的 2.12%。由此可见，这些日照时数严重不足的区域，多分布在建筑较密集的环境中，同时，季节的变迁极大地影响了这些区域的日照时数。日照时数在 2~4 h 和 4~6 h 的面积比例，将受到不同建筑高度和布局的影响，冬至和夏至的表现特征相似，春分和秋分的表现特征也较为相似。在冬至日，日照时数 8~10 h 的面积比例高达 32.22%。由此可见，这些区域多是水面、绿地、广场等无建筑分布的开敞空间，因此受季节变迁的影响较小。

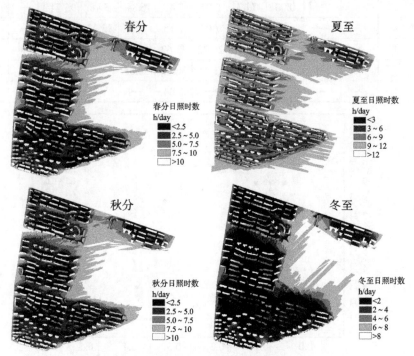

图 5-12　研究区域中日照时数的季节变化

　　综合分析，研究区域中的日照时数受季节的影响较大，在不同的季节日照时数表现出明显的改变。从不同日照时数等级的面积比例上看，利用 Solar Analyst 模型结合的统计方法，能够很好地模拟、评价研究区域中的日照时数概况。对于植物的适宜性种植，本方法可提供科学的基础分析，特别是对于日照时数敏感的植物意义更大。

表 5-11　研究区域中 4 个日时不同日照时数等级面积比例

日照时数 （h）	不同月份的总面积百分比（%）			
	冬至	秋分	夏至	春分
< 2	40.49	19.42	2.12	19.15
2~4	6.72	13.35	6.98	13.49
4~6	6.78	8.71	11.61	8.72
6~8	13.52	8.64	14.08	8.67
8~10	32.22	14.14	14.44	14.42
10~12	0.26	35.74	23.54	35.56
> 12	—	—	27.24	—

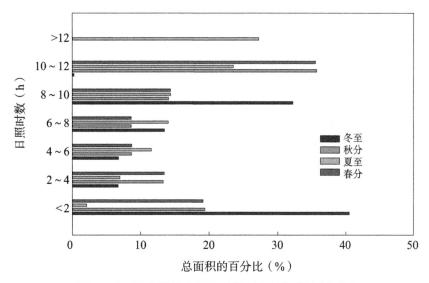

图 5-13　研究区域中不同日照时数的面积比例对比

5.3.3　综合日照条件分析

日照辐射强度和日照辐射时间是太阳辐射的主要因子。为了分析研究区域中的综合日照，更好地指导景观植物的选择和配置，研究采用 Solar Analyst 模型，输入校正后的参数。根据本书选择的辐射模型和等级划分标准，对研究区域的综合日照条件进行分析。

从日照辐射等级来看（图 5-14），研究区域中"优""良""中""差""极差"5 个等级的分布特点不同，其分布受制于建筑高度、建筑布局和地形。"优"在研究区域中所占比例较大，主要分布于南湖水域及周边。另外，大华南侧也有大面积的"优"区域。由此可见，这些区域在植物种类选择和植物造景时，具有较大的自由性，不但可以最大可能的增加植物多样性，而且可以营造湿地和水体景观。"良"分布区域主要分布在建筑南侧、东侧或西侧等周边区域，这些区域受日照辐射也较为丰富。在植物选择和造景时，可以降低噪音、消除颗粒物污染为主。"差"和"极差"等级的分布主要集中在建筑密集区，在景观植物选择和应用时，是最需要关注的区域。生态习性上应以耐阴或喜阴植物为主，上层乔木也可选择少量的中性植物。

根据上一小节的分析，研究的全年日照时数在夏至时可达到 14 h，在冬至时最高可达 10 h，而春分和秋分时的最高日照时数在 12 h 左右。本小节对全年的日照时数进行模拟和分析，最后平均到每一天。因此，全年日照时数最长的区域（10 ~ 12 h）在春分至夏至期间，日照时数可增加 1 ~ 2 h，以此类推。

由此可见，对于光周期敏感的观花植物，实践中可参考本书对日照时数的分析，合理地选择植物的种植区域。本书中的日照时数分析（图 5-15），可以作为植物选择和植物设计的基础分析数据，结合植物的习性进行适宜性种植。光周期敏感的植物，多以一、二年生和多年生草本植物为主。这类植物可以作为"花境"营造材料，也可以点缀草坪、林缘、滨水区域，是丰富景观多样性最为有效的植物材料。

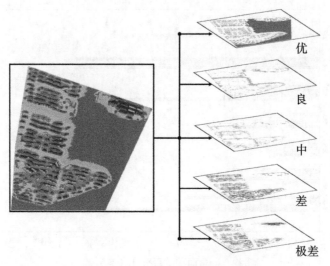

图 5-14　不同日照辐射等级分布

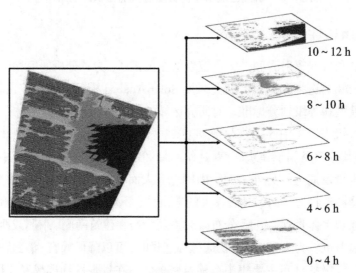

图 5-15　不同日照时数等级分布

　　另外，作为城镇中的现代居住小区，夜间大量的路灯、室内照明灯具改变了植物生长环境的光照，在一定程度上会影响植物的生长和发育。因光照时长和波长的多样性，在实际研究中也很难将其定量分析（变量因素不易控制），但可以通过调查、记录和归纳的方式，为今后的科学分析提供补充。

5.3.4　不同高度日照辐射的差异

　　生态城市的理念对城市绿化的要求，已经从单纯地追求"绿化面积"转移到对"绿量"的衡量。风景园林师的这些思维方式的转变，使之更加重视植物群落的构建。乔木、灌木和草本（或地被植物）的垂直种植可以实现植物量的最大化，丰富植物种类的多样性。由于不同植物类型的冠层所处高度不同，对所在高度的日照条件模拟与分析也尤为关键。出于这一目的，本小节着重分析不同植物冠层的日照特征及其差异。

从不同植物类型所处的高度不同来看，假设常见城市植物群落中不同植物类型的冠层高度为6 m、3 m和0.5 m，分别表示乔木、灌木和地被的最低冠层。使用Solar Analyst模型，在ArcGIS中将时间区间设置为一整年，采用本书中的评价模型，对不同高度的日照辐射优良程度进行对比。最后，分析不同日照辐射等级区域的栅格转移数量。

研究结果显示（图5-16）：采用相同的模型参数，以及设置相同的建筑栅格大小，不同地面高度的日照辐射条件发生相应的变化。总体来看，从距地面0.5 m、3 m到6 m，随着高度的增加，相比地面的日照辐射条件有所改善。距地面距离越高，受建筑的影响越小，日照辐射显著增强。距离地面越近，日照辐射的变化幅度也越不明显。

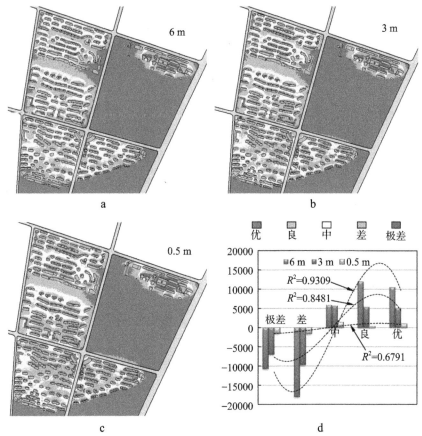

图5-16 研究区域中不同高度的日照辐射变化对比

（a、b、c分别距地面6 m、3 m和0.5 m处的日照辐射；
d为不同高度的日照辐射等级相对地面的栅格转移数量对比）

根据不同日照辐射等级的栅格数量统计显示（图5-16和表5-12）：日照辐射等级"极差""差"随着模拟高度的增加，栅格数量均有所减少。日照辐射"中""良""优"等级上，随着模拟高度的增加，栅格数量均有所增加。由此，可以说明日照辐射变化状况。对日照模拟高度和不同日照辐射等级的栅格数量进行回归分析，多项式回归的R^2值显示，距离地面0.5 m、

3 m 和 6 m 的 R^2 分别为 0.6791、0.8481 和 0.9309。由此可见，栅格的转移数量与模拟高度的相关性为 6 m>3 m>0.5 m。

表 5-12　不同日照辐射等级的栅格变化数量

距地高度	日照辐射等级				
	极差	差	中	良	优
0 m	0	0	0	0	0
0.5 m	−1393	−1556	1367	308	985
3 m	−6966	−9654	5728	5417	5186
6 m	−10686	−18060	5926	12038	10548

以上的分析说明，在植物的种植实践中，可以通过改变植物种植区域的高度来实现日照辐射的变化。城市景观设计进程中，可从微地形手法着手，除了丰富视觉景观外，更多的是创造了更丰富的植物栖息微环境。与此相联系，微环境的多样性也为物种的多样性提供了可能。

5.4　现状评价

第 4 章的研究，主要通过样本植物的外观表现和生理指标，用于分析和判断导致这些植物生长不佳的内在原因。本节同样以研究区域的样本植物为例，分析其周围的日照环境，评价目前的日照环境是否满足样本植物正常生长的需要。

5.4.1　植物样本与日照辐射评价

5.4.1.1　植物样本分布与植物群落组成

为了说明景观植物的生长状态与所处日照环境的关系，研究选取了 6 个植物样方。本研究样方选取的意义是代表了 6 种不同的植物与建筑方位关系，分别为：围合型、中间型、空旷型、南侧性、周围型和西侧型（表 5-13）。作为样本分布区域，仅在金地莱茵区选取（图 5-17）。

植物样本 -1 中，主要有香樟、桂花、香椿、紫荆、栾树、紫薇（乔木 / 冠层）；海桐、杜鹃、红花檵木、大叶黄杨、小叶女贞（灌木 / 中层）；一叶兰、马尼拉、沿阶草（地被 / 下层）等。

植物样本 -2 中，主要有红枫、海桐、四季竹、棕榈、桂花（乔木 / 灌木 / 冠层）；马尼拉、狗牙根（地被 / 下层）。

植物样本 -3 中，主要有香樟、紫薇、含笑、桂花（乔木 / 冠层）；海桐、杜鹃、小叶女贞、大叶黄杨、红花檵木（灌木 / 中层）；马尼拉、沿阶草（地被 / 下层）。

植物样本 -4 中，香樟、含笑、蜡梅、桂花、白玉兰（乔木 / 冠层）；银边黄杨、红花檵木、龟甲冬青、十大功劳、洒金东瀛珊瑚、杜鹃、小叶女贞（灌木 / 中层）；狗牙根（地被 / 下层）。

植物样本 –5 中，桂花、柑橘（乔木 / 冠层）；银边黄杨、杜鹃（灌木 / 中层）；红花酢浆草、鸢尾、马尼拉（地被 / 下层）。

植物样本 –6 中，香樟、桂花、杜英、广玉兰、紫薇、棕榈（乔木 / 冠层）；洒金东瀛珊瑚、小叶女贞、杜鹃（灌木 / 中层）；兰花、马尼拉、狗牙根（地被 / 下层）。

表 5-13　植物样本与特征

特征编号	方位关系	群落结构					落叶习性	
		T+S+G	T+S	T+G	S+G	G	常绿	落叶
植物样本 –1	围合	√	√	√	√	√	√	√
植物样本 –2	西侧			√	√	√	√	√
植物样本 –3	空旷	√	√	√	√	√	√	√
植物样本 –4	中间	√	√	√	√		√	√
植物样本 –5	南侧	√	√	√	√	√	√	√
植物样本 –6	周围		√	√	√	√	√	√

图 5-17　植物样本分布与建筑方位关系

5.4.1.2　环境日照辐射与植物生长状态

植物长期生长于相对稳定的日照辐射环境中将出现以下几种情况：第一，生长健壮；第二，生长不良；第三，植株死亡。基于这种科学假设和推断，本节研究将植物样本所生长的日照辐射环境进行模拟和评价，并对植物目前的生长状态进行归纳分析（图 5-18）。

（1）不同方位型与环境日照辐射

对于"围合型"种植环境，其全年日照辐射量较低。模型模拟的结果显示，年总辐射量最高值为 1 473 810 W/m²，最低值为 1807 W/m²，最低值仅为全辐射的 0.12%。90% 以上的区域面积，接受的日照辐射量不足全辐射的 30%。若上层乔木为常绿树木时，中层或下层植物所受日照辐射将会变得更弱。由此可以看出，在建成环境中植物种植实践中，应特别关注受建筑"围合"区域的树种选择和群落构建。

而"西侧型"在城镇中较为常见，与此对应的为"东侧型"，两者相似又具有差异。本书对"西侧型"植物样本区域所受日照辐射的模拟显示，年总辐射最高值为 554 695 W/m²，最低值为 229 603 W/m²，最高值能达到全辐射值的 40% 左右，该区域最低值为最高值的 41% 左右，且不同区域的日照辐射相差较小。根据以上数据表明，建筑两侧型的植物种植区域，日照辐射很明显受到影响，在未受其他建筑物影响的前提下，日照辐射条件相对较均匀。在植物选择与配置时，对植物选择的影响不大，正午时分所受日照辐射在短时间内仍然很强，也应防止不耐强光植物的受害出现。

"空旷型"场地在居住区中所占面积较小，在植物种植应用实践中可发挥较大的艺术自由。本书所选取的"空旷型"区域通过模拟结果显示，最高年日照辐射值为 677 836 W/m²，最低日照辐射值为 303 262 W/m²，最低值为最高值的 44.7%。通过 599 个模拟点的日照辐射值的统计结果显示，其日照辐射值相对较均匀，日照辐射极高值和极低值均较少。"空旷型"与"西侧型"的年日照辐射值相比，其最高值和最低值相差不大，统计特征也很相似。由此可见，本植物样本区域中选取的"空旷型"场地只是相对空旷，日照辐射同样会受到较远区域的建筑影响，特别是清晨和傍晚时分。

本书所选择的"北侧型"植物样本区域较为典型，我国大多数居住区的建筑布局与此均相似，特别是在纬度较高地区。通过本书的模拟结果显示，年日照辐射最高值为 321 375 W/m²，而日照辐射最低值为 5893 W/m²。年日照辐射最低值占日照辐射最高值的 1.83%，日照辐射的统计结果显示，各个模拟点的日照辐射值相差也较大。对于植物种植实践，在关注程度和处理手法上与"围合型"类似，特别是植物种类选择和群落配置关系。

在我国传统风景园林植物设计中，"南侧型"植物种植区域为优良植物种植区域，定性的表现为日照辐射丰富。本书的模拟结果显示，年日照辐射最高值为 698 969 W/m²，日照辐射最低值为 108 969 W/m²，占日照辐射的 15.6%。定量模拟方法受传统的定性方法相比的优越性在于，可以清晰地分析其日照辐射差异。本书得出的数据显示，对于复杂建筑环境中，相对于"西侧型"或"东侧型"植物种植区域，其年总日照辐射值相差不大，但是不同时间段的日照辐射强度应有差异，特别是上午和午后时间段。因此，在植物种植和群落配置上，仍要考虑一些具有开花习性的植物对日照辐射特点的需求。

对于"周围型"的日照辐射特点，理论上应具有"南侧型""西侧型""东侧型"和"北侧型"等共同的特征。本书对"周围型"日照辐射的模拟将建筑屋顶加入，用于分析其差异性。模拟的结果显示，该植物样本区域的年日照辐射最高值为 1 372 210 W/m²，日照辐射最低值为 29 064 W/m²，最低值为最高值的 2.11%。日照辐射 3D 特征上（图 5-18，植物样本 -6），建筑顶部日照辐射量最高，而建筑周围有极低的日照辐射沟壑，在植物选择和应用上需要有针对性地选择植物种类。

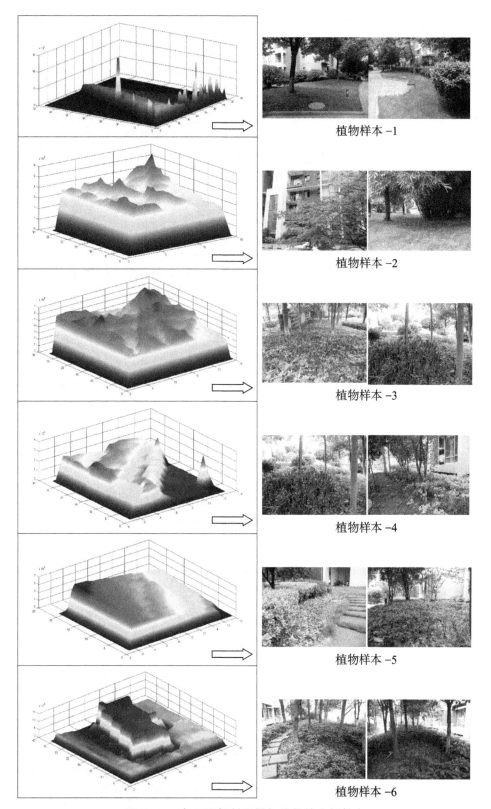

图 5-18　年日照辐射总量与植物的生长状态

（2）不同方位型与植物生长状态

植物种植在不同的建筑方位，其受到的日照辐射特点相差较大，总辐射量也有差异。根据前期的植物调查结果（第4章，4.3.2小节中光照不适宜的植物样本数量与特征），大致将本研究区域中植物出现的非健康状况归纳为："斑秃"（因地被植物生长过弱或死亡形成的土壤裸露现象）、生长纤弱、干枯和灼伤。

本研究区域覆盖面积最大的植物是马尼拉草，"斑秃"问题最突出的也是该植物。马尼拉属于禾本科植物，具有较高的光补偿点和光饱和点，因此对光照的需求量较高。马尼拉草生长的另外一个特性是蔓延能力较弱，一旦株丛死亡很容易形成土壤裸露。本书中植物样本所分布的区域，日照辐射相对较弱，而常绿的樟树、桂花、女贞、广玉兰等乔木对地面马尼拉草的遮挡更加严重，这也是造成这一问题出现的一个重要因素。

造成植物生长纤弱的因素也有多种，其中光照不足造成的碳水化合物合成受阻是本书中关注的重点。植物样本中，生长纤弱的主要有紫荆、小叶女贞、红花檵木等。因日照辐射不足造成的植株干枯的主要有杜鹃、小叶女贞、银边黄杨、龟甲冬青、洒金东瀛珊瑚、红花酢浆草等。

日照灼伤是城市植物中较少出现的受害现象，主要原因在于日照辐射过于强烈或植物枝、叶、干不耐过强日照辐射。本书的植物样本中，仅有红枫的叶片有灼伤卷叶现象出现。以上两种因素同时存在，既有环境中过强日照辐射的因素，也有该种植物不耐强烈日照的原因。因此，对于既不耐荫庇又不耐强光的植物，在景观植物选择和规划种植时要更注重日照条件的分析。

5.4.1.3 环境日照辐射与植物日照需求

日照辐射是植物健康生长和发育的关键生态因子，研究根据植物对生态因子需求的生态位（ecological niche）理论和生态幅（ecological amplitude）理论，可以分析本书中"环境日照"-"植物生态幅/生态位"-"生长状态"的相互关系及形成因素。研究假设为：①不同植物具有不同的日照辐射生态位和生态幅；②相同日照辐射环境下，植物表现出不同的生长状态；③若要改善植物的生长状态，需要改变植物的日照需求生态位和生态幅。

植物生长响应环境日照辐射变化的结果显示（图5-19）：研究区域中不同植物样本对日照辐射的响应程度不同，其中洒金东瀛珊瑚、八角金盘、罗汉松对日照辐射变化不敏感，这些植物种对建成环境的适应能力最强；而马尼拉草、杜鹃、小叶女贞、红花檵木、银边黄杨等对荫庇敏感，过低的日照辐射均对这些植物造成了伤害；一叶兰和红枫对强日照辐射敏感，本书中植物样本分布的区域，二者均有受害出现。

相比自然植物群落，利用生态位理论研究人工植物群落是比较困难的。居住区植物群落构建和植物种类的选择均是人为的结果，加之人工修剪改变植物体形态结构，对日照辐射资源的利用程度与占有量则没有规律可循。有研究通过生态位原理定量的分析植物对一维生态因子资源的占有程度，该研究可以作为对已知植物生态习性（生态位），而进行城市植物群落的智慧构建提供参考。

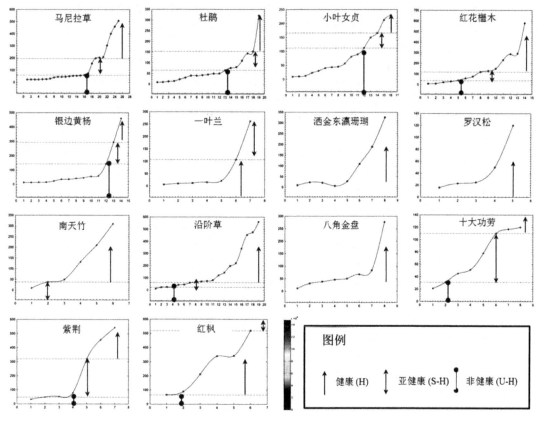

图 5-19　环境中日照辐射与植物生长状态响应

　　"生态幅"可描述为生物利用某一生态因子的幅度，在本书中能够较好地解释植物利用日照辐射的能力。可以假设为：①某种景观植物对日照辐射利用的幅度越大，其适宜种植的范围越广；②某种景观植物对日照辐射利用的幅度越大，其存活率越高；③采用日照辐射生态幅越广的植物，在城市植物群落构建时越容易获得成功。

　　基于以上假设，本书利用双辐射计对植物样本上方的日照辐射进行测定，根据日照辐射与光量子通量的转换系数，将所测数据反映在数字模拟日照辐射图谱上，用于对比不同植物的日照辐射利用幅度。

　　研究结果显示（图 5-20）：所调查植物样本中，洒金东瀛珊瑚、罗汉松、南天竹、沿阶草、八角金盘的日照辐射需求生态幅较大，能够在不同日照辐射强度下正常生长。据此可以推断，这类植物对日照的适应能力最强，在植物规划和群落配置时不需要特殊考虑种植区域。其次，紫荆、马尼拉草、银边黄杨、杜鹃、小叶女贞、红花檵木、红花酢浆草的日照生态幅较窄，当日照辐射低于一定界线时容易生长不良或干枯死亡。日照生态幅最窄的是一叶兰，遗传特性决定其较适宜于低日照辐射的环境，当日照辐射高于一定值时，易出现生长不良的现象。红枫相对一叶兰来说，日照生态幅较广，具较充足的散射辐射种植区域则较适宜，过强的直射辐射会灼伤叶片和嫩枝，影响植株整体的观赏价值。

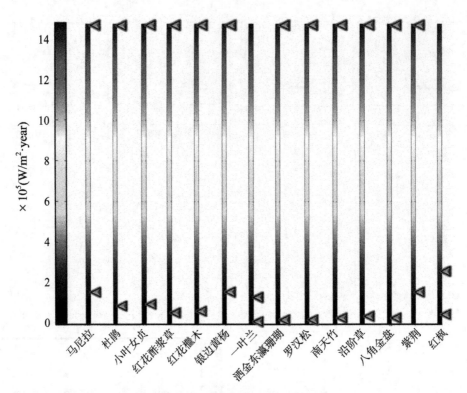

图 5-20　不同植物的日照生态幅对比

5.4.2　植物选择与配置整体评价

　　根据抽样调查的植物样本，研究区域中植物种类较为丰富，也较注重植物的生态效益。植物选择和群落构建中，对植物的日照需求关注不够，还存在不同日照辐射种植环境采用相同的植物种类和配置方式的现象。因此，对研究区域的植物选择和配置整体评价，可从两个角度分析：一是植物种类，二是群落构建的方式。

　　首先，在植物种类的选择上，生长不良或死亡最多（或受害面积最大）的是马尼拉、杜鹃、小叶女贞和银边黄杨 / 大叶黄杨。究其原因，除了其应用分量大出现问题的概率也大外，最重要的还是未真正做到基于日照辐射环境的适地适树。例如，在相同种植区域中，沿阶草生长状态比马尼拉草要好；大叶黄杨比银边黄杨生长状态要好；洒金东瀛珊瑚比杜鹃、小叶女贞生长健康。由此可以认为，在较复杂建成环境进行植物种植时，应定量地分析日照辐射差异，才可以确保植物的存活。

　　其次，从植物群落特征上分析，研究区域中的植物群落稳定性较差，长久来看，群落结构将不可持续。上层乔木层多以常绿阔叶植物香樟、广玉兰、桂花为主，定性的种植方法，使这些植物成为植物群落的优势种，占据着冠层生长空间。乔木层中也有生长较弱的植物，如紫荆，也是因受到其他强势常绿乔木的影响。中层灌木层、下层地被植物的日照辐射明显受到影响，在没有人为干预的情况下，还会有部分区域中的马尼拉草、杜鹃、小叶女贞、红花檵木、银边黄杨等逐渐枯死。若要避免这种问题的发生，可以采用修剪（疏枝）上层、中层植物的方法，增加冠层的透光率。另外，对于已经干枯的灌木和地被植物，唯一的办法是更换更加适应该区域日照辐射环境的植物类型（图 5-21），这也是本书研究的价值所在。

图 5-21　研究区域中被"沿阶草"替换的种植区域

5.4.3　讨论

本书综合采用了辐射计实测和数字模拟两种方法，通过数学方式实现了计算单位相互转化，结合建立的植物健康判断标准，对所调查植物样本的健康状况进行评价，用于分析城镇植物存在的问题。

相比人工环境的植物生理测定和健康判断，本研究更能反映植物在具体日照辐射环境中的生长状态。但是因所测植物样本数量的限制，以及其他干扰因素的影响，日照辐射环境与植物生长状态的线性关系还需要继续验证。

5.5　日照与植物选择示范

5.5.1　示范意义

传统的植物选择与配置较难判断种植区域的日照条件，基于定量方法评价日照条件的研究也较少有人探讨。为了清晰地展示建筑（高度、形状、布局）、日照（强度、时数）和植物（类型）的关系，本小节将利用剖面结构分析三者之间的关系。

5.5.2　示范方法

因研究区域中的景观要素具有多样性，为清晰展示其差异性，样本分别选择了密集建筑区域（建筑＋开敞空间）、稀疏建筑区域（少量建筑＋水体）和无建筑区域（开敞空间＋水体）。所选择的样本代表了研究区域中所具基本日照特征，样本线分别设置为：$S_{248\,m}$-$N_{550\,m}$、$S_{717\,m}$-$N_{1191\,m}$ 和 $W_{313\,m}$-$E_{762\,m}$（图 5-22）。

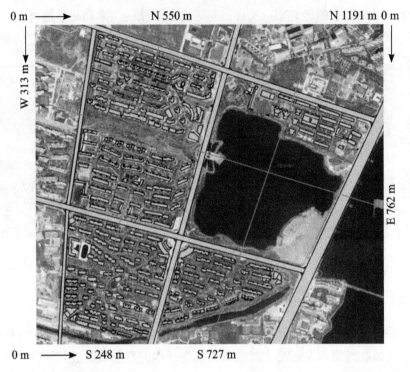

图 5-22　剖面线 $S_{248\,m}$–$N_{550\,m}$、$S_{717\,m}$–$N_{1191\,m}$ 和 $W_{313\,m}$–$E_{762\,m}$ 上的样本分布

日照模拟方面，采用与本研究相同的方法，分别记录年日照辐射值，以及春分、夏至、秋分和冬至时的日照时数。$S_{248\,m}$–$N_{550\,m}$、$S_{717\,m}$–$N_{1191\,m}$ 和 $W_{313\,m}$–$E_{762\,m}$ 上的模拟点分别为 52 个、30 个和 33 个，共计 115 个。

根据剖面方法，将日照辐射强度、日照时数、建筑布局及植物分布按照相应比例进行对比。

5.5.3　日照特征与植物类型选择

作为 3 种不同地面景观要素类型，样本点上的日照特征差异较明显。研究结果显示（图 5-23）：从日照辐射特征的多样性和差异性角度来看，$S_{248\,m}$–$N_{550\,m}$ 上的样本点明显大于 $S_{717\,m}$–$N_{1191\,m}$，而 $W_{313\,m}$–$E_{762\,m}$ 上的样本点的日照辐射特征差异性较少，多样性也较低。

从研究结果还可以看出，建筑要素对日照时数的影响大于日照辐射强度。由此可见，对于开花的草本植物，特别是具有对光周期敏感的一、二年生草本花卉，在该研究区域种植时，要特别关注日照时数，避免因日照时数不合适造成的不开花或开花不良。

$S_{717\,m}$–$N_{1191\,m}$ 和 $W_{313\,m}$–$E_{762\,m}$ 上的日照辐射差异较小，整体日照条件较好。在对植物类型进行选择时，可以更多地关注植物多样性，丰富植物种类和景观类型。在实践中，该区域应为景观设计师发挥植物造景技能的主要场所。如利用植物景观引导游客行为，科普景观植物知识，吸引其他鸟类或动物、营造其栖息地的作用等。

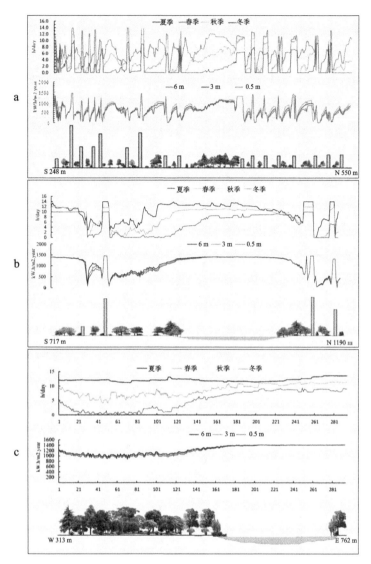

图 5-23　建筑（地形）、日照与植物的关系

按照景观植物对不同日照条件的需求，根据适宜性原则对 $S_{248\,m}$-$N_{550\,m}$、$S_{717\,m}$-$N_{1191\,m}$ 和 $W_{313\,m}$-$E_{762\,m}$ 上不同样本点所处位置的植物类型进行选择（表 5-14）。本小节以 $S_{248\,m}$-$N_{550\,m}$ 为例进行示范，表 5-14 中符号 "✹" "✸" "✳" "✦" "➤" 分别表示强阳性植物、阳性植物、中性植物、耐阴植物和喜阴植物。而符号 "○" "◑" "●" 分别表示长日照植物、中日照植物和短日照植物。

表 5-14　不同样本点上的景观植物类型推荐（以 S_{248m}-N_{550m} 为例）

编号	乔木					灌木					地被植物					习性		
	✹	✸	✳	✦	➤	✹	✸	✳	✦	➤	✹	✸	✳	✦	➤	○	◑	●
14		√	√				√	√					√	√			√	√
15		√	√					√	√				√	√			√	√

续表

编号	乔木					灌木					地被植物					习性		
	❋	✳	✴	✦	⊿	❋	✳	✴	✦	⊿	❋	✳	✴	✦	⊿	○	◐	●
18									√	√				√	√		√	√
21			√	√					√	√				√	√		√	√
33				√	√				√	√				√	√		√	√
36			√	√					√	√				√	√		√	√
49			√	√					√	√				√	√		√	√
50	√	√				√	√	√			√	√	√			√	√	
55			√	√					√	√				√	√		√	√
74			√	√					√					√			√	√
81		√	√					√	√				√	√	√		√	√
94			√	√					√	√				√	√		√	√
98			√	√					√	√				√	√		√	√
100			√	√					√	√				√	√		√	√
110				√	√				√	√				√	√		√	√
113				√	√				√	√				√	√		√	√
116			√	√					√	√				√	√		√	√
120			√	√					√	√				√	√		√	√
134			√	√					√	√				√	√		√	√
141				√	√				√	√				√	√		√	√
144		√	√					√	√					√			√	√
146		√	√					√	√					√			√	√
148		√	√						√	√				√			√	√
152		√	√					√	√					√			√	√
165										√				√	√		√	√
173		√	√						√	√				√			√	√
190			√	√					√	√				√			√	√
195		√	√						√	√				√			√	√
200			√						√	√				√			√	√
206			√						√	√				√			√	√
211			√						√	√				√			√	√
214			√						√	√				√			√	√
226	√	√	√					√	√			√	√			√	√	
236	√	√	√					√	√			√	√				√	√
244			√	√				√	√			√	√				√	√
252			√	√				√	√			√	√				√	√
254	√	√	√					√	√			√	√				√	√
276			√	√					√	√				√	√		√	√
294			√	√					√	√				√	√		√	√
314			√	√					√	√				√	√		√	√

续表

编号	乔木					灌木					地被植物					习性		
	✹	✸	✱	✦	⏃	✹	✸	✱	✦	⏃	✹	✸	✱	✦	⏃	○	◐	●
326				√	√				√	√				√	√		√	√
330			√	√				√	√					√	√		√	√
336				√	√				√	√				√	√		√	√
354		√	√					√	√			√	√				√	√
358		√	√				√	√					√	√			√	√
362		√	√				√	√					√	√			√	√
365		√	√					√	√				√	√			√	√
378															√		√	√
381				√	√				√	√				√	√		√	√
385			√	√										√	√		√	√
398				√	√				√	√				√	√		√	√
403				√	√			√	√					√	√		√	√

5.6　结论与讨论

5.6.1　日照因子分析与植物选择

植物在城市中发挥着重要的生态、文化和美学功能，特别是近年来野生植物的选育和外来植物的引入，更加丰富了城市街道、公园、学校及居住小区的景观。为了解各类园林植物的生态习性，大量的研究证实了各种植物的生态因子需求特征，并最终汇编成植物学著作或手册，为其适宜性选择和种植提供了基础数据。

本书依据植物对日照的这些生态需求特征，结合植物种植场地的日照条件，针对性地选择植物类型和配置方式。研究结果发现，建筑物对日照条件影响较大，造成了强阳性或喜阳植物种植区域受限。耐阴或喜阴的常绿植物具有较广的种植区域，但是这些植物的过度应用，在一定程度上又会造成植物种类多样性和景观多样性的降低。同时，建筑采光也会受到一定的影响。

较早时期，有研究曾对自然植物群落中日照的强度进行测定，分析不同日照强度对植物生长和开花的影响。城市化的发展使植物的立地条件发生了改变，如高层建筑对日照条件的影响。针对这一问题，也有学者探讨建筑物对日照时数的影响，并根据不同建筑区位的日照条件，选择合适的园林植物。总之，前期的研究已经开始重视植物的日照需求，并在定量分析上进行了一定的探索。

与已有的研究相比，本书建立了具有植物日照需求属性的数据库，结合 GIS 技术对日照条件进行分析和评价，从而可以方便地选择植物种类和配置方式。另外，该方法在定量分析、评价和应用实践上，也更具有优势。

5.6.2　日照条件评价模型在植物配置中的应用

日照评价模型结合计算机软件，为不同尺度的日照模拟和应用提供了便利。基于数字软件的日照分析，常用于太阳能利用、建筑采光和土地生产潜力评估等领域。在太阳能量的分析上，GIS技术可以根据地理纬度、地形及相关设定的参数，计算单位面积上不同时间区间积累的能量。

日照条件的优劣对园林植物的选择影响较大，但是，目前还未有针对这一研究的评价模型出现。从植物对日照的生理需求角度讲，日照强度分析可以指引不同日照补偿点的植物选择和配置。而日照时数的分析则可以指引不同开花习性的植物选择和配置。因此，为了综合评价日照条件，本书采用年日照辐射积累的理念，采用微分模型，生成日照综合评价成果，用于指导园林植物的种类选择和配置。

总之，日照评价模型可结合数字软件对不同尺度、地域和高度进行模拟，并将模拟结果用于植物设计或施工设计。由于植物具有生命力，且树冠形态也相差很大，目前数字模拟方法较难模拟上层乔木对下层植物采光的影响。今后的研究，需要讨论树冠"透光系数"概念及其应用方法。

5.6.3　日照辐射与植物配置的关系

在园林植物应用中，植物设计师根据长期的实践经验，在植物选择和配置工作中，较好地关注了植物的生态习性。如根据植物的适宜气候、区域、土壤、水肥条件等因素，选择较适合的植物。在建成区进行植物规划时，设计师也会根据建筑方位的差异，选择日照需求不同的植物。一般情况下，选择耐阴性较强的植物，其适应较强，植物的生长很少受到影响。而对阳性植物选择和配置时，应更多考虑种植区域的日照条件，若配置不当将造成植物生长不良。然而，由于建筑物的高度差异和布局的多样性，设计师很难定量地判断日照的优良程度。

数字模拟方法，可以准确分析植物种植区的日照分布格局。强阳性植物，根据模拟结果，种植在直射辐射较强的区域较为合适。喜光但又忌阳光直射的植物，可以配置在散射辐射较充足的区域。日照条件较差的区域，选择耐阴或喜阴植物较为合适。群落构建上，也可根据日照条件合理搭配。如日照条件较好的区域，可供选择的植物种类较丰富，层次构建上也较为自由。日照不良区域，仅能在耐阴或喜阴植物中选取，群落构建上也受到一定限制。

对于中纬度或高纬度地区，由于太阳高度角的变化导致一年中有较大的日照时数差异。因此，对于日照时数敏感的开花植物，在种植区域上也需要关注。长日照植物，种植在春季至夏季的日照时数超过12个小时的区域为佳，这些区域日照条件丰富，有利于植物的生长和开花。短日照植物的种植范围较广，但同样需要日照充足的种植区域，以满足光合产物的积累。不过，对光周期敏感的植物多数为草本植物，大部分木本植物或以观花为主的植物则不受日照时数的影响。

5.6.4　日照辐射与植物群落

人工干扰影响下的植物群落相对比较简单，群落物种组成在植物规划阶段已经确定。为了追求植物群落的最大生态服务功能，城市管理者、景观规划设计人员及景观服务受众也多认同植物群落构建的重要性。植物群落系统的稳定性是指未有人为物质、能量输入的前提下，系统能够保持平衡并能维持较长时间的物种组成及结构的稳定性。多数学者提倡使用近自然林的理念指导植物规划工作，但目前还未形成成熟的应用体系。另外，城市景观有别于自然景观，杂草丛生自然植物群落的景象在城镇中一般很难认可，因此，景观植物群落的稳定性只是相对而言。

日照辐射的差异性在城镇中越来越明显，特别是用地强度较大的城市核心区域，这种发展趋势导致了日照将会是限制植物选择与应用的重要因素。基于这种考虑，本书在第 6 章提出了"基于日照因子限制下的植物种类选择与群落构建模型"，用于解决实际的应用问题。该模型的前提条件是应用区域的其他生态因子相同或相似，仅有日照辐射差异。借助数字技术，生成 100 种植物群落结构类型及植物种类组成，该群落数据可结合决策支持平台为不同日照辐射区域提供众多方案选择。值得说明的是，本书设计的植物群落并不是自然群落中的顶极群落（climax community），仅为既定的日照辐射环境中相对稳定的植物群落，在轻微的人工干预下可以维持较长时间的群落稳定性，并保障不同植物的健康生长。

5.7　本章小结

经验导向的景观植物选择与配置方法是目前实践中主要的工作方法，根据前期的调查数据与结果分析，该方法很难实现真正的基于日照辐射差异的"适地适树"植物种植。为了解决这一问题，本章提出了基于日照模拟、分析和评价的植物选择与配置方法，该方法可以提高植物选择与配置工作的效率，避免植物因日照辐射不适应所造成的经济损失。

首先，在本章的研究方法中介绍日照评价模型、模型的参数设置与校正、景观植物数据库构建及植物自动检索与智能匹配设计方法，在此基础上，对研究区域的日照辐射进行模拟与分析。

其次，将植物现状与其生长环境中的日照辐射相对比，从植物日照需求生态位和生态幅理论角度出发，深入分析了样本植物出现生长不良状况的具体原因，印证了植物种植实践应根据立地环境日照辐射的重要性，并示范了不同日照辐射条件下适应的景观植物类型。

最后，主要讨论了日照因子分析与植物选择的关系、日照条件评价模型在植物选择与群落配置中的应用等内容，并认为，建筑的高度、布局及地形的多样性导致了日照辐射的多样性，在此情况下，植物的选择应根据局部的日照条件进行，才是真正遵循"适地适树"的原则。

本章主要介绍了基于日照模拟、分析与评价的植物选择与配置方法，通过 Model Builder 工具将日照分析与数据库的植物检索建立联系，实现了基于日照需求习性的植物种类和群落类型的自动检索。

第6章 基于 GIS 与 MATLAB 的决策支持系统（UP-DSS）设计及其应用

6.1 概述

人类与客观物体之间存在认知与被认知关系，认知主体通过已有的知识、经验以某种形式理解客体、改造客体，并做出进一步的判断和行动。人与人、人与物之间长期的相互作用促使个体或群体面临这样或那样的决策问题，当遇到非具体问题或非结构化问题时，主体往往较难对客体做出科学的判断，稳定、强健、可靠的"中介"平台将有助于主体更好地做出决策。现代社会各个领域同样面临众多较难分析、判断和决策的问题，各种形式的决策支持工具在这一背景下孕育而生。

决策支持系统（Decision Support Systems，DSSs）是基于计算机的信息系统，早期用于商业活动，用于组织对问题的决策。DSS 较多地服务于上层决策机构或个人，特别是用于经营管理、组织策划的组织部门或决策个人，该工具用于帮助行驶决策活动。学术界对 DSS 的认识，仅仅把其作为一个服务于管理人员和研究人员的工具，该工具可以有多种形式和方法，是各个技术和手段的总称，但是 DSS 也有相似的特征。Sprague 认为 DSS 应服务于管理层面临的关键问题的解决，这些问题具有非具体化、非结构化的特征，也应可以结合分析模型和传统的数据接入与检索分析功能。DSS 方法应具有灵活性和较广的适应能力，能够适应环境和适应使用者的决策方法，最为关键的是能够让非计算机专业的使用者快速地适应操作环境。设计合理的 DSS 应为一个基于数字软件互动的操作系统，可通过原始的数据、资料文件或者专家知识的检索、汇编，帮助使用者识别问题并做出决策。

在美国科研院校中，以计算机科学（CS）、信息技术管理（ITM）为强势学科的卡内基梅隆大学被认为与麻省理工学院（MIT）、斯坦福大学及加州大学伯克利分校齐名的研究机构是 DSS 的发源地。1950 年后期到 1960 年早期，未合并之前的卡内基理工学院结合专业优势将 DSS 作为自己的研究领域，主要为组织决策的理论研究。研究后期，互动分配系统的技术工作主要由 MIT 在承担研究工作。到 20 世纪 80 年代，DSS 成为科学研究和系统研究的主要领域，从单一用户的 DSS 和模型导向的 DSS，演化为执行信息系统（EIS），组织决策支持系统（GDSS）及组织决策支持系统（ODSS）等众多决策支持系统类型。

有学者认为，DSS 的概念和应用领域随时代发展有一些改变。早期的定义是描述为一个计算机的决策系统，而后转化为一个基于计算机的互动系统，帮助用户利用已有的数据和模型，解决非结构化或结构化不良的具体问题。20 世纪 80 年代后期，DSS 面临着智能工作站设计（intelligent workstation design）的挑战。1987 年，德州仪器公司（Texas Instruments）开发完成了停机位分配显示系统（GADS），该决策支持系统能够通过对不同机场地面的运营管理，大幅减少航机运营延误。1990 年早期，数据仓库（DW）和在线分析处理技术（OLAP）拓展了 DSS 领域，该方法与技术是 DSS 基于网络分析的起点。

　　DSS 针对不同应用领域具有不同的特点，但是决策支持系统具有相似的组成部分，一般有 3 个基本组成部分，分别为数据库管理系统（DBMS）、基于模型的管理系统（MBMS）及对话生成与管理系统（DGMS）。数据库管理系统为 DSS 提供基础数据支持，DBMS 可以储存众多数据，设计储存数据的逻辑结构，该系统可使用户与数据结构和处理过程分开。而 MBMS 可以为 DSS 提供集体的模型，将数据库中数据转化为一定规则的信息用于决策制定，因此，DSS 用户可以处理众多非结构化的决策问题。然而，DSS 系统设计的好坏，可以从 DGMS 设计的好坏来表现。使用 DSS 的目的是直观、易用，对于普通用户来说应具备界面友好的 GUI，这些界面可以引导模型建立及用户与模型互动，从而可以更高效地操作系统，完成最终的决策工作。

6.2　DSS 的相关研究及应用

6.2.1　农林领域

　　农林领域也常常遇到实践决策问题，用于平衡农林生产、市场需求及其他公共利益。各个层次农业决策者需要大量的信息，用于帮助他们制定计划和政策以便于实现他们的既定目标。由国际科学家组成的工作组开发了一个决策支持系统（DSSAT），评估农业生产、资源使用及不同作物生产实践中的风险等目的，该系统是一个微型计算机软件，其中包含了大量作物 - 土壤模拟模型，数据则是关于气象、土壤和其他。20 世纪 80 年代至 90 年代，由美国国际发展局（USAID）资助，通过大量研究深入分析了 DSS 在农业生产中应用较少的原因，讨论模型构建、市场支持、技术与营销及用户和现今因素等，认为 DSS 能够高效快速评估全球范围内的农业生产系统，同时能够在农业与政策水平做出科学决策。有学者讨论了农业决策支持系统的设计问题，也认为开发作物 - 土壤过程模型并将其融合为一个决策支持平台，可以为农业生产管理提供极大便利，同时认为 DSSs 系统应将农业生产者的心理行为融入该系统。澳大利亚学者介绍了针对畜牧业应用的决策支持系统 "GRAZPLAN"，该系统开发了动物的生理生长模型、土壤水分与牧草生长模型用于模拟放牧系统，系统程序用于预测蛋白质和能量的摄入量，可以选择放养及饲料饲养等不同模式评估畜牧生产，该程序的设计可以帮助牧民评估具体牧场的放养价值。

　　DSS 对可持续森林管理实践将起到重要作用。来自澳大利亚墨尔本大学林学院的研究人员介绍了一个基于 GIS 的多指标评价技术，用于分析、评价林业管理的可持续发展水平。该方法综合利用了在生态、经济和社会不同变化的时空数据，能够解决数据处理与决策规则的不确定性问题。使用 DSS 系统结合模糊模型，可以用于长期的森林火灾风险评估。如地中海盆地国家，火灾是当地森林结构破坏的主要原因。通过对具有火灾风险区域的长期监测，将结果用于前期的规划工作，能够降低森林火灾的发生概率，该研究可以应用于一个区域的敏感森林火灾预防与保护政策的制定。全球消费者日益增强的环境保护意识，加之区域利益相关者面临的森林管理压力，显示了森林管理活动使用较广泛的评价方法的应用潜力。在加拿大哥伦比亚东北区域，有研究应用分层 DSS 评价多目标森林管理策略的优劣。研究者通过一个案例展示了分层次决策支持系统的构建和应用，该 DSS 系统分为林分水平模型、森林评估模型、生境模型和视觉模型。评价指标上包括林木蓄积量、毛利润、生态碳储存、树龄结构分布、斑块大小分布、障碍密度、视觉美学和野外休闲区域等。

南欧暴露出人为和自然森林火灾的风险，火灾的结果造成生命、产品及基础设施的巨大损失，同时恶化了自然环境，也导致了生态系统的退化。雅典国立技术大学的研究人员，将 DSS 系统用于火灾伤亡事故管理。研究认为，DSS 主要用于预测和抵御大灾害的应急管理工作，最近的文献报道的基于 DSSs 系统管理森林火灾研究关于利用 RS 和 GIS 相关技术，但是没有将已有的技术集成。该学者提出利用 DSS 管理森林火灾，研究设计的决策支持系统结合了一系列的软件工具用于评价火灾蔓延和抵御森林火灾。使用的技术主要包括基于 Arc/Info、ArcView、Arc Spatial Analyst、Arc Avenue 及 Visual C++ 等技术。系统集成了 GIS 技术在相同的数据环境下及采用共同的用户界面，可以产生半自动卫星图片处理、社会经济风险模拟和概率模型，用于森林火灾预防、规划和管理。

北美具有丰富的森林资源，因此在相关研究上发展也较早，特别是在一些用于森林资源管理的数字模型上。例如，美国农业部（USDA）森林服务部门的研究人员，设计基于 Windows 的决策系统（NED-2），通过提供可靠的、科学的信息为自然资源管理人员的森林资源规划和方案决策工作提供支持。研究者认为，NED-2 是一个稳定及智能的基于目标驱动的决策支持系统，操作面板集成了 Microsoft Access 数据库和基于 Prolog 编程语言的 Agent，而 GUI 则是由 Visual C++ 编写，可提供强大的查询分析工具。对话框可以选择木材生产、水、生态、野生动物及视觉目标，也可以定义、建立规范的管理计划，帮助用户模拟不同的管理方案和执行目标分析等任务。近些年出现了很多 DSS 系统及在森林资源管理上的应用案例。一些学者回顾了近 20 年间的相关研究，成果来源包括北美、欧洲及亚洲等全球范围内的代表性区域，对研究方法的总结主要分析了人工神经网络（ANN）、基于知识（knowledge-based）的系统、多指标决策模型（multicriteria decision models）等典型的方法。

6.2.2　城镇领域

在城镇规划、建设和管理领域，也面临着不同的规划设计、方案选择和政策制定等问题。因此，基于 DSS 的方法在该领域中的应用也较为广泛和深入。

城市的增长是近些年来城市发展的主要趋势，通过技术手段预测城市增长具有简单、快捷等诸多优点。有学者提出城市增长模拟模型（iCity 不规则城市模型），拓展了传统的 CA 模型方法，模型包括不规则空间结构、城市异步增长及高时空分辨率等优势，可为城市规划决策提供帮助。iCity 软件是一个用于友好界面的镶嵌模型，以单机 GIS 软件为平台使用控制模型分析土地利用的改变。城市水管理也是城市管理的一个重要内容，帝国理工学院的学者提出使用模糊逻辑空间决策支持系统，帮助管理及优化城市水资源。同样是水问题，近年来城市雨洪问题也逐渐受到城市管理人员及研究者的重视。有学者介绍了 DSS 系统结合 GIS 技术在雨洪管理方面的研究，在社区尺度设计了雨洪管理的设计方案，利用基于水土保持服务方法及社会经济价值方法，比较不同控制措施的经济花费。

城市废弃物管理方面，城市废弃物收集、运输和处理等管理问题同样需要优化选择方案。意大利学者使用 DSS 以西西里岛为例进行研究，采用相关信息的收集与确定、数据库结构设计及综合的优化算法等方法，用于分析、评价和生成未来发展方案，特别是在关注环境问题的前提下。城市污染问题也是城市管理者和决策者面临的重要问题，DSS 同样可以发挥作用。例如，来自丹麦国家环境研究所的学者，应用 GIS 系统设计了空气质量管理原型模型系统（AirGIS），用于支持当局对丹麦大城市的空气质量管理工作。借助于丹麦街道污染模型、地籍数字地图和丹麦国家建筑数据库等基本模型和数据，AirGIS 系统则能够以高时空分辨率的模式，评估当地环境空气污染等级，对居住区、街道水平及工作区域的交通排放、空气质量等级及人的暴露程度进行评价和制图。综合 GIS 和环境模型及一些优化算法，DSS 在土地规划利用上也可以发挥重要作用。有学者利用 DSS 开发了一个系统工具，用于在管理单元水平上的郊区土地使用规划。该 PDSS 系统开发的原因是，需要一个工具使郊区土地管理者分析他们的土地使用选择，以及土地使用改变有何潜在的影响。学者描述了 DSS 是一个基于 5 个组成部分的系统，主要包括 GIS、土地使用模块、影响评价模块、GUI 及土地使用规划工具等。

我国学者借助 DSS 系统，在城市规划、管理及决策方面的理论研究与实际工作也有较多进展。有学者认为城市环境规划工作具有复杂性特点，DSS 能够发挥该领域的优势，如借助 GIS 技术设计开发城市环境规划系统等。讨论建立基于数据仓库的城市规划决策支持系统的基本框架，以及为解决城市规划与管理实践相脱节的问题，提出城市规划与管理一体化决策支持系统等 DSS 设计理念。规划决策支持系统（planning support system，PSS）是 DSS 方法应用于城市规划的一个重要分支，在规划支持决策模型及相应决策系统方面也有较多介绍。如有学者对 PSS 系统的内涵进行分析，介绍了目前欧美地区出现的用于城市规划支持的相应数字软件，着重分析了 WHAT IF 模型，并通过实例展示其工作方式。

6.2.3　景观领域

城市植被在景观领域占有重要的研究地位，这归因于其生态价值和美学价值。在 DSS 技术的应用上，多数研究也集中于该内容的探讨。

一些学者认为，乡土植物在城市景观规划中面临着重要的选择问题。一方面是城镇发展需要更多的绿色区域以满足居民的需求；另一方面是乡土植物在城镇发展过程中日益遭受破坏，特别是大量建筑的规划建设，当然也有一些是为了维护城市开发空间，用于增加娱乐活动空间。因此，在众多观点冲突的情况下，DSS 能够发挥重要的决策支持作用。大尺度的景观和流域管理，也有学者使用 DSS 解决相关问题。通过不同 DSS 系统的比较，可分析不同决策支持系统的优缺点（即 DSS 的应用领域或决策问题、利益相关者的互动或涉及的用户、DSS 结构或模型结构和可使用性能等方面）。这些决策系统主要是 FLUMAGIS、Elbe-DSS、CatchMODS 及 MedAction 等。在最后，研究者又讨论了如何借助 DSS 工具更好地为景观管理提供帮助。

景观尺度不同对决策者的要求也不尽相同。根据 Steintz 的景观尺度观点，研究尺度越大，实践中对科学方法与技术手段的应用需求越强。在较大尺度水平上，维护和恢复景观连通性是目前生态学和生物多样性保护领域的中心工作。用户驱动式的软件工具在景观规划实践中的需求日益增加，也促使了 DSS 技术的发展与进步。有学者在研究中介绍了其开发的应用软件（Conefor Sensinode 2.2，CS22），该软件可以量化生境斑块的重要性，用于景观连通性的维护与改善，也被认为是景观规划和生境保护工作中一个有效工具。随着环境意识的增强，用于多用户参与的 DSS 系统具有发展前景。据此，研究者开发了一个用于景观规划与环境管理的原型系统，能够实现场景合作可视化环境。该系统是利用 GIS 结合场景融入式的合作虚拟决策环境，组件是较为廉价的商业 TGE 游戏引擎。TGE 能够提供有效的图像渲染，内置用于地形表面特征互动处理的编辑器，特别是稳定、强健的客户端网络化功能可使多用户进入。

河岸植被发挥着重要的保护作用，特别是基于保持水土和植被生境保护为目的。但是，植树和其他植被的种植等措施，也会付出很大的经济代价。河岸植被恢复的花费和收益将造成不同利益相关者（群体）之间的冲突。基于多指标分析的决策支持可以提供有效方法供给，根据系统评价结果选择适宜方案，该平台可以用于解决不同利益者之间的意见冲突。城市树木管理与生态效益评价应用上，也需要稳定评价与决策平台。澳大利亚国立大学的学者使用 DSS 评价堪培拉市树木的生态功能，通过开发决策支持系统（DISMUT）评价与管理 40 万城市树木，研究结果显示，《京都议定书》生效的 5 年间，在绿色节能、污染防治及碳汇功能方面的经济价值，预计能够达到 2000 万 ~ 6700 万美元。

DSS 系统用于城市树木管理远落后于用于自然林分的管理，加拿大学者介绍了原型决策支持系统，并认为是该领域应用中的首次应用。该学者开发该系统的主要目的在于提供一个直观的 PDSS 系统，并为用户提供一个用于改善城市树木冠幅微环境管理的工具，其次是为了引起对城市植物相关的基础设施的重视，建议应像设计与应用土木工程领域中的方法一样的严谨和重视。PDSS 系统由 3 个常见软件程序组成："SMODT"，是安大略地区南部和中南部的加拿大树种数据库，由 MS Assess 数据库开发；"Arc Trees"，是一个基于 GIS 的应用工具，用于自定义绘制种植或非种植区域在城镇环境中；"Tree Modules"，是用于自定义用户界面、在 MS Excel 中执行系统多个模块的功能。

总之，决策支持系统在景观领域使用并不广泛，因景观研究的尺度多样性，其应用也应有所差异。计算机相关技术的发展，促进了各个领域研究和实践方法的改变，在明确实际需求的基础上，应设计相应的 DSS 系统，以实现决策工作从感性向科学理性的方向转变。

6.3　系统需求分析

决策支持系统的需求是 DSS 设计的起点，也是任何系统设计最为关键的一个环节。基于日照需求习性的城市植物自动选择与植物群落智能配置系统，首先，在其他生态因子相似的前提下，应保障不同日照辐射环境中的植物均能成活和正常生长。其次，根据植物的应用目的与设计师的艺术审美偏好，系统应提供植物种类或群落方案选项。综合现实需求与本书要解决的问题，本书设计的 DSS 应主要满足以下需求：

①根据植物种植区域的日照条件，系统自动选择适应于该日照环境的植物种类与类型；

②根据植物种植区域的日照条件，系统自动筛选适应的植物群落类型；

③根据不同的生态防护目的，系统自动选择具有生态防护功能的植物；

④根据对植物不同的观赏价值与艺术审美的需求，系统自动筛选具有相应景观特征的植物；

⑤根据用户的输入与检索，应能将以图片、数据表、文本、视频等多种形式的数据结果保存，为植物规划、设计和种植实践提供参考。

6.4　UP-DSS 总体结构设计

基于日照需求习性的城镇植物及其群落智能决策支持系统（Urban Plant Selection and Plant Community Intelligent Configuration with Decision Support System，UP-DSS）是一个服务于城镇园林绿化的植物选择、群落配置等设计实践活动的辅助决策系统，致力于解决城镇区域中植物种植环境的日照辐射类型多样性及植物种类选择、植物群落配置方案的不确定性问题（图 6-1）。UP-DSS 借助 GIS、MS Excel、Internet 引擎、MATLAB 等多种信息、数字技术及编程语言，使用数据管理、空间分析、日照模拟、模型设计、模型管理以及知识搜索等方法（图 6-1）。UP-DSS 主要由用户界面（GUI）、模型库管理系统（MBMS）、数据库管理系统（DBMS）及知识库管理系统（KBMS），通过逻辑关系结合计算机编绘语言将功能模块系统化与集成化。

6.4.1　模型库管理系统

对于 DSS 系统来说，模型库管理子系统（MBMS）是其重要的组成部分，主要功能是用于组织数据、分析数据和实现计算。UP-DSS 系统的 MBMS 主要包括参数模型（parameter model）、日照辐射模型（solar radiation model）、植物群落模型（plant community model）、植物选择模型（plant selection model）及其他附属模型，这些模型可以通过 MBMS 组织依据构架的决策支持平台运行。模型设计和编写可以使用众多的计算机编程语言，如 Java 语言、C++ 语言、OLAP 语言、微软 .NET 框架语言、SLAM 语言、Python 语言、

Fortran 语言及 MATLAB 交互式脚本语言等。对于处理一般性质的数据问题，现有软件中具备的大量模型已经能够充分地满足实践需求，处理特殊问题或现有模型无法解决问题时，也可以通过编程方式实现，并以脚本文件方式存储供系统随时调用。

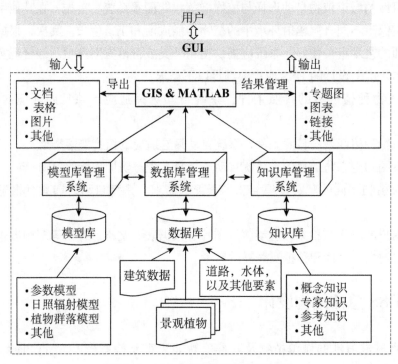

图 6-1 UP-DSS 的总体结构设计

6.4.1.1 树冠参数模型

对于复层植物群落结构日照穿过树冠和干丛时，将显著降低日照辐射强度和日照时数，如灌木或乔木对地被植物受光的影响，乔木层对灌木层受光的影响。因此，实践中若要成功实现复层植物群落建设应该考虑树冠透光系数。树冠透光系数（transmission coefficient）是树冠底层日照辐射量（the underling solar radiation）与全日照辐射量（the total solar radiation）之比，是无量纲常数，用于表示树冠遮蔽日照的强度。

$$T = \frac{Sun_{underling}}{Sun_{total}},\qquad(6\text{-}1)$$

其中，T 为树冠透光系数，$Sun_{underling}$ 为树冠底层日照辐射量，Sun_{total} 为全日照辐射量。树冠透光系数的大小与树种、树龄及个体差异均有关系，T 的值应介于 0 与 1 之间变化（$0 \leq T < 1$）。

若要准确描述不同树冠（树种、树龄）之间的 T 值，可将数码产品垂直放置于树冠之下，取不同树冠的大量图像数据，采用技术手段提取图像特征数据，并取均值即可实现。

6.4.1.2　日照辐射模型

景观植物具有多样化的生长和开花习性，日照辐射模型应针对性地描述这些差异。对落叶景观植物来说，植物旺盛生长的春季、夏季及早秋阶段对日照辐射的需求最为关键，而冬季的日照辐射大小对其影响较弱。常绿植物具有较长的生长时期，全年的日照辐射对其生长发育均有重要影响。为此，根据景观植物的这些生理、生态习性，结合 ArcGIS 日照辐射模拟特点，设计了 4 种日照辐射模型用于解决这些现实问题。一年四季根据不同实践目的有不同的划分方法，本书采用"二分二至"划分的日期间隔方法，即"春分、秋分、夏至和冬至"。

对于常绿景观植物，采用以下日照辐射模型：

$$S_{con} = \int_{1}^{365} A_{sol}(t) S_{int}(t) \mathrm{d}t \text{。} \tag{6-2}$$

对于落叶景观植物，采用以下日照辐射模型：

$$S_{con} = \int_{80}^{266} A_{sol}(t) S_{int}(t) \mathrm{d}t \text{。} \tag{6-3}$$

当景观植物具有开花习性，且对光周期敏感时，存在 4 种情况。

①若该植物为常绿，且开花习性为长日型，采用以下模型：当 S_{con} 符合该植物日照辐射需求时［式（6-2）］，日照时数 S_{dur} 可以使用以下模型计算：

$$S_{dur} = \frac{\sum_{i=1}^{n}(S_{dur.1} + S_{dur.2} + \cdots S_{dur.n})}{N},$$
$$\text{且 "} S_{dur} \geqslant 12 \text{"。} \tag{6-4}$$

②若该植物为落叶或一、二年生植物时，且开花习性为长日型，采用以下模型：当 S_{con} 满足该植物的日照辐射需求时［式（6-3）］，且 " $S_{dur} \geqslant 12$ "。

③若该植物为常绿，且开花习性为短日型，应采用以下模型：当 S_{con} 满足该植物的日照辐射需求时［式（6-2）］，且 " $S_{dur} < 12$ "。

④若该植物为落叶或一、二年生植物时，且开花习性为短日型，应采用以下模型：当 S_{con} 满足该植物的日照辐射需求时［式（6-3）］，且 " $S_{dur} < 12$ "。

以上日照辐射模型的表达，概括了所有景观植物类型。若植物是特殊植物类型，并具有特殊的生理习性时，应综合考虑日照辐射模型的适用性，并在模型库中选择合适的模型应用于实践。

6.4.1.3　植物群落模型

自然界未受干扰（自然因素或人为因素）的植物群落呈现一定的分布规律，在群落演替上也有章可循。根据自然群落演替理论及植物日照需求特性，研究开发了不同日照辐射等级下的植物群落类型，并以华中地区常用植物种类作为物种组成。日照辐射（ Y ）从 Ⅰ 至 Ⅴ 划分为 5 个辐射等级，对应植物群落（ X ）类型从 SL_1_1 至 SdL_2_10 共计 100 种植物群落类型，按照植物群落随日照辐射等级变化的映射（ f ）（mapping），可表示为以下关系：

$$f = X \rightarrow Y, \tag{6-5}$$

其中，$X \in \{SL\_1\_1、SL\_1\_2、\cdots、SdL\_2\_10\}$；$Y \in \{$ Ⅰ、Ⅱ、Ⅲ、Ⅳ、Ⅴ $\}$。X 为植物群落类型，数

量上可为 1 种至多种；日照辐射等级 Y 可为 5 个等级中的任何一种。按照映射关系，植物群落种类与日照辐射等级存在对应的映射关系。日照辐射以研究区域经纬度理论值（辐射模型方法）加以气象记录数据（仪器测定或气象部门提供）校正为准。

6.4.1.4　植物选择模型

储存于数据库中的景观植物设置有多种属性，通过数据检索和数据库管理可以满足实践需求。DSS 方法下通过设计检索逻辑模型，可以将这些操作过程简化，实现 GUI 环境中的简单操作，方便非技术人员的应用。信息检索（IR）采用布尔模型（Boolean model），用于植物种类的检索和查询。布尔模型具有结构简单、形式简洁等众多优点，将布尔表达的方式与数据属性相匹配，若匹配成功则显示为"1"，不匹配则显示为"0"。布尔检索的主要检索算法有"and""or""exclusive or""not"。

"and"功能表示相关的两个或多个波尔变量时，如果所有变量均为"1"，则结果为"1"，若多个变量中有一个为"0"，则结果为"0"；"or"功能表示两个或多个变量时，若其中一个变量为"1"，则结果为"1"，若所有变量均为"0"时，结果才为"0"；"exclusive or"功能是，当执行多个布尔变量运算时，只有一个变量为"1"，其余变量均为"0"，结果才为"1"，其他条件则结果均为"0"；"not"运算表示，若一个变量为"1"，检索结果均为"0"。

通过以上检索逻辑，可以将景观植物按照应用需求，设置相应的数据属性。将数据属性的结构设置与检索形式相匹配，最后形成预置模型储存。根据日照辐射对景观植物的基础限制，并结合实践中植物发挥的生态、景观功能，将数据库中的景观植物属性分为 17 类，涵盖了物种名称、植物类型、观赏特点、形态特征、生态作用、日照需求习性、开花和结实习性等（表 6-1）。

表 6-1　景观植物数据的主要检索属性

ID	类型	属性			
1	中文名	商品名	学名	其他名称	
2	拉丁名	国际种名			
3	科	科名			
4	属	属名			
5	植物类型	乔木	灌木	地被	
6	落叶习性	常绿	落叶	一年生和二年生	多年生
7	开花习性	长日照	中日照	短日照	
8	叶形	针叶	阔叶		
9	果和种子	是	否		
10	日照需求	Sun-L	Sun-T	Sun-N	Shade-T	Shade-L

ID	类型	属性			
11	透光系数 (T)	$0 \leq T < 0.2$	$0.2 \leq T < 0.4$		$0.4 \leq T$
12	易过敏	是	否		
13	分布区域	湖北、四川、湖南、江西和其他省（区、市）			
14	抗污染性	是	否		
15	气味	是	否		
16	飞絮	是	否		
17	观赏特性	叶	花	果	形状	干

不同绿化区域或场地对景观植物的要求不尽相同，这也要求对植物属性的检索要有差异，这样才能满足实际需求。为实现这些需求，本书预设了相关植物选择模型，这些植物选择模型主要用于：一般城镇场地绿化、城镇场地复层植物结构绿化、具有建筑及地形区域绿化、游憩休闲区绿化、道路及其他污染区域绿化、居住区绿化及鸟类与其他生物多样性保护区绿化等七大类常见绿化类型。

①一般城镇场地植物造景时，景观植物选择不受植物类型限制、不受日照辐射需求限制、不受观赏特征限制，仅受地区分布限制的植物选择模型主要有：

模型 1　Plant_type ='tree' OR Plant_type = 'shrub' OR Plant_type = 'Annual & biennial' OR Plant_type = 'Perennial'

模型 2　Sunshine_requirement = 'Sun-L' OR Sunshine_requirement = 'Sun-T' OR Sunshine_requirement = 'Sun-N' OR Sunshine_requirement = 'Shade-T' OR Sunshine_requirement = 'Shade-L'

模型 3　Distribution_area = 'Hubei' OR Distribution_area = 'Jiangxi' OR Distribution_area = 'Hunan'

模型 4　Leaf_shape ='Conifer' OR Leaf_shape ='Broadleaf'

模型 5　Ornamental_features = 'Leaf ' OR Ornamental_features = 'Flower ' OR Ornamental_features ='Fruit' OR Ornamental_features = 'Shape' OR Ornamental_features = 'Trunk'

②与普通场地绿化相比，复层群落植物应用绿化时还应关注乔木层、灌木层和地被层之间的日照需求习性，下层植物选择还应结合上层植物的透光系数。这些模型为：

模型 1（乔木为落叶植物，且树冠透光系数 ≥ 0.4，灌木的选择模型）

Deciduous_habit = 'Deciduous' AND Transmission_coefficient__T >=0.4 AND Plant_type = 'Shrub' AND （Sunshine_requirement = 'Sun-T' OR Sunshine_requirement = 'Sun-N' OR Sunshine_requirement = 'Shade-T'OR Sunshine_requirement = 'Shade-L'）

模型 2（乔木为落叶植物，且树冠透光系数 ≥ 0.4，地被植物的选择模型）

Deciduous_habit = 'Deciduous' AND Transmission_coefficient__T >=0.4 AND Plant_type = 'Annual & biennial' OR Plant_type = 'Perennial' Sunshine_requirement = 'Sun-N' OR Sunshine_ requirement = 'Shade-T' OR Sunshine_requirement = 'Shade-L'

模型3（乔木树冠的透光系数 < 0.4，灌木植物的选择模型）

Transmission_coefficient__T <0.4 AND Plant_type = 'Shrub' AND Sunshine_requirement = 'Shade-T' OR Sunshine_requirement = 'Shade-L'

模型4（乔木树冠透光系数 < 0.4，地被植物的选择模型）

Transmission_coefficient__T <0.4 AND Plant_type = 'Annual & biennial' OR Plant_type = 'Perennial' AND Sunshine_requirement = 'Shade-T' OR Sunshine_requirement = 'Shade-L'

模型5（乔木为常绿植物，且树冠透光系数 < 0.2，灌木的选择模型）

Deciduous_habit = 'Evergreen' AND Transmission_coefficient__T <0.2 AND Plant_type = 'Shrub' AND Sunshine_requirement = 'Shade-L'

模型6（乔木为常绿植物，且树冠透光系数 < 0.2，地被植物的选择模型）

Deciduous_habit = 'Evergreen' AND Transmission_coefficient__T <0.2 AND Plant_type = 'Annual & biennial' OR Plant_type = 'Perennial' AND Sunshine_requirement = 'Shade-L'

模型7（灌木的树冠透光系数 ≥ 0.4，地被植物的选择模型）

Plant_type = 'Shrub' AND（Transmission_coefficient__T >=0.4）OR（Plant_type = 'Annual & biennial' OR Plant_type = 'Perennial'）AND（Sunshine_requirement = 'Shade-T' OR Sunshine_requirement = 'Shade-L'）

③具有建筑及地形的建成区域绿化时，将考虑植物种植区域的日照辐射等级，这些模型为：

模型1（当种植区域日照辐射为Ⅰ级时，乔木的选择模型）

Plant_type = 'Tree' AND（Sunshine_requirement = 'Sun-L' OR Sunshine_requirement = 'Sun-T'）

模型2（当种植区域日照辐射为Ⅰ级时，灌木的选择模型）

Plant_type = 'Shrub' AND（Sunshine_requirement = 'Sun-L' OR Sunshine_requirement = 'Sun-T'）

模型3（当种植区域日照辐射为Ⅰ级时，地被植物的选择模型）

Plant_type = 'Annual & biennial' OR Plant_type = 'Perennial' AND（Sunshine_requirement = 'Sun-L' OR Sunshine_requirement = 'Sun-T'）

模型4（当种植区域日照辐射为Ⅱ级时，乔木的选择模型）

Plant_type = 'Tree' AND（Sunshine_requirement = 'Sun-T' OR Sunshine_requirement = 'Sun-N'）

模型5（当种植区域日辐射为级Ⅱ时，灌木的选择模型）

Plant_type = 'Shrub' AND（Sunshine_requirement = 'Sun-T' OR Sunshine_requirement = 'Sun-N'）

模型6（当种植区域日照辐射为Ⅱ级时，地被植物的选择模型）

（Plant_type = 'Annual & biennial' OR Plant_type = 'Perennial'）AND（Sunshine_ requirement = 'Sun-T' OR Sunshine_requirement = 'Sun-N' OR Sunshine_requirement = 'Shade-T'）

模型 7（当种植区域的日照辐射等级为Ⅲ级时，乔木的选择模型）

Plant_type = 'Tree' AND（Sunshine_requirement = 'Sun-N' OR Sunshine_requirement = 'Shade-T'）

模型 8（当种植区域的日照辐射水平为Ⅲ级时，灌木的选择模型）

Plant_type = 'Shrub' AND（Sunshine_requirement = 'Sun-N' OR Sunshine_requirement = 'Shade-T' OR Sunshine_requirement = 'Shade-L'）

模型 9（当种植区域的日照辐射等级为Ⅲ级时，地被植物的选择模型）

（Plant_type = 'Annual & biennial' OR Plant_type = 'Perennial'）AND（Sunshine_requirement = 'Sun-N' OR Sunshine_requirement = 'Shade-T' OR Sunshine_requirement = 'Shade-L'）

模型 10（当植物种植区域的日照辐射水平为Ⅳ级时，乔木的选择模型）

Plant_type = 'Tree' AND（Sunshine_requirement = 'Shade-T' OR Sunshine_requirement = 'Shade-L'）

模型 11（当植物种植区域的日照辐射等级为Ⅳ级时，灌木的选择模型）

Plant_type = 'Shrub' AND（Sunshine_requirement = 'Shade-T' OR Sunshine_requirement = 'Shade-L'）

模型 12（当植物种植区域的日照辐射等级为Ⅳ级时，地被植物的选择模型）（Plant_type = 'Annual & biennial' OR Plant_type = 'Perennial'）AND Sunshine_requirement ='Shade-L'

模型 13（当种植区域的日照辐射等级为Ⅴ级时，乔木的选择模型）

Plant_type = 'Tree' AND Sunshine_requirement = 'Shade-L'

模型 14（当种植区域的日照辐射等级为Ⅴ级时，灌木的选择模型）

Plant_type = 'Shrub' AND Sunshine_requirement = 'Shade-L'

模型 15（当植物种植区域的日照辐射水平为Ⅴ级时，地被植物的选择模型）（Plant_type = 'Annual & biennial' OR Plant_type = 'Perennial'）AND Sunshine_requirement = 'Shade-L'

④休闲游憩区域进行植物造景或绿化时，可以根据植物类型、落叶习性及观赏价值等属性特征预设为植物选择模型，主要有：

模型 1（休闲游憩区域种植，按照植物类型的选择模型）

Plant_type = 'Tree' OR Plant_type = 'Shrub' OR Plant_type = 'Annual & biennial' OR Plant_type = 'Perennial'

模型 2（休闲游憩区种植植物时，按照落叶习性的植物选择模型）

Deciduous_habit = 'Evergreen' OR Deciduous_habit = 'Deciduous'

模型 3（休闲游憩区种植植物时，按照观赏价值的植物选择模型）

Ornamental_features ='Leaf' OR Ornamental_features = 'Flower' OR Ornamental_features = 'Fruit' OR Ornamental_features = 'Shape' OR Ornamental_features = 'Trunk'

⑤道路或其他污染防护区域植物选择与应用时，应考虑到植物的抗污染能力，以及植物对污染物质吸附与过滤的能力，这些植物选择模型主要是：

模型 1（污染防护区，按照植物抗污染特征的选择模型）

（Plant_type = 'Tree' OR Plant_type = 'Shrub' OR Plant_type = 'Annual & biennial' OR Plant_type = 'Perennial'）AND Anti_pollution_habit = 'YES'

模型 2（污染防护区，按照阔叶、常绿等污染防护特征的植物选择模型）

Leaf_shape = 'Broadleaf' OR Deciduous_habit = 'Evergreen'

⑥居住区植物造景与选择时，应考虑到植物对居民的身心健康影响，避免使用易致敏、飞絮污染及具有不良气味的植物，主要植物选择模型为：

模型 1（居住区绿化时，按照致敏性、特殊气味、飞絮污染等限制特征的植物选择模型）

（Plant_type = 'Tree' OR Plant_type = 'Shrub' OR Plant_type = 'Annual & biennial' OR Plant_type = 'Perennial'）AND（Induced_anaphylactic = 'NO' OR Special_smell = 'NO' OR Flying_catkins = 'NO'）

⑦以鸟类保护及其他生态多样性保护为目的的区域绿化时，主要考虑增加植物种类和数量，增加供昆虫、鸟类及其他动物觅食、栖息、活动等基本需求的植物种类，预设模型主要有：

模型 1（以增加植物种类绝对数量的植物选择模型）

Plant_type = 'Tree' OR Plant_type = 'Shrub' OR Plant_type = 'Annual & biennial' OR Plant_type = 'Perennial'

模型 2（以开花、结果或结实供昆虫、鸟类觅食为特征的植物选择模型）

Fruit_and_seed = 'YES' OR Ornamental_features = '观花'

模型 3（以吸引鸟类栖息为特征的，植物选择模型）

（Plant_type = 'Tree' OR Plant_type 'Shrub'）AND Transmission_coefficient__T <0.4

模型 4（以地面活动、地面觅食等特征，用于吸引昆虫、鸟类为出发点的植物选择模型）

（Plant_type = 'Annual & biennial' OR Plant_type = 'Perennial'）AND（Fruit_and_seed = 'YES' OR Ornamental_features = 'Flower' OR Ornamental_features = 'Fruit'）

6.4.2　数据库管理系统

数据库管理系统（DBMS）是一个生成、编辑和管理数据库的计算机软件，其能为用户和编程人员提供一个系统的生成数据、编辑数据、升级数据、检索数据及管理数据的工具。国际比较著名的供应商如富士通、惠普、IBM、日立、微软、甲骨文及 SAS 研究所等，都推出了比较优秀的商业化 DBMS 软件，其中市场占有份额较大的主要是甲骨文（40.8%）、IBM（29.4%）及微软（14.9%）。对 DBMS 的选择，应根据数据大小、数据结构及实际需求，才能发挥数据库的实际价值。

本书中，基础数据主要包含建筑、道路、水体、地形及植物信息数据，从数据类型上划分，既包括图形数据也涉及属性数据。考虑到需要利用建筑、地形数据进行相关模拟与分析，DBMS 应能够满足相关需求，且相关数据还需要一定的转化操作。根据这些需求分析，选择基于 GIS 平台的数据管理系统结合 MS Excel 数据表，即可实现较为高效的对数据库中的数据进行读取、编辑、更新和管理等操作（图 6-2）。

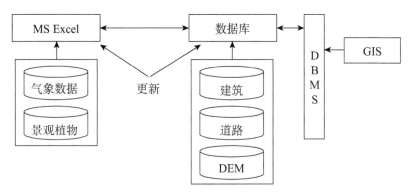

图 6-2　数据库管理系统（DBMS）结构

今后，若 UP-DSS 技术成为风景园林企业中的应用趋势，且使用用户在一直增加，以数据库驱动的管理系统也可以借助企业级数据库（enterprise database），实现不同部门、不同企业之间的多用户同步操作。该方法是借助 ArcSDE（ESRI）和 SQL Server 实现共同管理，通常数据库较大，且通常采用将其储存客户端或服务器的方式。现阶段，由于普通实践者多属于单机用户，牵涉的数据量通常也较小，数据以计算机硬盘储存为主。

6.4.3　知识库管理系统

知识库管理系统（knowledge base management system，KBMS）是一个有效的利用知识库，方便、快捷地解决现实复杂问题的计算机系统。KBMS 是通过一种分类、规则的工具，这有别于传统计算机程序的编码方式。KBMS 有两个亚系统，分别为知识库（knowledge base）和推论引擎（inference engine）（图 6-3）。知识库以本体的形式描述客观世界，推论引擎是描述客观世界的逻辑判断和条件，常以 IF-THEN 的规则表示。

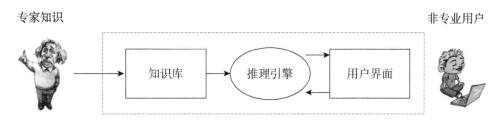

图 6-3　KBMS 的组成和工作路径

将现有的资料、文件、文献、图片、视频、图纸及其他实践经验等知识储存于知识库，景观设计人员通过操作页面，借助推论引擎检索已有相关知识辅助实践工作是 KBMS 所发挥的主要作用。

景观规划、设计整个进程中，需借助前期的调研资料如现场照片、视频，基底管网、水电、给排水等基础设施图纸与材料、传统文化与城市文化调研等。中期也需要经历概念性规划、总体规划、详细性规划、局部及节点、施工设计，后期工程进度的组织、施工材料管理、竣工资料整理等。这些"知识"或"数据"的管理是一个较大的工作量，KBMS可以满足这类需求。

针对景观植物选择与配置决策支持系统，KBMS是一个比较为重要的子系统，本书主要管理以下与景观植物相关的"知识"内容：

（1）景观植物图片

主要与植物数据中的植物相对应，采集所有景观植物的自然植株照片，包括整体、树干、枝条、叶片、季相，并记录拍摄地点和时间等属性信息。

（2）景观植物病虫害防治知识

景观植物病虫害是造成其观赏价值下降的主要因素，同时也会增加经济和人力成本。将病虫害种类及防治方法等知识储存在知识库中，植物养护人员可针对性地采取病虫害防治措施。

（3）土壤类型及其辨别知识

不同的土壤类型会引起其肥力的差异，土壤类型及识别知识可以帮助植物设计人员、植物养护人员针对性地解决因土壤类型不适应引起的植物生长问题。在场地调研阶段，土壤类型及其辨别知识也可以作为确定景观植物类型的重要参考。

（4）树木修剪及整形相关知识

对于城镇区域绿化，树木整形修剪是较为常见的维护植物景观及发挥植物功能的重要措施。景观植物种植营建时，为减少植物体水分损失，增加植物成活率，也常采用"疏枝""去叶"手法及"涂抹枝干"伤口等。在实践中，树木整形、修剪已经积累了较为丰富的经验知识，可以以"文献"的形式储存于知识库中。

（5）肥料类型及施肥知识

植物的生长不仅需要水分、光照及保持一定的温度区间，而且需要大量的营养元素，肥料将成为提供植物必需的营养物质、改善植物根系土壤环境理化性质的一种有效手段。市场上销售的肥料种类和名称众多，不同肥料的施肥方式与方法也多种多样。为此，本书也将其作为保障植物成活与生长的重要知识，储存于KBMS的知识库中。

（6）草坪机械及修剪知识

主要针对草坪草的种植、维护、管理等，可收录相关机械、器材的使用说明书及使用方法和技巧等知识，可用于植物种植施工人员和后期植物养护人员的参考材料。储存形式主要是文字、图片及视频连接等多种形式。

目前，商业化的知识库管理软件较多，根据美国Capterra商业软件网络公司对KBMS用户的统计显示，eXo Platform、Zendesk、Bitrix24、ExploreGate LMS及Novo知识库管理软件在北美商业软件用户群中较为知名（http://www.capterra.com/knowledge-management-software/）。对于单机用户来说，选择免费的试用版即可满足需要。而业务范围较广、业务量较大的大型景观企业，也可以购买较为专业的知识库管理软件。

6.4.4　结果与输出管理

基于日照需求习性的 UP-DSS 主要用于植物种植场地的日照条件分析与评价、景观植物数据库的维护与更新，可以根据预置模型的选取生成分析图、数据表、分析报告等决策材料，用于辅助景观植物选择与配置，也可以服务于景观植物后期管理与养护工作。该系统在结果与输出管理上，主要将分析结果根据保存路径生成电子文档（如保存成 ".PDF" 格式、".doc" 格式、".xls" 格式、".JPG" 格式、".AVI" 格式等），或通过打印机生成纸质文档，也可以采用虚拟现实技术（VR）制作成动态 3D 视频材料。

6.4.5　系统维护与更新

本书所设计的 UP-DSS 为基于 GIS 和决策支持理念的原型系统，系统基本构架已初步形成，在后期需要测试已设置的模型，通过众多绿化实践项目校正模型并逐渐完善模型库。植物数据库方面，本研究主要针对华中地区城镇建成区域的景观植物选择与配置实践，因此，景观植物种类和类型主要以华中区域的乡土植物或已经引种且生长良好的外来物种为主。为使本书所探讨的 UP-DSS 具有更广泛的应用，需要增加不同经纬度或具有不同区域特征的植物种类和类型，用于扩充本系统景观植物数据库。

6.5　UP-DSS 的 GUI 设计

图形用户界面（graphical user interface，GUI）是一种计算机程序接口，允许用户通过图形图标和可视化的指示符号，使用键盘鼠标键入控制标签或文字导航，执行相关程序或命令的互动界面。GUI 最常见的组成要素主要有窗口（window）、图标（ion）、菜单（menu）、指示设备（pointing device）等，也可简称为 "WIMP"。

GUI 作为计算机接口，为用户提供了一个友好的操作平台，可以使非计算机专业人士便利地使用相关技术与模型，通过一种输入方式操控各种系统，在窗口中实现信息组织与综合图标表达。

6.5.1　基于 MATLAB 的 GUI 设计方法

对于 GUI 的编写，目前程序人员可以采用多种编汇语言，如 Java、C++、C#、VB 等众多计算机编程语言，完成 GUI 的编写需要有一定基础的程序人员。MATLAB 是美国 MathWorks 公司推出的用于数据分析、数值模拟、数据可视化及算法开发与编程的高级计算语言，该软件提供友好的交互环境，能够使应用者较快地掌握其应用方法。目前，已有许多基于 MATLAB 编程语言的 GUI 设计应用于各类实践。MATLAB 软件对 GUI 设计的支持主要通过 GUIDE（GUI Design Environment）工具实现，该工具允许用户创造或编辑已经存在 GUI。MATLAB 的版本较多，新版本相对以往版本功能更强也更友好，本书采用 MATLAB R2014a 作为 GUI 设计的主要工具。

在 MATLAB 中创造或编辑 GUI 的方法主要有两种：第一种是在打开的 MATLAB 软件命令窗口中，输入命令：fx > > "guide"，选择新建 GUI 或者打开现有的 GUI；第二种方法是通过鼠标操作，在 MATLAB 界面的主菜单中选择"New"→"GUI"，选择"Create new GUI"或者"Open existing GUI"生成 GUI 编辑窗口（图 6-4）。

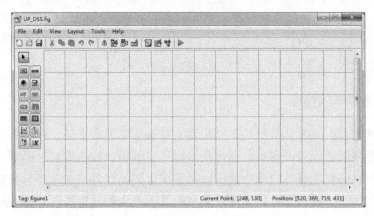

图 6-4　MATLAB 编程语言中的 GUI 设计窗口

6.5.2　基于 MATLAB 的 GUI 设计过程

使用 MATLAB 设计 GUI 的过程可以分为结构设计和功能设计，前者主要是根据 GUI 所要实现的功能要求，使用 GUIDE 环境中提供的工具设计菜单与控件等界面要素。GUI 的功能设计则要相对复杂且耗时，主要是使面板中控件具有动态功能，可分别对面板中的控件进行右击鼠标，选择查看回调"Callback"进行编码，如 function listbox1_Callback（hObject, eventdata, handles）。

本书利用 MATLAB 工具设计 GUI 的过程主要采取以下步骤：

（1）GUI 的总体构思

本书所设计的 GUI，主要服务于风景园林实践活动中景观植物的选择与植物群落配置。因此，在 GUI 设计中主要考虑了景观设计师对景观植物的选择特点和方式，该功能主要设计生态功能（eco-functions）、植物类型（plant types）、观赏特征（landscape features）三大类，共计 16 种选项。设计人员可以根据需求和植物的服务功能，筛选适宜的植物类型和种类。

日照条件（sunshine conditions）面板框中，主要设计了日照强度（sunshine intensity）、日照时数（sunshine duration）、综合日照辐射（comprehensive solar radiation-3D）等输入或显示功能窗口，可用于载入基于 GIS 日照辐射模型生成的日照辐射分析结果，人为"放大"或"缩小"想要进行植物种植的区域，可以调节日照时数和日照强度，观察智能化生成的植物类型和群落类型的变化特点。在综合日照辐射框中，也可以 3D 显示整体日照辐射特点。

在结果输出（output）框中，主要设计了适应性景观植物生成结果或适应性植物群落生成结果，这些结果是基于设计人员的选项（options）和选定的日照条件（sunshine conditions），因此，具有高效性、智能性等特点。

GUI 的主要功能按钮考虑到设计师的使用习惯和友好性，设计了输入（input）、运行（running）、日照辐射结果（result 1）、植物种类和类型检索结果（result 2）、关闭（close）及帮助（help）等 6 种常用按钮。

（2）GUI 的控件设计及属性

在 MATLAB 环境中，通过选择或拖拽方式生成控件，并设置相关控件属性。本研究所设计的 GUI 控件主要包含 10 个按钮、16 个复选框、2 个轴、14 个静态文本、3 个按钮组、5 个框、2 个表，共计控件 52 个。

通过双击或右键控件，可以设置各个控件的属性，主要可以设置背景颜色（background color）、字体大小（font size）及艺术效果（font angle/font weight）及控件名称（string）等属性。该控件可根据实践需求进行增减调整，可以在 GUI 窗口艺术效果上增加更多可选择性。

（3）GUI 的工具栏设计

通过选择"工具栏编辑器"，设计 UP-DSS 界面的工具栏。本书主要设置了打开（open）、新建（new）、打印机（print）、保存（save）、放大（zoom in）、缩小（zoom out）、平移（pan）、数据游标（data cursor）、颜色栏（color bar）、图例（legend）及切换工具（toggle tool）等。

（4）GUI 的执行代码设计

在 MATLAB 环境中，选择控件的回调函数（callback），设计相关代码。在保存和运行图形，可以自动生成 GUI 的初始代码，根据控件的实际需求输入相关函数代码及执行代码，最终生成".m 文件"".fig 文件"。

（5）GUI 的可执行文件（.exe）设计

为了能够独立运行由 MATLAB 生成的".m 文件"".fig 文件"，可以将二者打包成独立的可执行文件（.exe）。为实现这一目的，本书通过安装编译器（MATLAB complier）的方法，在 MATLAB 中生成可执行文件。另外，也可以通过将 MATLAB 生成的代码文件转化为 C++ 程序，通过编译的方式生成可执行文件。在实践中可以安装该程序及所需支持语言，可以通过读取日照分析图便利的检索适应的植物类型及其群落（图 6-5）。本书所设计的 UP-DSS 需要结合 GIS 的日照分析使用，也可以配合其他日照分析软件使用。

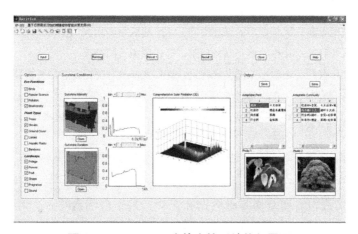

图 6-5　UP-DSS 决策支持系统执行界面

6.6　景观植物适应性规划与布局

对于建成区域的植物绿化工作，不应仅由设计师的偏好选择植物种类、类型及群落结构，还应关注气候条件、土壤条件等。人为干扰的植物种植区域中，土壤条件已经不是现在植物选择的决定因素，而建筑的高度与布局影响下的日照发生了较为剧烈的变化，而日照辐射的空间分布也较难通过经验进行分析和判断。在此种情况下，通过本书设计的 UP-DSS 可以便利地解决这种难题。本节内容是采用 GIS 技术和 UP-DSS 程序，对研究区域的景观植物进行适应性规划与布局，用于展示该方法的实践性能。

6.6.1　原则

景观植物规划是风景园林领域中一个重要理论和实践内容，景观植物是具有生命特征的艺术要素，这将是风景园林艺术区别于其他艺术形式的主要表现。传统的景观植物规划，提倡应遵循美学原则和生态原则。美学原则为风景园林的艺术性，生态原则是风景园林的科学性。然而，实践过程中却存在两种问题倾向：第一，多以艺术为主要原则，表现为景观植物色彩、质地及形态的构图上，迎合被服务群体的审美需求；第二，生态原则多以定性的描述为主，对景观植物生长所必需的生态因子、环境因子的调查与定量分析上明显不足。

景观植物适应性规划（landscape plants adaptation planning，LPAP）方法是基于多因素的优选规划决策方法。根据当前国内外城市植物适应性选择和规划现状，本书构建了综合的规划原则和指标体系（表 6-2），可以为该研究的后续工作提供参考。

表 6-2　景观植物规划所遵循的基本原则

遵循原则		内容说明
生态	地上因子	温度；湿度；降水；日照；污染；空间等
	地下因子	土壤（温度、湿度、质地、肥力、pH）；污染；管网；空间等
	其他因素	灌溉便利度；养护力度及设施等
美学	专业审美	规划 / 设计人员以专业素养为基础形成的审美标准
	大众审美	非专业人员（景观植物的服务对象）的普适美学标准或审美倾向
社会	绿地类型	根据不同绿地类型，突出绿地主要功能
	服务对象	根据不同服务对象，综合覆盖不同需求
	文化背景	根据不同文化背景，优先选择具有美好寓意的植物种类
经济	建设成本	植物材料与施工费用
	养护成本	维护植物正常生长所需的后期投入，包括植物材料更换、修剪及其他产生的费用
	潜在效益	健康（身体、心理）服务；污染缓解（大气、土壤、噪声）；生物多样性维护等

LPAP 方法在实践中需要众多基础数据和资料，基于多因素的方法可以平衡"植物—环境—人"之间的关系，实现多种优选方案供规划 / 设计师及管理人员决策。本书所探索的是

基于植物日照需求的适应性规划决策方法，本章讨论的方法将重点依据日照辐射因子，其他因子的定量评价模型和综合计算方法将在以后的研究中讨论。

6.6.2　目标

本章所研究的植物选择和群落构建方法，主要实现的目标为：

①以景观植物的日照需求习性为依据，实现其在居住区绿化中适应性种植目标；

②以植物群落稳定性为原则，实现景观植物的可持续生长；

③以数字技术与信息技术为平台，实现景观植物的自动选择和智能配置，提高规划设计人员的工作效率和成果的科学性。

6.6.3　总体规划与布局

城镇建成区域中的景观植物选择与植物规划工作，应该根据具体环境条件"因地制宜"，在建筑的影响下日照条件的限制具有共性，而土壤、水分或其他病虫害等因子反而可以通过"客土、灌溉、养护"等措施予以解决。为此，本小节对景观植物规划与布局的研究，仅仅是依据日照因子的差异，其他生态因子的模拟与评价及艺术手法的运用将在今后的研究中探讨。

采用本书的日照模拟方法，结合研究区域的日照辐射水平，通过实测和气象数据对模拟系数进行校正。数据使用方面，主要使用了本书建立的景观植物数据库、研究区域的建筑数据库、武汉市气象数据和实地调查数据等。

系统根据参数、数据的输入和模型设置，自动生成了基于日照辐射差异的景观植物适应性规划与布局图（图 6-6），该规划主要划分了强阳性植物种植区（Sun-L）、阳性植物种植区（Sun-T）、中性植物种植区（Sun-N）、耐阴植物种植区（Shade-T）和喜阴植物种植区（Shade-L）。

系统对植物数据库的检索显示（图 6-7）：乔木植物共 103 种，其中强阳性植物有 17 种，阳性植物有 62 种，中性植物有 11 种，耐阴植物有 9 种，喜阴植物有 4 种；灌木植物共 63 种，其中强阳性植物有 4 种，阳性植物有 34 种，中性植物 6 种，耐阴植物 12 种及喜阴植物 7 种。另外，地被植物共 58 种，藤本、竹类、棕榈类分别为 8 种、6 种、6 种。若从生物多样性保护出发，植物种类只要能够适应种植区域的生态环境，其应用数量越多越好。植物的多样性将吸引更多将其作为寄主的哺乳动物及其他生物，同时也会形成景观的多样性，从而增加植物景观吸引力，发挥生态防护及科普教育作用。

外来物种入侵也是一个现实问题，对于 r 对策（种群生态学中的概念）的植物，特别是具有风媒、虫媒、水媒等传播途径的植物种类应特别关注。乔木和灌木因生命周期长，生长区域易被人为控制，具有较低风险。本书所采用的植物种类，均为已在我国商品化繁殖并推广的植物，因此可以避免生态入侵的可能性。多数园艺植物选育方面的专家建议，城镇植物选择与规划应主要使用乡土植物，从而可以降低建设成本，并突出地域景观。但乡土植物应用过多同样会造成景观的同质性，不利于景观多样性的形成。本书提倡的理念是，植物种类的选择与群落构建应采用科学的分析与决策手段，在此基础上发挥艺术与文化的支配作用。

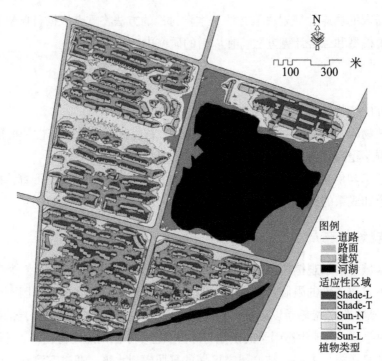

图 6-6　基于日照需求的景观植物适应性规划

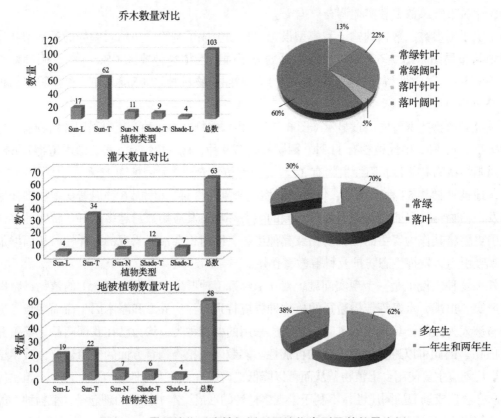

图 6-7　景观植物适应性规划所用植物类型及其数量比例

根据景观植物众多的观赏价值，如观叶、观形、观花、观干等，具有开花习性的植物最受景观服务对象喜爱。因此，景观设计师向来都非常重视开花植物的应用与布局。多数植物的开花习性与日照时数密切相关，特别是对日照时数敏感的草本植物。而木本植物特别是高大乔木，更多的是发挥其生态价值。为达到开花植物的适应性选择与种植这一理想状态，对研究区域的日照时数特征进行模拟和分析，最终，系统实现了开花植物的适应性规划（图6-8）。

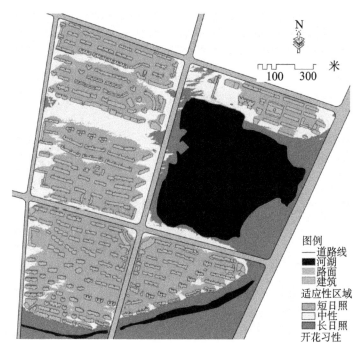

图 6-8　基于开花植物的适应性规划

同一地点的日照时数在一年中具有较大的变化幅度，对该项进行模拟分析时，长日照植物的规划布局主要依据春季和夏季的日照时数，而短日照植物的规划布局则应依据秋季和冬季的日照时数。对于日照时数不敏感的中性植物，在规划时可依据的日照时数介于短日照植物和长日照植物之间。此外，日照时数不敏感的植物种植范围更广，特别是日照时数较长的种植区域。因此，长日照植物适应的种植区中性植物同样适应，短日照种植区则要考虑日照辐射强度是否能够满足该植物的日照需求。

本书探讨的方法，可为实践者提供基础的分析，高效、快速、科学地为规划设计区域的植物选择与配置提供决策。景观植物在场地规划与设计过程中仅为一个要素，另外还需要考虑建筑、道路、广场等其他基础设施。景观要素的增多压缩了植物种植空间，特别是一些硬质景观。实践中，可以通过 GIS 空间分析方法，将景观要素各个图层裁剪或叠加，从而获取最终的植物种植区域。

6.6.4　景观植物种类选择

科学的植物规划与植物种类选择，不但能够适应种植区域的生态条件，而且能够反映地域文化及景观识别性。本书从城镇居住小区尺度出发，将研究区域中应用的植物种类分为骨干树种、基调树种及普通树种。在植物的特殊生态功能上，又详细研究了滨水休闲绿地（绿道）、生物多样性保护、污染防护及基础绿化所使用植物的特点与差异。对不同定位的植物规划区域，在植物的选择与应用上，体现了对植物所发挥生态功能的针对性。

植物具有常绿和落叶两种习性，植物利用日照辐射主要是通过叶片光合进行，日照辐射对花芽、枝条及幼树的安全越冬都非常重要。因此，为了科学分析景观植物对日照辐射的利用，将日照辐射模拟时间与景观植物的生长周期相匹配。日照辐射对所有景观植物同等重要，而日照时数仅对开花植物（日照敏感型）有影响。采用日照综合评价模型［式（5-1）］及日照辐射综合评价等级（表5-6），结合基于 GIS 和 MS Excel 的数据库，结合 UP-DSS 系统对研究区域的景观植物进行自动检索与生成（图6-9和表6-3，表6-4）。

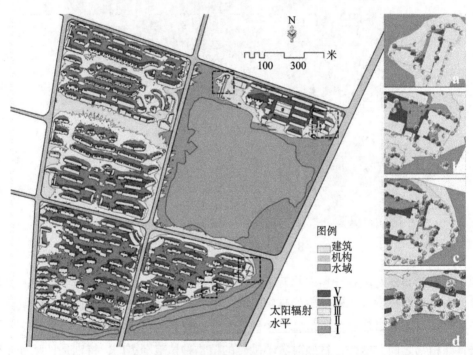

图6-9　景观植物的适应性检索与生成

表6-3　基于日照辐射适应性的景观植物选择——木本类

日照等级		植物种类（乔木/灌木）	生态功能			
			生物多样性	游憩娱乐	科普教育	污染防护
I	E	雪松、黑松、湿地松、五针松、马尾松、金合欢、火棘、扶桑等	√	√	√	√
	D	池杉、落羽杉、意杨、泡桐、白蜡树、樱花、合欢、桃树、榉树、杜仲、菊花桃、丁香、红叶碧桃、凌霄、葡萄等	√	√	√	√

续表

日照等级		植物种类（乔木/灌木）	生态功能			
			生物多样性	游憩娱乐	科普教育	污染防护
II	E	白皮松、圆柏、龙柏、沙金柏、侧柏、蜀桧、香樟树、广玉兰、木荷、红果冬青、深山含笑、阔瓣含笑、枇杷、木莲、红叶石楠、石楠、丝兰、凤尾丝兰、蚊母树、枸骨、华中枸骨、夹竹桃、南天竺、栀子花、大叶栀子、铺地柏、红花檵木、金叶女贞、大叶黄杨、银边黄杨、金边黄杨、法国冬青、小叶女贞、茶花、龟甲冬青、金丝梅、金森女贞、雀舌黄杨、佛肚竹、刚竹、凤尾竹、龟甲竹、毛竹、苏铁、加拿利海枣、老人葵、布迪椰子等	√	√	√	√
	D	金钱松、水杉、英国梧桐、榔榆、法国梧桐、青桐、核桃、枫杨、国槐、龙爪槐、垂柳、旱柳、垂榆、檫木、黄栌、梅花、栾树、银杏、香椿、臭椿、白玉兰、紫玉兰、杂交马褂木、马褂木乌桕、无患子、朴树、银雀、重阳木、喜树、南酸枣、黄连木、枫香、桑树、构树、楸树、珊瑚朴、红叶李、红花刺槐、江南桤木、黄金槐、复羽叶栾树、紫薇、紫荆、二乔玉兰、山麻杆、石榴、枣树、月季花、海棠、红瑞木、红叶李、金山绣线菊、蜡梅、连翘、木芙蓉、木槿、绣线菊、红叶小檗、迎春、龙爪榆紫藤、油麻藤、金银花、木香花等	√	√	√	√
III	E	柳杉、桂花、杜英、桢楠、乐昌含笑、醉香含笑、天竺桂、柑橘、柚子、海桐、瓜子黄杨、小叶黄杨、六月雪、大花六道木、慈孝竹等	√	√	√	√
	D	红枫、三角枫、青枫等	√	√	√	√
IV	E	罗汉松、野黄桂、黄心夜合、大叶女贞、乳源木莲、青刚栎、杨梅、杜鹃、春鹃、云南黄馨、八角金盘、胡秃子、小蜡、棕榈等	√	√	√	√
	D	五角枫、元宝枫、八仙花、棣棠、结香等	√	√	√	√
V	E	金丝桃、含笑、十大功劳、阔叶十大功劳、茶梅、洒金东瀛珊瑚、熊掌木、棕竹等	√	√	√	√
	D	红豆杉、鸡爪槭、珙桐、灯台树、常春藤、爬墙虎等	√	√	√	√

注："E"表示常绿植物（evergreen plants），"D"表示落叶植物（deciduous plants），研究中对日照模型的参数设置，依据了不同类型植物的生长周期（从发芽至落叶）。

表 6-4　基于日照辐射适应性的景观植物选择——草本类

日照等级		植物种类（annual & biennial/多年生）	生态功能			
			生物多样性	游憩娱乐	科普教育	污染防护
I	P	美人蕉、金边龙舌兰、鸢尾、黑麦草、马尼拉、景天、白三叶、佛甲草、花叶薄荷、婆婆纳、莲藕等	√	√	√	√
	A&B	百日草、彩叶草、常夏石竹、白晶菊、雏菊花、石竹、太阳花、向日葵、虞美人	√	√	√	√

日照等级		植物种类（annual & biennial/ 多年生）	生态功能			
			生物多样性	游憩娱乐	科普教育	污染防护
Ⅱ	P	金娃娃萱草、宿根福禄考、美女樱、文殊兰、夏瑾、小苍兰、萱草、狗牙根、高羊茅、马蹄金、葱兰、花叶蔓长春、花叶芦竹、芦苇、睡莲等	√	√	√	√
	A&B	瓜叶菊、金盏菊、天人菊、万寿菊、茑萝、三色堇、芍药、羽衣甘蓝、牵牛花、蜀葵等	√	√	√	√
Ⅲ	P	芭蕉、百合、风信子、佛座草、活血丹、花叶活血丹、茭白、水葱、香蒲等	√	√	√	√
	A&B	地肤	√	√	√	√
Ⅳ	P	春羽、二月兰、金边吊兰、金叶过路黄等	√	√	√	√
	A&B	大丽花、紫菀等	√	√	√	√
Ⅴ	P	肾蕨、石蒜、一叶兰、沿阶草、旱伞草等	√	√	√	√
	A&B		√	√	√	√

注：准确植物名称参考附表中对应的拉丁名称；"P"表示为多年生植物（perennials），"A & B"表示为多年生植物（annual & biennial plant）。

6.6.4.1 滨水游憩科普区

研究区域具有丰富的水资源，其中包括由南北方向的书城路、珞狮南路及东西方向的文馨街、文治街围合的南湖水域，还有沿大华社区南侧的巡司河。这些特殊的地理景观要素可以组织滨水区域的休闲游憩、科普教育及维护生态系统的良性循环。

滨水游憩科普区域（图 6-10），研究结果显示（图 6-6 和图 6-7）：该区域受建筑影响较少，是研究区域中日照辐射最好的区域，根据系统对植物自动检索可以看出，该区域是强阳性植物最佳的种植区域。常绿针叶植物中，雪松、黑松、湿地松、马尾松等可作为该区域的骨干树种；落叶植物中池杉、落羽杉也是该区域种植的首选树种。作为休闲游憩、运动健身区域，这类植物能够分泌芳香类挥发物质，对空气中多数细菌均有杀灭或抑制作用，而芳香气味也能愉悦游人。阔叶植物中，香樟、银杏、广玉兰、深山含笑、意杨、泡桐、合欢、杜仲、榉树、桃树、丁香等也较为适宜。为实现植物科普的作用，在适应日照辐射环境的前提下应适当增加植物种类或类型，增加具有"奇、异、繁、盛"等景观要素的植物以起示范。另外，对于有毒、有刺、坠物（花果、枯枝）或易污染衣物的植物，种植区域应避开主要步行道以防止伤及游人，如柚子、枣树、枸骨、夹竹桃等。

维护良好的生态系统循环需要多种措施与方法，除了保证有足够的植物绿量外，植物规划与管理上也应注意。如处理枯枝落叶上不应简单收集清理，应该保持一定的数量与厚度，这种措施可以发挥植物的地面径流调控作用，同时也可以净化水质。枯枝落叶层也是土壤动物活跃的区域，特别是蚯蚓、蛴螬、蝼蛄、线虫等植食性、腐食性的动物。这些土壤动物同时又可以丰富鸟类、地面哺乳动物的食源，从而促进了生态系统的良性物质循环。适量的湿生植物或水生植物应用不但可以点缀水面，而且还可以吸收、富集水体中 N、P 等富营养化元素及重金属物质，起到对水体自然净化的作用。本书可以选用旱伞草、莲藕、睡莲、茭白、芦苇、香蒲、水葱等营造水体景观，并促进水体生态系统的物质循环及水体生态系统的平衡。

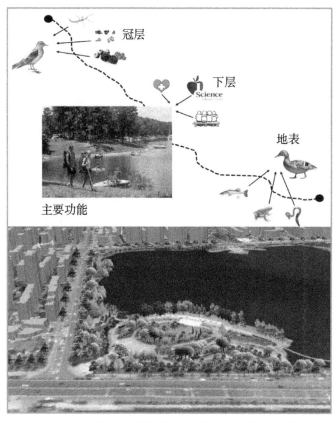

图 6-10　植物种类选择与生态功能——游憩科普区

6.6.4.2　生物多样性维护

生物多样性（biodiversity）具有宽泛的内涵，用于表示地球上生命或物种数量的变化程度，包括生态系统多样性（ecosystem diversity）、物种多样性（species diversity）及遗传多样性（genetic diversity）。自然环境中的生物多样性主要取决于日照辐射与水分的丰富程度，因此，陆地上赤道附近的生物多样性高于高纬度地区。人工环境中，除了受日照辐射和水分的影响外，人为因素也是决定生物多样性的重要因素。

城镇建成环境中的景观植物选择与规划就是维护生物多样性的一项措施。植物种类数量的增加本身就是植物物种多样性增加的表现，也有利于其他物种的增加。生物圈中的微生物、昆虫、鸟类、哺乳动物等均需要建立在以植物为代表的初级生产力之上，由此可见，植物对生物多样性的维护至关重要。对于景观服务的对象人类而言，植物多样性、鸟类多样性及其他哺乳动物多样性最具有吸引力。因此，本书中探讨的方法对生物多样性保护区域的植物选择与配置，则更多地关注鸟类和哺乳动物的多样性（图6-11）。

本书区域的生物多样性保护区域位于金地格林莱茵区和美茵区之间，东、西则由出城路和文昌路切割，形成较为独立绿色岛屿，东西边长500 m，南北边长70 m，周长达1.2 km（图6-11）。根据日照分析与植物规划（图6-6），生物多样性保护区域日照辐射类型丰富，植物种植以阳性植物为主，其次为强阳性植物、中性植物，而耐阴植物种植区主要分布在受建筑影响较大的南侧部分区域。

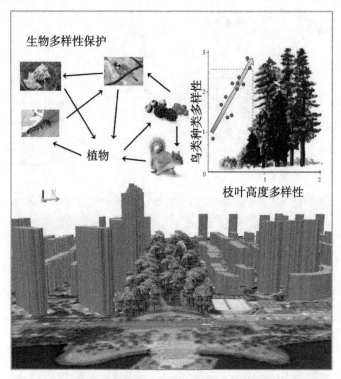

图6-11 植物种类选择与生态功能——生物多样性保护区

景观植物种类和配置方式对鸟类的吸引及其多样性的影响具有很大的相关性。早在20世纪70年代，美国宾夕法尼亚大学动物系的MacArthur就曾对美国东部佛罗里达州和巴拿马的13个植物群落进行研究，这些植物群落研究的范围从草地到成熟的落叶林，他们发现枝叶高度多样性（foliage height diversity，FHD）与鸟类物种多样性（bird species diversity）呈正相关。20世纪80年代，英国爱丁堡大学森林与自然资源系的Moss研究了林地多样性与鸣鸟种群（song-bird populations）的关系，将枝叶高度划分0~0.6 m、0.6~6 m、6~15 m和>15 m等4个高度等级，结果发现鸟类物种多样性与枝叶高度多样性（FHD）的相关性系数为0.887，鸟类物种多样性随着FHD的增加而增加，呈显著正相关。这一研究结论与学者MacArthur的研究结论相一致。

我国学者曾对北京市植物与鸟类的相关进行研究，研究结果显示城市植物种类、绿地面积与鸟类数量和多样性呈正相关。公园在城镇中是较大面积的绿地系统，具有丰富的植物种类与类型。研究发现不同类型的公园吸引鸟类的程度不同，但公园面积、灌木层厚度、草本层厚度与鸟类的数量和多样性则呈显著正相关。植物对鸟类的吸引因素主要在于植物能够为鸟类取食、构筑巢穴、活动及栖息提供环境。乔木、灌木和地被对鸟类取食、构筑巢穴、活动、栖息的影响各不相同，有研究对上海滨江森林公园的鸟类调查后发现，乔木层主要为食虫性、杂食性、植食性或肉食性鸟类提供栖息环境，乔木生产的果实或形成的种子可为植食性鸟类提供食源。食虫性、杂食性和植食性鸟类一般将地被层作为取食场所。灌木层则是植食性和食虫性鸟类的主要活动场所，同时也是杂食性鸟类取食的场所。

本次的植物选择与规划参考了国内外的相关研究，主要采用了能提高生物多样性潜力的原则和措施，最终形成该区域的植物选择与规划方案（表 6-5）。

表 6-5　基于生物多样性保护的原则、措施及植物种类的响应

原则	措施	服务生物类型				植物种类		
		鸟类	昆虫	哺乳动物	土壤生物	乔木	灌木	地被
增加 FHD	构建复层植物群落结构 选择不同树龄植物 选用不同高度植物	√	√	√	√	103 种	63 种	78 种
增加食源	采用开花、结果、结实的植物	√	√	√	√	72 种	40 种	63 种
增强色彩吸引力	采用彩叶植物、季相变化植物及开花植物	√	√	√	√	18 种	10 种	25 种
提高栖息庇护性	采用植物群落的复层结构 增加植物种植密度 采用枝密度较高的植物	√	√	√	√	103 种	83 种	66 种

注：详细植物种类可通过数据库输出，部分竹类与棕榈类归为灌木，藤本类归为地被类。

6.6.4.3　道路污染防护区

污染问题在城镇中已成为社会共同关注的热点问题，在工业化、都市化进程较快的国家或地区这些问题最为常见。城镇污染类型众多，包括空气污染、噪音污染、水体污染、土壤污染及光污染等。在解决这些问题时，除了一些环境工程及城市管理措施外，景观方法也逐渐受到重视，特别是景观植物对空气污染、噪音污染方面的缓解。

武汉市位于我国中部地区，大气污染也较为严重，特别是空气中固体颗粒物（$PM_{2.5}$ 和 PM_{10}）。2014 年，据武汉市环保局称，2013 年全年武汉市主城区空气质量优良天数为 160 天，优良率仅为 43.3%，而污染天气高达 205 天，污染等级为重度污染以上的天数为 63 天。研究区域有 5 条城市道路穿过，其中南北方向的有 3 条，分别为珞狮路、书城路、文昌路；东西方向的有 2 条，分别为文治街、文馨街。为了降低城市道路中机动车辆对行人及小区居民的影响，本书在满足植物日照需求的基础上采取了响应措施，并为道路污染防护提供了丰富的植物选择（图 6-12 和表 5-15）。

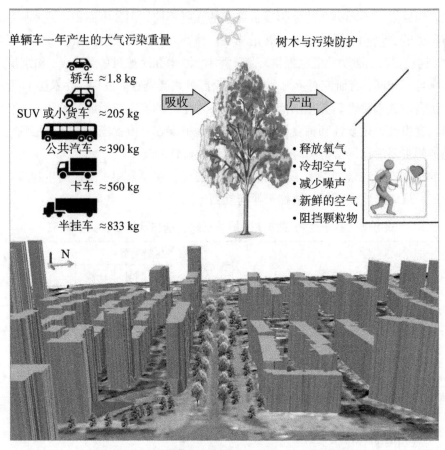

图 6-12　植物种类选择与生态功能——污染防护

（污染物包括 VOC、CO、NOx、PM_{10}，假设公共汽车和半挂车使用柴油，其他车辆使用汽油。

图片来自 "Mother Jones"）

　　城市植物净化空气主要表现在能够吸收有毒气体、吸附颗粒物、减弱噪声及调节 CO_2、O_2 的平衡。美国农业部林业服务局的研究人员曾对全美城市乔木和灌木在空气污染防护中的作用进行研究，结果显示这些城市植物能够净化空气中的大量污染物质，如 O_3、PM_{10}、NO_2、SO_2、CO 等。不同城市中空气污染物质移除量有差异，但是估计总量可达 71.1 万吨，具有 38 亿美元的市场经济价值。研究认为，树木净化空气的效应可以通过城市树木盖度的管理来实现。我国学者使用城市树木效应模型（urban forest effects model）分析北京市中心树木的生态价值，结果显示：2002 年，树木能够净化 1261.4 吨的空气污染物质，其中 PM_{10} 可以减少 772 吨，树木同化 CO_2 的量可达 20 万吨。城市植物的分布具有空间差异性，在空气净化方面也存在差异。基于这一假设，有学者通过不同的方法，研究在不同社会经济地区城市树木空间异质性对空气污染净化的影响。该研究结果说明，植物选择种类、类型及不同种植方式对空气污染的防护效果是有差异的，同时也应通过管理手段控制空气污染物的来源。

　　植物体还可以减弱声波传播过程中的振幅，从而起到净化噪声污染的作用。有研究通过设置点源噪声，使用噪声计测定数据，分析了 35 个常绿树绿化带对噪声污染的影响。回归分析的结果显示，绿化带的宽度、长度、高度均与噪声相对衰减呈正对数关系，与可见性（visibility）呈负对数关系。目前，对道路绿化植物消减交通噪声的研究较为一致的结论是：植物种类上阔叶植物优于针叶植物，枝条密度高、叶片大披毛且质地硬的植物类型更有利于降噪。种植方式上以乔灌草复层群落结构较好，绿化带越宽阻滞噪声能力越强。根据国内外的相关研究，本书在满足植物日照需求的基础上，针对性采取响应措施，为研究区域的 5 条城市街道绿化提供植物种类选择（表 6-6）。

表 6-6　基于道路污染防护的响应措施及植物种类选择

污染类型	响应措施	植物种类		
		乔木	灌木	地被
$PM_{2.5}$、PM_{10}	采用枝叶粗糙、阔叶且披茸毛的植物 复层植物群落结构	42 种	47 种	22 种
CO_2、NO_x、SO_2、CO、O_3	提高植物绿量 增加植物种类与数量	32 种	7 种	8 种以上
交通噪声	采用复层植物群落结构 降低植物通透度 提高绿化带宽度	103 种	75 种	63 种

注：详细植物种类可通过数据库输出；部分竹类与棕榈类归为灌木，藤本类归为地被类。

6.6.4.4　其他要点

植物的成活是其生态功能发挥的前提，在此基础上可根据实践需求针对性地选择所需植物种类与配置方式。本章介绍的方法可以非常科学、高效检索适应的景观植物，系统检索的结果显示匹配检索规则的植物种类与类型相对较多，后期可根据植物应用目的选择植物。该方法的贡献是在植物成活的前提下便利地提供了植物种类选项，为植物设计师的技艺发挥提供了可能。

6.6.5　景观植物群落构建

6.6.5.1　植物群落

植物群落（plant community/phytocoenosis）是植物物种在特定的地理单元的集合，物种数量和结构相对稳定，是区别于其他植物斑块类型一个显著标志。植物群落的形成受到自然因素和人为因素的影响，自然因素有海拔、气候、土壤、地形及自然火灾等，人为因素有砍伐、农耕、放牧及其他经济或社会活动，这些因素均会影响到植物群落的类型与进程。生态学家比较认同的观点是，植物群落的自然形成有 4 种推测，即"随机过程、非生物耐受性、植物间的相互作用（积极或消极）、营养水平间或内部的相互影响"。自然植物群落的演替，根据起始条件分为初生演替（primary succession）和次生演替（secondary succession）。而根据演替发生的性质，又可以划分为旱生演替（xerosere）和水生演替（aquatic succession）。

6.6.5.2 旱生植物群落演替规律

旱生植物初生演替是发生在沙漠或石漠区域,极端干燥是限制植物群落生长的主要因素。在裸石阶段,由于日照辐射、风、降水等一些的自然因素使基岩风化,产生的母质是土壤的初级形态,也是土壤的主要来源。气候变化和自然力量分解了岩石基质,耐干旱、瘠薄、盐碱的苔藓和地衣依次出现,这些植物仅需少量土壤即可生长。这些先锋物种(pioneer species)可以通过生化作用继续分解页岩,使得大量矿物质进入到土壤,土壤微气候逐渐得到改善。高等植物阶段,一年生植物由于生命周期短,可以适应严酷的初期土壤环境最先生长起来,随后二年生植物及多年生植物也相继出现。草本植物群落形成更优的植物生境,低矮喜阳的灌木最先出现,其次被较高、耐阴的灌木逐渐取代。群落演替后期,经历了喜阳乔木、喜阳-耐阴混生,逐渐被耐阴、喜阴乔木取代(表6-7)。以上内容简单描述了植物群落演替阶段及演替过程,而实际上植物群落演替是在相当长的历史时期中进行的,演替过程相对复杂,演替阶段往往相互交错,同时也未有明显的分界。

表6-7　旱生植物群落演替

裸岩	地衣 / 苔藓		草本			灌木		森林	
	地衣	苔藓	一年生植物	二年生植物	多年生植物	喜阳灌木	耐阴灌木	喜阳乔木	耐阴乔木
原生演替 →									
次生演替 →									
先锋阶段 →						过渡阶段 →		顶级群落 →	

从群落发育度上讲,苔藓、地衣及草本植物阶段出现在初生演替的最早阶段,这个时期可以称为先锋阶段(pioneer stage),该阶段最大的特征是群落生物量较低,群落结构简单,群落系统是增长阶段。先锋植物先后被小灌木、灌木和早期小乔木(多以阳性、落叶乔木为主)取代,植物群落组成相对复杂,植物群落生物量较大,植物生态系统的输入因植物对日照能的同化进一步增大,这个阶段里的群落结构因不稳定被称为中间阶段(intermediate stage)。植物群落日益复杂,各个植物种类均处于最有利的生态位置,生态因子能够满足各种植物的生长、发育及繁殖,该阶段的植物群落结构不再随时间发生变化,群落生物量也达到最大,植物生态系统能量的输入和输出保持平衡,这个阶段的植物群落被称为顶极群落(climax community)(表5-16)。

6.6.5.3 人工环境下的植物群落

现代造林学非常注重植物群落的研究与应用,植物群落的稳定是群落营造成功与否的表现。在人工抚育环境下,植物生长的环境条件相比自然环境条件下得到了很大的改善,植物生长的干扰因素也大大减少,如自然灾害、病虫害。因此,人工环境下的植物群落构建的关键在于处理好上层乔木、中层灌木及下层地被植物的种类选择与结构设计的关系。

城镇环境是人工环境的一种，城镇环境相比乡郊区域的生态环境相差更大，表现最明显的是土壤条件、温度、湿度、日照及其他人为干扰因素等。由此可见，城镇区域中建设稳定的顶级植物群落相比自然环境条件下难度更大。维持城镇区域中景观植物群落的稳定性意义重大，这将充分发挥植物的众多生态功能，维护生物多样性并降低植物管理费用。基于这些共同的认识，近年来相关学者提出了近自然园林建设与管理的理念，用于实现像天然林一样的群落稳定性与管理粗放性。近自然园林理念用于无其他地物影响的区域，或用于以环境保护为目的的现代人工林营造较为适宜。

对于城镇景观植物的种植与规划则存在众多困难：首先，建筑区域植物种植时，日照辐射环境较为复杂，植物种类选择与植物群落类型构建也应随日照环境的变化而变化，在实际操作中较难实现；其次，景观植物除了发挥生态功能外，景观表达与景观营造也是重要内容，近自然园林植物种植理念较难突出设计师的艺术表达；最后，城镇中部分区域的土壤、水分、温度已不是限制植物生长重要的生态因子，特别是高档居住小区的植物灌溉设施，施肥、病虫害防治等后期养护管理已相当完善，而日照辐射的空间分布差异性（因日照辐射无法通过人为措施对此进行干预），则成为植物种类选择与植物群落建设成败的关键。

6.6.5.4　日照因子限制下的植物群落模型

为此，本书根据前期植物调查与评价的基础上，结合群落生态学理论，形成了"基于日照因子限制下的景观植物选择与群落构建模型"，用于指导建成环境中的植物种类选择与群落构建实践。本模型应用的前提条件是，假定植物种植区域中的其他生态因子相同，仅有日照辐射的差异。

景观植物选择与群落构建模型主要有以下规律（图 6-13）。

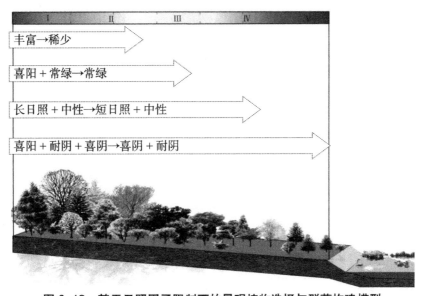

图 6-13　基于日照因子限制下的景观植物选择与群落构建模型

①植物种类上，随日照辐射量从"丰富"到"稀少"的特点；

②植物落叶习性上，随日照辐射量从"落叶＋常绿"混交林分逐渐变为以"常绿"为主；

③植物开花习性上，随日照辐射量以"长日照＋中性"为主转为"短日照＋中性"；

④植物日照需求习性上，随日照辐射以"阳性＋耐阴＋喜阴"混合类型转变为"耐阴＋喜阴"类型植物。

健康的植物群落应具有合理的植物种类与稳定的群落结构，城镇景观植物在生态防护规划与风景园林规划实践中还以"艺术"导向为主，群落生态学的理论还未进入实际应用阶段。以上模型设计借鉴了群落生态学中自然植物群落演替规律理论，并根据植物健康调查与评价数据及数字模拟、仪器测定、参数校正等多种技术方法，深入研究了仅有日照因子限制下的顶级植物群落构成，该模型可为景观植物选择与配置实践提供理论参考。

6.6.5.5 植物群落结构设计

数字技术环境改变了传统的工作方式，提高工作效率的同时简化了工作程序。为便于实践者应用，本小节主要设计了不同日照辐射环境下的适应性群落结构设计，并将各个群落模型编码储存于模型库。在应用过程中，可依据本书中介绍的 UP-DSS 决策支持系统，根据系统的 GUI 面板按系统提示的"输入－输出"步骤，便利地检索植物群落并通过保存方式存储即可。

景观植物的群落结构设计主要指植物上层乔木、中层灌木（或小乔木）及下层地被的构建与植物种类的选择。本书主要依据日照辐射条件划分为 5 个等级，10 个亚等级。对应不同日照辐射等级，本书设计了 100 个具有代表性的植物群落，植物种类将从本书的数据库中选取（表 6-9）。植物数据库的检索结果显示（表 6-8），日照辐射条件从 I 至 V 等级，对应的植物群落也从复杂到简单，日照辐射极差的区域仅有少量乔木能够种植，群落结构最为简单。日照辐射极好的 I 等级区域，实践中可以通过不同植物层次的疏密变化提供更加丰富的日照辐射环境。因此，在日照辐射良好的林下区域，仍然非常适合种植耐阴的灌木与地被植物。群落中不同的植物层次，均有常绿或落叶植物，在实践中可根据艺术需求选择适宜的群落结构。对于具有日照敏感性的开花植物，多数为灌木或草本植物。因此，在植物群落设计上，主要考虑了灌木和地被植物开花对日照辐射的需求。

表 6-8　景观植物群落设计原则

日照等级	植物群落									编号
	上层（乔木）			中层（灌木）			下层（地被植物）			
	①	②	③	①	②	③	①	②	③	
I₁	✸	☻☺	—	✸✸✸✛	☻☺	◐◯	✸✸✸✛人	☻☺	◐◯	SL-1
I₂	✸	☻☺	—	✸✸✸✛	☻☺	◐◯	✸✸✸✛人	☻☺	◐◯	SL-2
II₁	✸	☻☺	—	✸✸✛	☻☺	◐◯	✸✸✛人	☻☺	◐◯	ST-1
II₂	✸	☻☺	—	✸✸✛	☻☺	◐◯	✸✸✛人	☻☺	◐◯	ST-2

续表

日照等级	植物群落									编号
	上层（乔木）			中层（灌木）			下层（地被植物）			
	①	②	③	①	②	③	①	②	③	
Ⅲ₁	✹	●☺	—	✹✹✦	●☺	◐◐	✹✦⊿	●☺	◐◐	SN-1
Ⅲ₂	✹	●☺	—	✹✹✦	●☺	◐◐	✹✦⊿	●☺	◐◐	SN-2
Ⅳ₁	✦	●☺	—	✦⊿	●☺	◐◐	✦⊿	●☺	◐◐	SdT1
Ⅳ₂	✦	●☺	—	✦⊿	●☺	◐◐	✦⊿	●☺	◐◐	SdT2
Ⅴ₁	⊿	●☺	—	⊿	●☺	○	⊿	●☺	○	SdL1
Ⅴ₂	⊿	●☺	—	⊿	●☺	○	⊿	●☺	○	SdL2

注：表中符号"✹""✹""✹""✦""⊿"分别表示植物习性为强阳性、喜阳、中性、耐阴、喜阴；符号"●""☺"分别表示植物落叶习性为常绿或落叶；符号"○""◐""◐"分别表示植物开花习性为短日型、中日型和长日型；标号"①""②""③"分别表示植物日照需求习性、落叶习性及开花习性。

　　根据植物群落设计原则及逻辑检索规则，对景观植物数据库的植物属性进行检索。以植物群落模型为依据，按照日照辐射等级生成众多植物群落类型，本书参考了植物配置习惯，从群落生成的结果中选择 100 种植物群落类型，可为研究区域提供众多植物群落选择方案（表 6-9）。

表 6-9　景观植物群落与植物种类组成

日照等级	编号	景观植物群落		
		上层（乔木）	中层（灌木）	下层（地被植物）
Ⅰ₁	SL-1-1	雪松、黑松、湿地松	火棘、红叶碧桃	马尼拉
	SL-1-2	五针松、马尾松、泡桐	火棘、丁香	马尼拉
	SL-1-3	池杉、落羽杉、泡桐	红叶碧桃、火棘	黑麦草
	SL-1-4	泡桐、意杨、樱花	火棘、扶桑	黑麦草
	SL-1-5	桃树、合欢、樱花、菊花桃	丁香、红叶碧桃	马尼拉
	SL-1-6	白蜡树、榉树、杜仲	扶桑、红叶碧桃	白三叶
	SL-1-7	金合欢、雪松、杜仲	丁香、红叶碧桃	白三叶
	SL-1-8	樱花、池杉、落羽杉	火棘、丁香	马尼拉
	SL-1-9	白蜡树、泡桐、桃树	扶桑、丁香	黑麦草
	SL-1-10	意杨、落羽杉、榉树	火棘、扶桑、红叶碧桃	婆婆纳
Ⅰ₂	SL-2-1	泡桐、黑松、湿地松	杜鹃、春鹃	马尼拉
	SL-2-2	榉树、马尾松、泡桐	火棘、杜鹃	二月兰
	SL-2-3	池杉、落羽杉、樱花	云南黄馨、胡颓子	金边吊兰

日照等级	编号	景观植物群落		
		上层（乔木）	中层（灌木）	下层（地被植物）
Ⅱ₁	SL-2-4	泡桐、意杨、樱花	八角金盘、火棘	银边吊兰
	SL-2-5	落羽杉、合欢、樱花、菊花桃	杜鹃、八角金盘	白三叶
	SL-2-6	白蜡树、榉树、杜仲	结香、杜鹃	黑麦草
	SL-2-7	黑松、雪松、杜仲	棣棠、火棘	马尼拉
	SL-2-8	池杉、樱花、落羽杉	八仙花、火棘	婆婆纳
	SL-2-9	桃树、白蜡树、泡桐	棣棠、结香	紫菀
	SL-2-10	泡桐、落羽杉、榉树	小蜡、火棘	春羽
Ⅱ₁	ST-1-1	白皮松、金钱松、水杉	红叶石楠、月季、丝兰	狗牙根
	ST-1-2	圆柏、洒金柏、侧柏、蜀桧	丝兰、枸骨、红瑞木	高羊茅
	ST-1-3	香樟、英国梧桐、水杉	海棠、红叶李、红继木	萱草
	ST-1-4	广玉兰、法国梧桐、榔榆	大叶栀子、夹竹桃	高羊茅
	ST-1-5	国槐、垂榆、核桃、旱柳	红花檵木、木槿	马蹄金
	ST-1-6	香樟、枇杷、银杏	中华枸骨、南天竺、迎春	葱兰
	ST-1-7	龙爪槐、栾树、银杏	小叶女贞、龟甲冬青	文殊兰
	ST-1-8	白玉兰、马褂木、臭椿	红叶小檗、红叶李、枸骨	宿根福禄考
	ST-1-9	核桃、榔榆、深山含笑	铺地柏、大叶黄杨、石楠	美女樱
	ST-1-10	侧柏、广玉兰、红果冬青	龙爪榆、南天竺、栀子	美女樱
Ⅱ₂	ST-2-1	香樟、白皮松、金钱松	海棠、连翘、绣线菊	狗牙根
	ST-2-2	青桐、核桃、黄栌	凤尾丝兰、月季、茶花	马蹄金
	ST-2-3	国槐、洒金柏、梅花	枸骨、蚊母树、蜡梅	高羊茅
	ST-2-4	檫木、枫杨、香樟	夹竹桃、枸骨、金边黄杨	葱兰
	ST-2-5	阔瓣含笑、枇杷、杂交马褂木	蚊母树、红叶小檗、迎春	夏瑾
	ST-2-6	香椿、臭椿、桑树、构树	法国冬青、茶花	花叶蔓长春
	ST-2-7	红叶李、紫薇、二乔玉兰	金边黄杨、南天竺、枸骨	狗牙根
	ST-2-8	枣树、珊瑚朴、山麻杆、紫荆	绣线菊、迎春、金丝梅	马蹄金
	ST-2-9	石榴、重阳木、喜树、朴树	雀舌黄杨、木槿、栀子	葱兰
	ST-2-10	乌桕、紫玉兰、马褂木、枫香	丝兰、石楠、蜡梅、茶花	小苍兰
Ⅲ₁	SN-1-1	柳杉、桂花	海桐、瓜子黄杨、六月雪	风信子
	SN-1-2	杜英、乐昌含笑	青枫、海桐	狗牙根
	SN-1-3	柑橘、柚子	大花六道木、瓜子黄杨	狗牙根
	SN-1-4	桢楠、桂花	海桐、六月雪	葱兰

续表

日照等级	编号	景观植物群落		
		上层（乔木）	中层（灌木）	下层（地被植物）
	SN-1-5	柳杉、红枫、三角枫	青枫、六月雪	葱兰
	SN-1-6	杜英、乐昌含笑	小叶黄杨、瓜子黄杨	马蹄金
	SN-1-7	柳杉、杜英、桢楠	海桐、青枫	马蹄金
	SN-1-8	柳杉、红枫	青枫、海桐	葱兰
	SN-1-9	醉香含笑、桂花	海桐、瓜子黄杨	美女樱
	SN-1-10	乐昌含笑、深山含笑	六月雪、小叶黄杨	美女樱
III_2	SN-2-1	红枫、三角枫	栀子、海桐	葱兰
	SN-2-2	柳杉、红枫	木槿、青枫	马蹄金
	SN-2-3	桂花、杜英	红叶小檗、海桐	夏瑾
	SN-2-4	桢楠、乐昌含笑	迎春、栀子	葱兰
	SN-2-5	桂花、柳杉	大叶女贞、杜鹃	风信子
	SN-2-6	三角枫、柚子	银边黄杨、海桐	狗牙根
	SN-2-7	杜英、桂花	小叶女贞、杜鹃	狗牙根
	SN-2-8	天竺桂、柚子、柑橘	茶花、海桐	狗牙根
	SN-2-9	红枫、杜英	丝兰、海棠	葱兰
	SN-2-10	桢楠、桂花	枸骨、红瑞木	葱兰
IV_1	SdT-1-1	五角枫、罗汉松	杜鹃、八仙花	金边吊兰
	SdT-1-2	元宝枫、罗汉松	棣棠、杜鹃	金边吊兰
	SdT-1-3	大叶女贞、乳源木莲	杜鹃、结香	金边吊兰
	SdT-1-4	大叶女贞、青刚栎	杜鹃、春鹃	春羽
	SdT-1-5	杨梅、大叶女贞	云南黄馨、胡颓子	春羽
	SdT-1-6	罗汉松、五角枫、元宝枫	小蜡、杜鹃	春羽
	SdT-1-7	罗汉松、大叶女贞	结香、棣棠	金边吊兰
	SdT-1-8	乳源木莲、罗汉松	棣棠、八角金盘	金边吊兰
	SdT-1-9	五角枫、野黄桂	胡颓子、八角金盘	金边吊兰
	SdT-1-10	大叶女贞、青刚栎	棣棠、云南黄馨	春羽
IV_2	SdT-2-1	青刚栎、罗汉松	杜鹃、八仙花	二月兰
	SdT-2-2	杨梅、罗汉松	春鹃、棣棠	二月兰
	SdT-2-3	罗汉松、乳源木莲	云南黄馨、结香	春羽
	SdT-2-4	大叶女贞、青刚栎	八角金盘、八仙花	春羽
	SdT-2-5	罗汉松、大叶女贞	胡颓子、棣棠	金边吊兰

（续表）

日照等级	编号	景观植物群落		
		上层（乔木）	中层（灌木）	下层（地被植物）
	SdT-2-6	罗汉松、元宝枫	小蜡、结香	金边吊兰
	SdT-2-7	罗汉松、大叶女贞	云南黄馨、八仙花	金叶过路黄
	SdT-2-8	乳源木莲、罗汉松	小蜡、八仙花	金叶过路黄
	SdT-2-9	罗汉松、野黄桂	小蜡、棣棠	春羽
	SdT-2-10	大叶女贞、青刚栎	胡颓子、杜鹃	二月兰
V₁	SdL-1-1	红豆杉	金石滩、含笑	肾蕨
	SdL-1-2	鸡爪槭	十大功劳、金丝桃	石蒜
	SdL-1-3	珙桐	茶梅	沿阶草
	SdL-1-4	灯台树	阔叶十大功劳	沿阶草
	SdL-1-5	鸡爪槭	洒金东瀛珊瑚	沿阶草
	SdL-1-6	珙桐	熊掌木	肾蕨
	SdL-1-7	红豆杉	十大功劳、熊掌木	肾蕨
	SdL-1-8	红豆杉	茶梅	肾蕨
	SdL-1-9	珙桐	十大功劳	肾蕨
	SdL-1-10	珙桐	金丝桃	肾蕨
V₂	SdL-2-1	红豆杉	茶梅	石蒜
	SdL-2-2	珙桐	洒金东瀛珊瑚	石蒜
	SdL-2-3	红豆杉	金丝桃	一叶兰
	SdL-2-4	鸡爪槭	熊掌木	一叶兰
	SdL-2-5	红豆杉	十大功劳	肾蕨
	SdL-2-6	—	阔叶十大功劳	肾蕨
	SdL-2-7	—	含笑	沿阶草
	SdL-2-8	—	茶梅	沿阶草
	SdL-2-9	—	金丝梅	沿阶草
	SdL-2-10	—	含笑	沿阶草

6.7 讨论

景观植物选择与配置实践中，因牵涉到设计师的主观审美、植物的生态习性、种植环境的生态条件等众多要素，依据设计师的经验行使设计实践工作已经较为困难，特别是在具有地形、建筑分布的建成环境中。

决策支持系统的出现解决了这一难题，特别是牵涉到多因素的评价与决策问题时。智能决策系统在医疗卫生、农林领域、城乡规划及大尺度的景观分析与规划中已经具有较广泛的应用，但是在城镇植物的选择与配置决策支持工作中还较少出现。本书借助 GIS 技术与 MATLAB 计算机编程语言，设计了基于日照需求的城市植物自动选择与植物群落智能匹配决策支持系统（UP-DSS），该系统具有较广泛的应用特点。

为了使该系统易于操作应用，本书还利用 MATLAB 计算机语言设计了友好的 GUI，并通过 MATLAB 编译器将 UP-DSS.m 文件生成可执行文件（UP-DSS.exe），实现了该程序的应用与推广。

广义的 UI（user interface）包含了 GUI、UE（user experience）及 ID（interaction design）等内容，本书主要从 GUI 角度着手，设计出符合 UP-DSS 决策方法的用户界面。

MATLAB 计算机编程语言入门相对较为简单，本书主要采用 MATLAB 编程语言对 UP-DSS 的 GUI 进行设计与编码，该系统的稳定性还需要进行大量测试。后续的延伸工作还将由软件工程师组成的团队进行交互设计与用户体验，最终形成能够单机运行的软件包供用户使用，之后还可以考虑 UP-DSS 的商业化推广。

目前，智能手机已经成为普通用户必备的通信工具，该系统主要是单机（PC，Windows 系统）运行的决策程序。对于植物种植施工人员来说，从便利性角度上讲，存在着一定的限制。后期也可以考虑将此决策支持程序做成能够被 Android 系统或 iOS 系统支持的，用于安装在智能手机或平板电脑上的执行程序（APP）。

6.8 本章小结

本章主要介绍了基于 GIS 技术与 MATLAB 计算机编程语言的决策支持系统，用于景观植物的选择与配置决策支持。

首先，对决策支持系统的主要应用领域进行分析，主要可以分为农林领域、城镇领域及景观领域等。

其次，根据目前急需解决的实践问题，分析本系统的具体需求。详细地分析了 UP-DSS 的总体设计，包括模型库管理系统、数据库管理系统、知识库管理系统、结果与输出管理及系统维护与更新等内容。

最后，系统地介绍了基于 MATLAB 的 GUI 设计方法、设计过程，对于 UP-DSS 的实际应用性能，本书通过景观植物适应性规划与布局案例进行展示。利用 GIS 结合 UP-DSS 的 GUI 可以方便地实现不同日照环境中的植物及其群落适应性选择。

借鉴旱生植物群落演替规律理论，结合本书所提出的植物选择模型与植物数据库，首次提出"日照因子限制下的植物群落构建模型"，根据该模型及植物配置习惯，本书预设了 100 种植物群落类型，可以满足城镇区域中各种绿化区域、不同日照辐射环境中的景观植物规划与种植实践（华中地区）。

第 7 章　主要结论和展望

7.1　主要结论

7.1.1　提出了景观植物的日照需求及敏感性预测体系

本书提出利用黑箱思维、植物健康判断与数字模拟技术的植物日照需求习性预测体系，丰富了高效获取植物光补充点（LCP）、光饱和点（LSP）及日照敏感性的测定方法。

景观植物的日照需求习性决定了其应用场所与范围，分析不同植物类型的日照需求习性是实现植物"适地适树"种植的基础。景观植物的日照需求特征具有遗传基因上的相对稳定性，因此，通过技术手段测定不同日照辐射水平下的植物生理反应和健康状况，可以为植物种植实践提供基础数据。

在传统方法中，采用光合仪器手段（如 Li-6400XT 光合测定系统）自动测定光强－光合相应曲线（Pn-PAR），根据 LED 红蓝光源设定仪器叶室内的光合辐射强度（ $0\sim2000$ $\mu mole/m^2 \cdot s$ ），可以通过计算光补偿点（LCP）、光饱和点（LSP）、最大净光合速率（Pmax），从而分析不同植物的日照需求习性。本书通过该方法现场测定了研究区域中的 14 种景观植物，结果显示该方法虽然能够较为准确地测定植物的 LCP、LSP 值，但是在实践中还存在着诸多干扰因素，较难保障测定过程中的数据稳定性。另外，该方法还受到应用场地限制，测定过程也非常耗时、低效。

对于景观植物应用来说，能够快速、准确地测定植物具体立地环境中的日照需求及日照敏感性具有重要意义，特别是在城市绿化实践追求植物多样性的背景之下。为了实现这一目的，本书提出利用黑箱思维、植物健康判断与数字模拟技术的植物日照需求习性预测体系，丰富了高效获取植物 LCP、LSP 及日照敏感性的测定方法。该方法具有简单、快捷，能够较准确地模拟不同植物类型的日照需求区间，以及对不同日照辐射等级的敏感程度。

黑箱方法是系统科学中较为原始的科学方法，仅考虑系统的输入与输出，从而得出二者之间的关系。本书将植物生长区域（植物冠层上方）的光量子通量（PPF）作为系统的输入值，通过利用双辐射计定点测定样本点的 PPF，结合 Solar Analyst 模块（ArcGIS）的数字模拟、单位转换，形成了系统的输入。在系统输出方面，主要表现为景观植物的生长状态。本书提出了日照不适应的健康判断标准，用于判断在不同日照辐射水平下的植物健康程度，将"输入""输出"进行拟合，从而得以实现景观植物的日照辐射需求及敏感性的测定。

7.1.2 构建了日照因子限制下的植物群落模型

本书构建了日照因子限制下的植物群落模型，解决了城市环境中日照辐射限制下的植物群落构建问题，实现了不同日照辐射等级下的适应性植物群落自动匹配。据此模型，根据植物种类搭配习惯与植物数据库，生成了100植物群落类型，可以满足城镇区域中各类型绿化区域的植物选择与配置实践。

城镇植物的复层设计与种植将发挥更佳的生态效益，也是目前城镇绿化实践中所倡导的一种方式。因不同景观植物的日照需求习性及观赏特点具有很大的差异性，植物配置与群落构建则成为急需解决的问题。常规植物选择与植物配置实践，并未将这些差异性考虑进去，从而导致了一些植物的生长不良甚至死亡现象，植物群落的稳定性更无从谈起。

近年来，风景园林领域的学者积极探讨近自然园林的城市植物规划、设计及种植理念，通过遵循植物生长及群落构建的自然规律，减少人为物质、能量及管理的投入与干预，实现景观植物群落的稳定性与可持续性。植物群落是植物物种在特定的地理单元的集合，物种数量和结构相对稳定，是其区别于其他植物斑块类型的一个显著标志。对于城镇景观植物来说，风景园林设计师或林学从业人员从事植物群落构建时，多采用近自然园林的设计理念模仿自然植物群落的发展或进化过程，从而达到植物群落的自我维持状态。目前来看，这种设计理念在生态防护或造林场地等对视觉要求不高的区域应用较为适宜。而城镇植物选择与应用的特殊性，加之还未有可靠的理论依据，其在实践中也会遇到诸多问题。

除了城市居民对景观植物的审美需求与造林植物有差异外，城市建成区域中植物生长所需要的生态因子也与自然环境中相差甚远，表现最为突出的是因建筑、地形造成的日照辐射的差异性。为了解决这一现实问题，从而支持研究中的智能决策系统，本书提出了日照因子限制下的植物群落构建模型，解决了城镇区域中不同日照条件下的植物群落配置问题。据此模型，根据数据库中植物种类，按照排列组合关系并结合植物群落的组合习惯，依据日照辐射强弱，预设了100种植物群落类型存储于UP-DSS数据库中，可以满足城镇区域中不同类型的绿化实践（华中地区）。在后期的应用过程中，还可以通过更新植物数据库的方式，增加本书所设计的决策支持系统的适用范围。

7.1.3 设计了基于GIS技术和MATLAB语言的智能决策平台（UP-DSS）

利用GIS技术与MATLAB计算机编程语言，构建了基于日照需求习性的城镇植物及其群落智能决策支持系统（UP-DSS），实现了城镇植物选择与配置工作的数字化、系统化及智能化设计。

传统上的植物选择与配置工作多以艺术审美为导向，对景观植物的生态需求关注不够，常常导致植物的生长发育不良、生态价值与观赏价值不高等问题。科学的植物选择与群落构建除了利用艺术手法外，更重要的是应尊重植物的生态习性，努力实现"适地适树"的植物选择与配置这一目标。

利用数字技术对地理要素进行模拟与评价，同时结合系统化的植物数据可以实现较为科学、理性的景观植物选择与配置工作。本书采用 Solar Analyst 模块（GIS）对植物种植区域的日照辐射进行模拟与分析，利用 Model Builder 建模方法使日照辐射评价结果与植物属性数据相匹配，形成自动检索与匹配机制，实现了基于日照需求习性的城镇植物及其群落决策支持。

为了便于景观设计师或植物设计师的操作，本书利用 MATLAB 计算机编程语言，设计了本系统的 GUI。该用户界面具有简洁、友好的特点，以尊重使用者的操作习惯为主要出发点，可以根据设计师对景观植物的实际需求与植物种植区域的日照辐射等级，自动化的生成目标植物种类与群落类型，以数字化、系统化及智能化的方式提高了植物选择与配置工作的科学性与工作效率。为测试本程序的实际应用性能，通过案例方式展示了植物种植区域的植物种类自动检索及植物群落的智能匹配等功能。后续的工作将会对本书设计的原型系统进行编码优化、系统封装及增加用户体验等环节，最终实现该系统的商业化应用与推广。

7.2 研究展望

在传统的景观植物规划与设计实践活动中，植物种类选择与配置工作较少依据数字技术对植物种植场地进行分析与评价，这些工作多由设计师的经验主导。城镇建成环境中的建筑、地形及其他附属地物使环境中的生态因子发生了较大的改变，加之人类感知能力的局限，使植物对生态因子的需求与植物种植区域的生态因子供给产生了矛盾，造成的后果是植物的生长、发育受到限制，同时植物生态效益下降、景观效果也大打折扣。本书通过对植物样本的调查与分析结果显示，对于城镇区域中的景观植物，目前日照因子已成为限制植物选择与植物群落构建的关键因子，传统的由经验主导的植物选择与配置工作方法较难解决这些问题。

本书提出利用数字技术分析与评价植物种植场地的日照辐射，根据植物的日照需求习性建立景观植物数据库，通过计算机检索模型或算法（Model Builder 模型与 MATLAB 编程语言）建立逻辑关系，最终实现了基于日照需求习性的城镇植物自动选择与植物群落智能匹配预期构想，并通过编程方法设计了 UP-DSS 决策支持系统的 GUI。通过案例测试，本书所设计的 UP-DSS 决策支持系统具有运行流畅、界面友好、操作简单等特点，可以满足单机用户的实际使用。

因研究时间及其他基础条件的限制，本书在今后的工作中还需要进行以下探讨：

（1）通过黑箱模型评估华中地区常见景观植物的日照需求及敏感性特征

植物的日照需求是基于遗传特性的客观存在的植物生态习性，通过仪器手段测定其光合特性的研究多数集中在试验场地环境中，在城市建成区植物立地环境中的测定更能说明植物的实际日照需求。本书对几种景观植物的光合特性进行测定，发现与其他学者测定的结果不尽相同，这也说明了仪器手段在测定植物日照需求习性上，存在众多因素的干扰，而且测定周期长，需要花费大量的人力与时间成本。下一步工作，可将仪器测定数据作为数字模拟方法的校正，通过黑箱模型结合植物的健康判断，逐步评估华中地区常见景观植物的日照需求区间，为本书的数据库更新提供基础数据支持。

（2）决策支持系统（UP-DSS）的数据库更新

本书所使用的植物数据库是基于已有研究成果，除了少数景观植物的光合特征是在本次研究中进行了测定外，数据库中其余植物日照需求习性均采用现有研究成果，今后需要通过数字模拟技术，逐步更新本书的植物数据库。另外，本书数据库中的植物多适应于华中地区，后续研究还可以增加其他纬度地区的植物种类，使本方法的应用不受地域限制。

（3）日照辐射评估模型及改进

从已发表的国内外文献上来看，针对植物种植区域的日照辐射评估模型还未出现。本书采用了欧洲和非洲光电潜力评价模型，结合 GIS 空间分析功能模块，实现了植物种植场地的日照辐射条件评估。不同的景观植物具有不同的落叶习性与生长周期，加之不同地区具有不同的气象条件，今后还需要对本书所采用的日照辐射评估模型进行改进与校正。

（4）日照因子限制下的植物群落模型

本书首次提出日照因子限制下的城镇植物群落构建模型，该模型应用的前提条件是，假定植物种植区域的其他生态因子相同或相似，仅有日照辐射的差异。根据日照辐射条件、植物日照需求习性、乔灌草的搭配习惯，利用线性代数的方法生成了 100 种植物群落类型，形成了 UP-DSS 决策支持系统的植物群落库。该模型是建立在理想的环境条件下，今后还需要对该模型进行验证与改进。

（5）UP-DSS 系统的调试、代码优化及软件开发

本书对 UP-DSS 的 GUI 设计使用了 MATLAB 计算机语言，GUI 中的控件功能代码还需要进一步优化，并确保该系统的功能及稳定性。在后期，还可以考虑使用 Java、C++ 或 Visual Basic 等计算机编程语言，对该原型系统进行重新设计、编码和封装，形成易于普及与推广的单机软件。在智能手机和平板电脑普及的今天，将此程序编汇成能够被 Android 系统或 iOS 系统支持的 APP 也是今后需要考虑的研究方向。

参考文献

［1］ WHITING D. Plant growth factors: light ［EB/OL］. http://www.ext.colostate.edu/mg/gardennotes/142.html

［2］ STEINITZ C. A framework for geodesign: changing geography by design[M]. ESRI: Redlands, 2012.

［3］ Web kesan online calculator[EB/OL]. http://keisan.casio.com/menu/system/000000000470.

［4］ web Solar Radiation & Photosynthetically Active Radiation ［EB/OL］. http://www.fondriest.com/environmental-measurements/parameters/weather/photosynthetically-active-radiation/#PAR3.

［5］ HUANG S, FU P. Modeling small areas is a big challenge[J]. ESRI ArcUser online volume, 2009:28-31.

［6］ U.N. 2014 revision of the World Urbanization Prospects[M]. New York:United Nations publications, 2014.

［7］ 李强，陈宇琳，刘精明. 中国城镇化"推进模式"研究 [J]. 中国社会科学 , 2012, 7(82): 82-100.

［8］ 周一星 . 关于中国城镇化速度的思考 [J]. 城市规划 , 2006, 30(B11): 32-35.

［9］ ZHOU L, DICKINSON R E, TIAN Y, et al. Evidence for a significant urbanization effect on climate in China[J]. P. Natl .Acad. Sci. USA, 2004, 101(26): 9540-9544.

［10］ WENG Q. A remote sensing? GIS evaluation of urban expansion and its impact on surface temperature in the Zhujiang Delta, China[J]. Int. J. Remote Sens, 2001, 22(10): 1999-2014.

［11］ HUA L, MA Z, GUO W. The impact of urbanization on air temperature across China[J]. Theor appl climatol, 2008, 93(3-4): 179-194.

［12］ BRENNAN E M. Population, urbanization, environment, and security: a summary of the issues[J]. Environmental change and security project report, 1999, 5: 4-14.

［13］ MARTÍNEZ-ZARZOSO I, MARUOTTI A. The impact of urbanization on CO_2 emissions: evidence from developing countries[J]. Ecological economics, 2011, 70(7): 1344-1353.

［14］ KALNAY E, CAI M. Impact of urbanization and land-use change on climate[J]. Nature, 2003, 423(6939): 528-531.

［15］ BELL M L, DAVIS D L, FLETCHER T. A retrospective assessment of mortality from the London smog episode of 1952: the role of influenza and pollution[J]. Environmental health perspectives, 2004, 112(1): 6.

［16］ WANG K, LIU Y. Can Beijing fight with haze? Lessons can be learned from London and Los Angeles[J]. Natural hazards, 2014, 72(2): 1265-1274.

［17］ SARTOR J D, BOYD G B, AGARDY F J. Water pollution aspects of street surface contaminants[J]. Journal (Water Pollution Control Federation), 1974: 458-467.

［18］ GNECCO I, BERRETTA C, LANZA L, et al. Storm water pollution in the urban environment of Genoa, Italy[J]. Atmospheric Research, 2005, 77(1): 60-73.

［19］ KARN S K, HARADA H. Surface water pollution in three urban territories of Nepal, India, and Bangladesh[J]. Environ manage, 2001, 28(4): 483−496.

［20］ PASSCHIER-VERMEER W, PASSCHIER W F. Noise exposure and public health[J]. Environmental health perspectives, 2000, 108(Suppl 1): 123.

［21］ BELOJEVIC G, JAKOVLJEVIC B, STOJANOV V, et al. Urban road-traffic noise and blood pressure and heart rate in preschool children[J]. Environment international, 2008, 34(2): 226−231.

［22］ KIGHT C R, SWADDLE J P. How and why environmental noise impacts animals: an integrative, mechanistic review[J]. Ecol lett, 2011, 14(10):1052−1061.

［23］ ORTEGA C. Effects of noise pollution on birds: a brief review of our knowledge[J]. Ornithological Monographs, 2012(74): 6−22.

［24］ FRANCIS CD, ORTEGA CP, CRUZ A, et al. Noise pollution filters bird communities based on vocal frequency[J]. Plos one, 2011, 6(11): e27052.

［25］ 中华人民共和国住房与城乡建设部 . 海绵城市建设技术指南：低影响开发雨水系统构建（试行）[A]. 北京，2014：1−86.

［26］ OKE T R. City size and the urban heat island[J]. Atmospheric environment (1967), 1973, 7(8): 769−779.

［27］ HARCHARIK D. The future of world forestry: sustainable forest management[J]. UNASYLVA-FAO, 1997: 4−8.

［28］ LAURANCE W F, VASCONCELOS H L, LOVEJOY T E. Forest loss and fragmentation in the Amazon: implications for wildlife conservation[J]. Oryx, 2000, 34(1): 39−45.

［29］ DEFRIES R S, RUDEL T, URIARTE M, et al. Deforestation driven by urban population growth and agricultural trade in the twenty-first century[J]. Nature geoscience, 2010, 3(3): 178−181.

［30］ TZOULAS K, KORPELA K, VENN S, et al. Promoting ecosystem and human health in urban areas using green infrastructure: a literature review[J]. Landscape urban plan, 2007, 81(3): 167−178.

［31］ KAMBITES C, OWEN S. Renewed prospects for green infrastructure planning in the UK [J]. Planning, practice & research, 2006, 21(4): 483−496.

［32］ NCC, Green Spaces Your Spaces[Z]. In Newcastle's Green Spaces Strategy, Newcastle, 2004: 1−96.

［33］ NOWAK D J, CRANE D E, STEVENS J C. Air pollution removal by urban trees and shrubs in the United States[J]. Urban forestry & urban greening, 2006, 4(3): 115−123.

［34］ SHISHEGAR N. The impact of green areas on mitigating urban heat island effect: a review[J]. International journal of environmental sustainability, 2015, 9(1): 119−130.

［35］ ÖNDER S, AKAY A. The roles of plants on mitigating the urban heat islands' negative effects[J]. International journal of agriculture and economic development, 2014, 2(2): 18.

［36］ SUGAWARA H, SHIMIZU S, HAGIWARA S, et al. How much does urban green cool town?[J]. Journal of heat island institute international, 2014, 9(2): 11−18.

［37］ MCKINNEY M L. Urbanization, biodiversity, and conservation the impacts of urbanization on native species are poorly studied, but educating a highly urbanized human population about these impacts can greatly improve species conservation in all ecosystems[J]. Bioscience, 2002, 52(10): 883−890.

［38］ MCKINNEY M L. Urbanization as a major cause of biotic homogenization[J]. Biol Conserv, 2006, 127(3): 247-260.

［39］ MCKINNEY M L. Effects of urbanization on species richness: a review of plants and animals [J]. Urban ecosyst, 2008, 11(2): 161-176.

［40］ 张启翔. 关于风景园林一级学科建设的思考 [J]. 中国园林, 2011, 27(5): 16-17.

［41］ 李炜民. 中国风景园林学科发展相关问题的思考 [J]. 中国园林, 2012, 28(10): 50-52.

［42］ LENZHOLZER S, BROWN R D. Climate-responsive landscape architecture design education[J]. J clean prod, 2013, 61: 89-99.

［43］ 张云, 凯瑟琳, 布尔, 等. 澳大利亚景观建筑业的国际实践：趋势和在中国实践情况 [J]. 国际城市规划, 2008(5): 69-75.

［44］ 戴安妮, 孟赛斯, 刘晓明, 等. 教育, 风景园林以及未来的需求 [J]. 中国园林, 2008 (10): 60-61.

［45］ 杨冬辉. 中国需要景观设计：从美国景观设计的实践看我们的风景园林 [J]. 中国园林, 2000, 16(5): 19-21.

［46］ 金云峰, 简圣贤. 美国宾夕法尼亚大学风景园林系课程体系 [J]. 中国园林, 2011, 27(2): 6-11.

［47］ 刘颂, 章亭亭. 西方国家可持续雨水系统设计的技术进展及启示 [J]. 中国园林, 2010, (8): 44-48.

［48］ 马建武. 美国景观设计中雨水管理的艺术 [J]. 中国园林, 2012, 27(10): 93-96.

［59］ CONRAD E, CHRISTIE M, Fazey I. Is research keeping up with changes in landscape policy? A review of the literature[J]. J environ manage, 2011, 92(9): 2097-2108.

［50］ UUEMAA E, MANDER Ü, MARJA R. Trends in the use of landscape spatial metrics as landscape indicators: a review[J]. Ecol Indic, 2013, 28:100-106.

［51］ BUTLER C, BUTLER E, ORIANS C M. Native plant enthusiasm reaches new heights: perceptions, evidence, and the future of green roofs[J]. Urban for urban Gree, 2012, 11(1): 1-10.

［52］ ASLA Annual meeting and expo ［EB/OL］. http://www.asla.org/annualmeetingandexpo.aspx.

［53］ BRUNDTLAND G H. Report of the World Commission on environment and development: " our common future." [M]. New Tork: United Nations, 1987.

［54］ OPDAM P, STEINGRÖVER E, ROOIJ S V. Ecological networks: a spatial concept for multi-actor planning of sustainable landscapes[J]. Landscape urban plan, 2006, 75(3): 322-332.

［55］ EPA. Sustainable landscape[EB/OL]. http://www.epa.gov/med/ems/sustainable_landscape.htm.

［56］ MILLER N P. US National parks and management of park soundscapes: a review[J]. Applied Acoustics, 2008, 69(2): 77-92.

［57］ SANDER H A, POLASKY S. The value of views and open space: estimates from a hedonic pricing model for Ramsey County, Minnesota, USA[J]. Land Use Policy, 2009, 26(3): 837-845.

［58］ CHIESURA A. The role of urban parks for the sustainable city[J]. Landscape Urban Plan, 2004, 68(1): 129-138.

［59］ CORNELIS J, HERMY M. Biodiversity relationships in urban and suburban parks in Flanders[J]. Landscape urban plan, 2004, 69(4): 385-401.

［60］ COOKE S. Negotiating memory and identity: the Hyde Park Holocaust memorial, London[J]. Journal of historical geography, 2000, 26(3): 449-465.

［61］ HELMREICH B, HORN H. Opportunities in rainwater harvesting[J]. Desalination, 2009, 248(1): 118-124.

［62］ KAHINDA J.-M. M, TAIGBENU A E, BOROTO J R. Domestic rainwater harvesting to improve water supply in rural South Africa[J]. Physics and chemistry of the earth, parts A/B/C, 2007, 32(15): 1050-1057.

［63］ MAKHZOUMI J M. Landscape ecology as a foundation for landscape architecture: application in Malta[J]. Landscape urban plan, 2000, 50(1): 167-177.

［64］ FERGUSON B, PINKHAM R, COLLINS T. Re-evaluating stormwater: the nine mile run model for restorative redevelopment[J]. Environmental Practice, 1999, 2(4): 320-321.

［65］ DANGERMOND J. GIS: Designing our future[J]. ArcNews, 2009, 31(2): 1.

［66］ ALLENBY B. Earth systems engineering and management[J]. Technology and society magazine, IEEE, 2000, 19(4): 10-24.

［67］ 孙筱祥. 第四谈：关于建立与国际接轨的"大地与风景园林规划设计学"学科，并从速发展而建立"地球表层规划"的新学科的教学新体制的建议 [J]. 风景园林，2008.(2)：10-13.

［68］ SUSCA T, GAFFIN S, DELL'OSSO G. Positive effects of vegetation: Urban heat island and green roofs[J]. Environ pollut, 2011, 159(8): 2119-2126.

［69］ BARRICO L, AZUL A M, MORAIS M C, et al. Biodiversity in urban ecosystems: Plants and macromycetes as indicators for conservation planning in the city of Coimbra (Portugal)[J]. Landscape urban plan, 2012, 106(1): 88-102.

［70］ FRANCIS J, WOOD L J, KNUIMAN M, et al. Quality or quantity? Exploring the relationship between Public Open Space attributes and mental health in Perth, Western Australia[J]. Social science & medicine, 2012, 74(10): 1570-1577.

［71］ KOOHSARI M J, KACZYNSKI A T, GILES-CORTI B, et al. Effects of access to public open spaces on walking: Is proximity enough?[J]. Landscape urban plan, 2013, 117: 92-99.

［72］ PAQUET C, ORSCHULOK T P, COFFEE N T, et al. Are accessibility and characteristics of public open spaces associated with a better cardiometabolic health?[J]. Landscape urban plan, 2013, 118: 70-78.

［73］ NASUTION A D, ZAHRAH W. Public open space privatization and quality of life, case study Merdeka Square Medan[J]. Procedia-social and behavioral sciences, 2012, 36: 466-475.

［74］ REINHARDT C.Victory Gardens. http://www.livinghistoryfarm.org/farminginthe40s/crops_02.html.

［75］ THONE F. Victory gardens[J]. The Science news-letter, 1943: 186-188.

［76］ DESPOMMIER D. The vertical farm: feeding the world in the 21st century[M]. New York: St. Martin's Press, 2010.

［77］ ZHOU W, HUANG G, CADENASSO M L. Does spatial configuration matter? Understanding the effects of land cover pattern on land surface temperature in urban landscapes[J]. Landscape urban plan, 2011, 102(1): 54-63.

［78］ IBARRA A A, ZAMBRANO L, VALIENTE E L, et al. Enhancing the potential value of environmental services in urban wetlands: an agro-ecosystem approach[J]. Cities, 2013(31): 438–443.

[79] KOZAK J, LANT C, SHAIKH S, et al. The geography of ecosystem service value: the case of the Des Plaines and Cache River wetlands, Illinois[J]. Appl geogr, 2011, 31(1): 303–311.

[80] BLOCKEN B, JANSSEN W, VAN HOOFF T. CFD simulation for pedestrian wind comfort and wind safety in urban areas: general decision framework and case study for the Eindhoven University campus[J]. Environ Modell Softw, 2012, 30: 15–34.

[81] LINDBERG F, GRIMMOND C S B. The influence of vegetation and building morphology on shadow patterns and mean radiant temperatures in urban areas: model development and evaluation[J]. Theor appl climatol, 2011, 105(3–4): 311–323.

[82] SANTAGATI C, INZERILLO L. 123D Catch: efficiency, accuracy, constraints and limitations in architectural heritage field[J]. International Journal of Heritage in the Digital Era, 2013, 2(2): 263–290.

[83] CHAPMAN L, THORNES J E, MULLER J P, et al. Potential applications of thermal fisheye imagery in urban environments[J]. Geoscience and Remote Sensing Letters, IEEE, 2007, 4(1): 56–59.

[84] LINDBERG F, GRIMMOND C. Nature of vegetation and building morphology characteristics across a city: influence on shadow patterns and mean radiant temperatures in London[J]. Urban Ecosyst, 2011, 14(4): 617–634.

[85] MCHARG I L, MUMFORD L. Design with nature[M]. New York: American museum of natural history, 1969.

[86] STEINITZ C. Landscape architecture into the 21st century–methods for digital techniques[J]. Peer Reviewed Proceedings Digital Landscape Architecture, 2010: 2–26.

[87] MELLQVIST H, GUSTAVSSON R, GUNNARSSON A. Using the connoisseur method during the introductory phase of landscape planning and management[J]. Urban for Urban Gree, 2013, 12(2): 211–219.

[88] DE MEO I, FERRETTI F, FRATTEGIANI M, et al. Public Participation GIS to support a bottom-up approach in forest landscape planning[J]. Iforest, 2013, 6(6): 347.

[89] MCHUGH R, ROCHE S, BÉDARD Y. Towards a SOLAP-based public participation GIS[J]. J Environ Manage, 2009, 90(6): 2041–2054.

[90] GEORGOULIAS A, FARLEY E, IKEGAMI M. Sustainable Systems Integration Modeling: A New City Development in Tanggu-Baitang, China[J]. Harvard Graduate School of Design, 2009: 1–32.

[91] SANGUINETTI P, ABDELMOHSEN S, LEE J, et al. General system architecture for BIM: An integrated approach for design and analysis[J]. Adv Eng Inform, 2012, 26(2): 317–333.

[92] WILSON M W. On the criticality of mapping practices: Geodesign as critical GIS?[J]. Landscape Urban Plan, 2014.

[93] AINA Y, AL–NASER A, GARBA S. Towards an Integrative Theory Approach to Sustainable Urban Design in Saudi Arabia: The Value of GeoDesign[C]. 2013.

[94] TULLOCH D L. Learning from students: geodesign lessons from the regional design studio[J]. Journal of Urbanism: International Research on Placemaking and Urban Sustainability, 2013, 6(3):

256-273.

［95］ PARADIS T, TREML M, MANONE M. Geodesign meets curriculum design: integrating geodesign approaches into undergraduate programs[J]. Journal of Urbanism: International Research on Placemaking and Urban Sustainability, 2013, 6(3): 274-301.

［96］ MARIMBALDO F M, COREA F G, CALLEJO M M. Using 3d geodesign for planning of new electricity networks in Spain[J]. In Computational Science and Its Applications-ICCSA 2012, Springer: 2012: 462-476.

［97］ JORGENSEN K. A Framework for Geodesign: Changing Geography by Design[J]. Journal of Landscape Architecture, 2012, 7(2): 87.

［98］ SHEARER A W. Books motives and Means-A review of A Framework for Geodesign: Changing Geography by Design-by Carl Steinitz, Honorary ASLA[J]. Landscape Archit, 2012, 102(10): 186.

［99］ BATTY M. Defining geodesign (= GIS+ design?)[J]. Environment and Planning B: Planning and Design, 2013, 40(1): 1-2.

［100］ CROOKS A, MONTELLO D R., JEEVENDRAMPILLAI D, et al. Review: A Framework for Geodesign: Changing Geography by Design, Cognitive and Linguistic Aspects of Geographic Space: New Perspectives on Geographic Information Research, City Suburbs: Placing Suburbia in a Post Suburban World, Brands and Branding Geographies, Logistics Clusters: Delivery Value and Driving Growth, Studies in Applied Geography and Spatial Analysis: Addressing Real World Issues[J]. Environment and Planning B: Planning and Design, 2013, 40 (6): 1122-1130.

［101］ MILLER W R. Introducing Geodesign: The Concept Director of GeoDesign Services. In New York: ESRI, 2012.

［102］ 陈艳. 区域地理设计的理论与实践 [D]. 广州 : 中山大学 , 2001.

［103］ ERVIN S. A system for GeoDesign. In Proceedings of Digital Landscape Architecture, Anhalt University of Applied Science, 2011:145-154.

［104］ GOODCHILD M F. Towards geodesign: Repurposing cartography and GIS?[J]. Cartographic Perspectives, 2010 (66): 7-22.

［105］ FLAXMAN M. Fundamentals of Geodesign. In Proceedings of Digital Landscape Architecture, Anhalt University of Applied Science, 2010:28-41.

［106］ RAUMER H G S V, STOKMAN A. GeoDesign-Approximations of a Catchphrase. In In Proceedings of Digital Landscape Architecture, Anhalt University of Applied Science, 2011:189-197.

［107］ CHEN X, WU J. Sustainable landscape architecture: implications of the Chinese philosophy of "unity of man with nature" and beyond[J]. Landscape Ecol, 2009, 24 (8): 1015-1026.

［108］ 俞孔坚, 李海龙, 李迪华. "反规划" 与生态基础设施: 城市化过程中对自然系统的精明保护 [J]. 自然资源学报, 2008, 23(6): 937-958.

［109］ YU K. The Art of Survival and the Promise of Geodesign[R]. Geodesign Summit: Redlands, 2014.

［110］ 俞孔坚, 李迪华, 刘海龙, 等. 基于生态基础设施的城市空间发展格局: "反规划" 之台州案例[J].

城市规划，2005，29(9)：76-80.

［111］ 俞孔坚，王思思，李迪华，等 . 北京市生态安全格局及城市增长预景 [J]. 生态学报，2009，29(3)：1189-1204.

［112］ 俞孔坚，乔青，袁弘 . 科学发展观下的土地利用规划方法：北京市东三乡之 "反规划" 案例 [J]. 中国土地科学，2009，23(3)：24-31.

［113］ 罗灵军，邓仕虎，金贤锋 . 从地理信息服务到地理设计服务 [J]. 地理信息世界，2013，10(6)：40-46.

［114］ 金贤锋，罗灵军，贾敦新 . 服务城乡规划的地理设计体系研究 [J]. 规划师，2014，30(3)：112-115.

［115］ BATTY M. Defining geodesign (= GIS plus design?)[J]. Environ Plann B, 2013, 40(1): 1-2.

［116］ SHEARER A W. BOOKS-Motives and Means-A review of A Framework for Geodesign: Changing Geography by Design-by Carl Steinitz, Honorary ASLA[J]. Landscape Archit, 2012, 102(10): 186.

［117］ FRANCULA N. Geodesign [J]. Geod List, 2011, 65(1): 63-64.

［118］ MARIMBALDO F J M, GUTIERREZ-COREA F V, CALLEJO M A M. Using 3D GeoDesign for Planning of New Electricity Networks in Spain[J]. Computational Science and Its Applications - Iccsa 2012, Pt I, 2012, 7333: 462-476.

［119］ PEIRCE C S. On the logic of drawing history from ancient documents, especially from testimonies[J]. The Essential Peirce: Selected Philosophical Writings, (1893–1913). Edited by the Peirce Edition Project. Volume, 1901, 2: 75-114.

［120］ PEIRCE C S S. Prolegomena to an apology for pragmaticism[J]. The Monist, 1906, 16(4): 492-546.

［121］ MILLER B. Introducing geodesign: The concept[C]. working paper, Esri: 2012.

［122］ ERVIN S. A system for GeoDesign[J]. Proceedings of Digital Landscape Architecture, Anhalt University of Applied Science, 2011.

［123］ 刘滨宜 . 现代景观规划设计 [M]. 南京：东南大学出版社，2010.

［124］ 马劲武 . 地理设计简述：概念，框架及实例 [J]. 风景园林，2013，(1)：26-32.

［125］ STEINITZ C, FARIS R, VARGAS-MORENO J C, et al. Alternative Futures for the Region of Loreto, Baja California Sur, Mexico[J]. Report from Harvard University's Graduate School of Design/Universidad Autónoma de Baja California Sur/University of Arizona/cibnor/San Die go State University/Scripps Institute of Oceanography/Municipality of Loreto, BCS, November, 2005: 17.

［126］ ALBERT C, VARGAS-MORENO J C. In Testing GeoDesign in Landscape Planning–First Results, Digital Landscape Architecture conference[C]. 2012.

［127］ TSAI M H, ABDUL M D, KANG S C, et al. Workflow re-engineering of design-build projects using a BIM tool[J]. J Chin Inst Eng, 2014, 37(1): 88-102.

［128］ KIM K, WILSON J P. Planning and visualising 3D routes for indoor and outdoor spaces using CityEngine[J]. Journal of Spatial Science, 2014, (ahead-of-print): 1-15.

［129］ 黄靖，赵海光 . 软件复用，软件合成与软件集成 [J]. 计算机应用研究，2004，21(9)：118-120.

［130］ 蔡凌豪 . 风景园林数字化规划设计概念谱系与流程图解 [J]. 风景园林，2013 (1):48-57.

［131］ GEORGOULIAS A, FARLEY E, IKEGAMI M. Sustainable systems integration modeling: A New City Development in Tanggu-Baitang, China[J]. Harvard Graduate School of Design, 2009:1-32.

［132］ 罗伟祥，邹年根，韩恩贤等.陕西黄土高原造林立地条件类型划分及适地适树研究报告 [J]. 陕西林业科技，1985, 1(1): 15.

［133］ 沈国舫，关玉秀，齐宗庆，等.北京市西山地区适地适树问题的研究 [J]. 北京林业大学学报, 1980：32-46.

［134］ 黎菁，郝日明.城市园林建设中"适地适树"的科学内涵 [J]. 南京林业大学学报：自然科学版, 2008, 32(2): 151-154.

［135］ 潘剑彬，李树华.基于风景园林植物景观规划设计的适地适树理论新解 [J]. 中国园林，2013, 29(4): 5-7.

［136］ 石进朝，解有利.从北京园林绿地植物使用现状看城市园林植物的多样性 [J]. 中国园林，2004, 19(10): 75-77.

［137］ 徐华，包志毅.深圳市彩叶植物种类及应用调查研究 [J]. 中国园林，2003, 19(2): 56-60.

［138］ 褚建民，周凌娟.东北地区高速公路绿化树种选择的探讨 [J]. 中国园林，2003, 19(2): 34-36.

［139］ MINCKLER L S. The right tree in the right place[J]. J Forest, 1941, 39(8): 685-688.

［140］ FERGUSON N. Right Plant, Right Place: Over 1400 Plants for Every Situation in the Garden [M]. Simon and Schuster: 2010.

［141］ 包满珠.我国城市植物多样性及园林植物规划构想 [J]. 中国园林，2008 (7):1-3.

［142］ 于东明,高翅,臧德奎.滨海景观带园林植物的选择及应用研究: 以山东省基岩海岸城市为例 [J]. 中国园林，2003，19(7)：77-79.

［143］ RUPP L A, LIBBEY D. Selection and culture of landscape plants in Utah[J]. 1996.

［144］ SÆBØ A, BORZAN Ž, DUCATILLION C, et al., The selection of plant materials for street trees, park trees and urban woodland. In Urban forests and trees, Springer: 2005: 257-280.

［145］ 柴思宇，刘燕.国外城市树种选择指导及其借鉴 [J]. 中国园林，2011，27(9)：82-85.

［146］ BASSUK N. Recommended urban trees: Site assessment and tree selection for stress tolerance [M]. Cornell University, Urban Horticulture Institute: 2003.

［147］ FORRER K, SCHADLER E. Right Tree, Right Place[EB/OL]. http://www.vtcommunityforestry.org/resources/site-assessment-and-tree-selection.

［148］ UBAN C J, SCHLICHTING C, CULVER L W. CITY TREES, sustainability guidelines & best practices[R]. 2007.

［149］ ASGARZADEH M, VAHDATI K, LOTFI M, et al. Plant selection method for urban landscapes of semi-arid cities (a case study of Tehran)[J]. Urban for Urban Gree, 2014, 13(3): 450-458.

［150］ 王玉涛.北京城市优良抗旱节水植物材料的筛选与评价研究 [D]. 北京：北京林业大学，2008.

［151］ 赵存玉，陈广庭，王涛.塔克拉玛干沙漠腹地的生态条件及植物防沙试验研究 [J]. 水土保持学报, 2006，19(4)：139-143.

［152］ JIM C, LIU H. Species diversity of three major urban forest types in Guangzhou City, China[J]. Forest Ecol Manag, 2001, 146(1): 99-114.

［153］ DAY K. Vegetation Management For Seattle Parks Viewpoints[J]. 2005.

［154］ KUHNS M, RUPP L. Selecting and planting landscape trees[J]. 2000.

［155］ ROLOFF A, KORN S, GILLNER S. The Climate-Species-Matrix to select tree species for urban habitats considering climate change[J]. Urban for Urban Gree, 2009, 8(4): 295–308.

［156］ SÆBØ A, BORZAN Ž, DUCATILLION C. The selection of plant materials for street trees, park trees and urban woodland[J]. In Urban forests and trees, Springer,2005:257–280.

［157］ HIBBERD B G. Urban forestry practice[M]. Londres: Forestry Commissin, 1989.

［158］ COMPANY R E. Tehran Greenbelt Research Report[J]. Tehrans Parks and Landscape Design Institute, 2001.

［159］ FRANCO J, MARTÍNEZ-SÁNCHEZ J, FERNÁNDEZ J, et al. Selection and nursery production of ornamental plants for landscaping and xerogardening in semi-arid environments[J]. J Hortic Sci Biotech, 2006, 8 (1): 3–17.

［160］ FLINT H L. Landscape plants for eastern North America: exclusive of Florida and the immediate Gulf Coast[M]. New Jersey: John Wiley & Sons, 1997.

［161］ 鲁敏, 张月华. 沈阳城市绿化植物综合评价分级选择 [J]. 中国园林, 2003, 19(7): 66–69.

［162］ 苏雪痕, 宋希强, 苏晓黎. 城镇园林植物规划方法及其应用 (3): 热带, 亚热带植物规划 [J]. 中国园林, 2005, 21(4): 63–68.

［163］ CLARK R, SWANSON D. "Right Plant, Right Place": A Plant Selection Guide for Managed Landscapes[EB/OL]. http://extension.umass.edu/landscape/fact-sheets/%E2%80%9Cright-plant-right-place%E2%80%9D-plant-selection-guide-managed-landscapes.

［164］ SÆBØ A, BENEDIKZ T, RANDRUP T B. Selection of trees for urban forestry in the Nordic countries[J]. Urban for Urban Gree, 2003, 2(2): 101–114.

［165］ PIKE C. What is local? An Introduction to Genetics and Plant Selection in the Urban Context[J]. 2004.

［166］ PAULEIT S. Urban street tree plantings: identifying the key requirements[J]. Proceedings of the ICE-Municipal Engineer, 2003, 156(1): 43–50.

［167］ ATKINSON G, DOICK K, BURNINGHAM K, et al. Brownfield regeneration to greenspace: Delivery of project objectives for social and environmental gain[J]. Urban for Urban Gree, 2014, 13(3): 586–594.

［168］ 张怀清, 王韵晟. 基于空间信息技术的适地适树网络系统研究 [J]. 林业科学研究, 2002, 15(4): 380–386.

［169］ 胡春. 生态规划中的植物规划技术方法研究 [D]. 北京: 北京林业大学, 2013.

［170］ WU C, XIAO Q, MCPHERSON E G. A method for locating potential tree-planting sites in urban areas: A case study of Los Angeles, USA[J]. Urban Forestry & Urban Greening, 2008, 7(2): 65–76.

［171］ DWYER M C, MILLER R W. Using GIS to assess urban tree canopy benefits and surrounding greenspace distributions[J]. Journal of Arboriculture, 1999, 25: 102–107.

［172］ NOWAK D J, STEVENS J C, SISINNI S M, et al. Effects of urban tree management and species selection on atmospheric carbon dioxide[J]. Journal of Arboriculture, 2002, 28(3): 113–122.

［173］ KIRNBAUER M C, KENNEY W A, CHURCHILL C J, et al. A prototype decision support system for sustainable urban tree planting programs[J]. Urban for Urban Gree, 2009, 8(1): 3–19.

［174］ BARNES C, TIBBITTS T, SAGER J, et al. Accuracy of quantum sensors measuring yield photon flux and photosynthetic photon flux[J]. Hortscience, 1993, 28(12): 1197–1200.

［175］ Web Light Radiation Conversion [EB/OL]. http://www.egc.com/useful_info_lighting.php

［176］ 王炳忠. 太阳辐射测量仪器的分级 [J]. 太阳能，2011(15)：20–23.

［177］ 吕文华，边泽强. 高精度太阳辐射测量系统台站试验与初步资料分析 [J]. 气象水文海洋仪器，2012(3):1–5,19.

［178］ CODATO G, OLIVEIRA A, SOARES J, et al. Global and diffuse solar irradiances in urban and rural areas in southeast Brazil[J]. Theor Appl Climatol, 2008, 93(1–2): 57–73.

［179］ POWER H. Trends in solar radiation over Germany and an assessment of the role of aerosols and sunshine duration[J]. Theoretical and Applied Climatology, 2003, 76(1–2): 47–63.

［180］ STANHILL G, COHEN S. Solar radiation changes in the United States during the twentieth century: Evidence from sunshine duration measurements[J]. J Climate, 2005, 18(10): 1503–1512.

［181］ GUPTA R, TIWARI G N, KUMAR A, et al. Calculation of total solar fraction for different orientation of greenhouse using 3D-shadow analysis in Auto-CAD[J]. Energ Buildings, 2012, 47: 27–34.

［182］ MCMINN T, KAROL E. Extending the use of existing CAD software to enable visualization of solar penetration in complex building forms[J]. Archit Sci Rev, 2010, 53(4): 374–383.

［183］ WITTKOPF S K, KAMBADKONE A, QUANHUI H, et al. Development of a solar radiation and Bipv design tool as Energyplus plugin for Google Sketchup[J]. Build Simul-China, 2009.

［184］ WANG H B, QIN J, HU Y H, et al. Optimal tree design for daylighting in residential buildings [J]. Build Environ, 2010, 45(12): 2594–2606.

［185］ HONG B, LIN B R, HU L H, et al. Optimal tree design for sunshine and ventilation in residential district using geometrical models and numerical simulation[J]. Building Simulation, 2011, 4(4): 351–363.

［186］ SANCHEZ-LOZANO J M, ANTUNES C H, GARCIA-CASCALES M S, et al. GIS-based photovoltaic solar farm site selection using ELECTRE-TRI: Evaluating the case for Torre Pacheco, Murcia, Southeast of Spain[J]. Renew Energ, 2014, 66:478–494.

［187］ SUN Y W, HOF A, WANG R., et al. GIS-based approach for potential analysis of solar PV generation at the regional scale: A case study of Fujian Province[J]. Energ Policy, 2013, 58: 248–259.

［188］ LINDBERG F. http://www.gvc.gu.se/english/staff/staff/thorsson-sofia/current-projects/the-solweig-model/.

［189］ KÁNTOR N, UNGER J. The most problematic variable in the course of human-biometeorological comfort assessment: the mean radiant temperature[J]. Cent Eur J Geosci, 2011, 3(1): 90–100.

［190］ HÄMMERLE M, GÁL T, UNGER J, et al. Comparison of models calculating the sky view factor used for urban climate investigations[J]. Theor Appl Climatol, 2011, 105(3–4): 521–527.

［191］ LINDBERG F, HOMER B, THORSSON S. SOLWEIG 1.0: Modelling spatial variations of 3D radiant fluxes and mean radiant temperature in complex urban settings[J]. Int J Biometeorol, 2008, 52(7): 697-713.

［192］ LINDBERG F, GRIMMOND C. The influence of vegetation and building morphology on shadow patterns and mean radiant temperatures in urban areas: model development and evaluation[J]. Theor Appl Climatol, 2011, 105(3-4): 311-323.

［193］ RICH P, DUBAYAH R, HETRICK W, et al. Using viewshed models to calculate intercepted solar radiation: applications in ecology[J]. American society for photogrammetry and remote sensing technical papers, 1994: 524-529.

［194］ FU P, RICH P M. In Design and implementation of the Solar Analyst: an ArcView extension for modeling solar radiation at landscape scales, Proceedings of the 19th annual ESRI user conference, San Diego, USA[C]. 1999.

［195］ FU P, RICH P. The solar analyst 1.0 user manual[J]. Helios Environmental Modeling Institute, 2000: 1616.

［196］ LUSK C H, JORGENSEN M A. The whole-plant compensation point as a measure of juvenile tree light requirements[J]. Funct Ecol, 2013, 27(6): 1286-1294.

［197］ STERCK F J, DUURSMA R A, PEARCY R W, et al. Plasticity influencing the light compensation point offsets the specialization for light niches across shrub species in a tropical forest understorey[J]. J Ecol, 2013, 101(4): 971-980.

［198］ WHITING D. Plant Growth Factors: Light [EB/OL]. http://www.ext.colostate.edu/mg/gardennotes/142.html.

［199］ JACKSON S D. Plant responses to photoperiod[J]. New Phytol, 2009, 181(3): 517-531.

［200］ LEE A K, ROH M S, SUH J K. Growth and flowering responses of Anigozanthos hybrids influenced by plant age, temperature, and photoperiod treatments[J]. Hortic Environ Biote, 2013, 54(6): 457-464.

［201］ YEANG H Y. Solar rhythm in the regulation of photoperiodic flowering of long-day and short-day plants[J]. J Exp Bot, 2013, 64(10): 2643-2652.

［202］ WISSKIRCHEN R. An experimental study on the growth and flowering of riparian pioneer plants under long- and short-day conditions[J]. Flora, 2006, 201(1): 3-23.

［204］ SHIN J H, KANG K J, SEOUL W O, et al. Night interruption and cyclic lighting promote flowering of long-day plants under low temperature[J]. Hortscience, 2008, 43(4): 1122-1123.

［204］ HONG B, LIN B, HU L, et al. Optimal tree design for sunshine and ventilation in residential district using geometrical models and numerical simulation[J]. Build Simul-China, 2011, 4(4): 351-363.

［205］ ŠÚRI M, HULD T A, DUNLOP E D. PV-GIS: a web-based solar radiation database for the calculation of PV potential in Europe[J]. International Journal of Sustainable Energy, 2005, 24(2): 55-67.

［206］ 陈敏，傅徽楠．高架桥阴地绿化的环境及对植物生长的影响 [J]. 中国园林，2006，22(9)：68-72.

［207］ 陈峻崎．北京市古树健康评价研究［D］．北京：北京林业大学，2014.

［208］ 刘瑜．北京市古树健康外貌特征评价研究［D］．北京：北京林业大学，2013.

［209］ 姜卫兵，庄猛，韩浩章，等．彩叶植物呈色机理及光合特性研究进展［J］．园艺学报，2005，32(2): 352-358.

［210］ LI-COR, I. LI-6400XT System[EB/OL]. http://www.licor.com/env/products/photosynthesis/

［211］ 刘梦飞．城市绿化覆盖率与气温的关系［J］．城市规划，1988(3)：59-60.

［212］ 刘立民，刘明．绿量：城市绿化评估的新概念［J］．中国园林，2000，16(5)：32-34.

［213］ SANTAMOUR JR F S. Trees for urban planting: diversity uniformity, and common sense[M]. 2004: 396-399.

［214］ TROWBRIDGE P J, BASSUK N L. Trees in the urban landscape: site assessment, design, and installation[M]. New Jersey: John Wiley & Sons: 2004.

［215］ 白伟岚，任建武．八种植物耐阴性比较研究［J］．北京林业大学学报，1999，21(3)：46-52.

［216］ 曾小平，赵平，蔡锡安．25 种南亚热带植物耐阴性的初步研究［J］．北京林业大学学报，2006，28(4)：88-95.

［217］ 林树燕，张庆峰，陈其旭．10 种园林植物的耐阴性［J］．东北林业大学学报，2007(7)：32-34.

［218］ 于盈盈，胡聃，郭二辉，等．城市遮阴环境变化对大叶黄杨光合过程的影响［J］．生态学报，2011，31(19)：5646-5653.

［219］ HABITAT U. Cities and Climate Change: Global Report on Human Settlements[M]. London: Earthscan, 2011.

［220］ ARNBERGER A. Recreation use of urban forests: An inter-area comparison[J]. Urban for Urban Gree, 2006, 4(3): 135-144.

［221］ PACIONE M. Urban environmental quality and human wellbeing: a social geographical perspective[J]. Landscape urban plan, 2003, 65(1): 19-30.

［222］ DHAKAL S. Urban energy use and carbon emissions from cities in China and policy implications [J]. Energ policy, 2009, 37(11): 4208-4219.

［223］ KAMPA M, CASTANAS E. Human health effects of air pollution[J]. Environ Pollut, 2008, 151(2): 362-367.

［224］ TAN J, ZHENG Y, TANG X, et al. The urban heat island and its impact on heat waves and human health in Shanghai[J]. Int J Biometeorol, 2010, 54(1): 75-84.

［225］ WATKINS R, PALMER J, KOLOKOTRONI M. Increased temperature and intensification of the urban heat island: implications for human comfort and urban design[J]. Built Environment, 2007:85-96.

［226］ SUSSAMS L W, SHEATE W R, EALES R P. Green infrastructure as a climate change adaptation policy intervention: Muddying the waters or clearing a path to a more secure future?[J]. J Environ Manage, 2015, 147(1): 184-193.

［227］ WOLF I D, WOHLFART T. Walking, hiking and running in parks: A multidisciplinary assessment of health and well-being benefits[J]. Landscape Urban Plan, 2014, 130:89-103.

［228］ ZHANG H, JIM C Y. Contributions of landscape trees in public housing estates to urban biodiversity in Hong Kong[J]. Urban for Urban Gree, 2014, 13(2): 272–284.

[229]   OLIVEIRA S, ANDRADE H, VAZ T. The cooling effect of green spaces as a contribution to the mitigation of urban heat: A case study in Lisbon[J]. Building and Environment, 2011, 46(11): 2186–2194.

[230]   ONISHI A, CAO X, ITO T, et al. Evaluating the potential for urban heat-island mitigation by greening parking lots[J]. Urban for Urban Gree, 2010, 9(4): 323–332.

[231]   SANTAMOURIS M. Cooling the cities–a review of reflective and green roof mitigation technologies to fight heat island and improve comfort in urban environments[J]. Sol Energy, 2012.

[232]   SUNG C Y. Mitigating surface urban heat island by a tree protection policy: A case study of The Woodland, Texas, USA[J]. Urban for Urban Gree, 2013, 12(4): 474–480.

[233]   BARÓ F, CHAPARRO L, GÓMEZ-BAGGETHUN E, et al. Contribution of ecosystem services to air quality and climate change mitigation policies: The case of urban forests in Barcelona, Spain[J]. Ambio, 2014, 43(4): 466–479.

[234]   TALLIS M, TAYLOR G, SINNETT D, et al. Estimating the removal of atmospheric particulate pollution by the urban tree canopy of London, under current and future environments[J]. Landscape Urban Plan, 2011, 103(2): 129–138.

[235]   DONOVAN G H, BUTRY D T. The value of shade: estimating the effect of urban trees on summertime electricity use[J]. Energ Buildings, 2009, 41(6): 662–668.

[236]   JIM C. Air-conditioning energy consumption due to green roofs with different building thermal insulation[J]. Appl Energ, 2014, 128: 49–59.

[237]   MALYS L, MUSY M, INARD C. A hydrothermal model to assess the impact of green walls on urban microclimate and building energy consumption[J]. Build Environ, 2014, 73: 187–197.

[238]   SAILOR D J. A green roof model for building energy simulation programs[J]. Energ Buildings, 2008, 40(8): 1466–1478.

[239]   IAKOVOGLOU V, THOMPSON J, BURROWS L, et al. Factors related to tree growth across urban-rural gradients in the Midwest, USA[J]. Urban Ecosyst, 2001, 5(1): 71–85.

[240]   SIEGHARDT M, MURSCH-RADLGRUBER E, PAOLETTI E, et al., The abiotic urban environment: impact of urban growing conditions on urban vegetation. In Urban forests and trees, Springer: 2005:281–323.

[241]   SANTAMOUR JR F S. Trees for urban planting: diversity uniformity, and common sense[M]. Permanent Agriculture Resources: Hawaii, 2004:396–399.

[242]   GILMAN E F. Choosing suitable trees for urban and suburban sites: site evaluation and species selection[M]. University of Florida: IFAS Extension, 2007.

[243]   GETTER K L, ROWE D B, CREGG B M. Solar radiation intensity influences extensive green roof plant communities[J]. Urban for Urban Gree, 2009, 8(4): 269–281.

[244]   YU B L, LIU H X, WU J P, et al. Investigating impacts of urban morphology on spatio-temporal variations of solar radiation with airborne LIDAR data and a solar flux model: a case study of downtown Houston[J]. Int J Remote Sens, 2009, 30(17): 4359–4385.

［245］ CHE H, SHI G, ZHANG X, et al. Analysis of sky conditions using 40 year records of solar radiation data in China[J]. Theor Appl Climatol, 2007, 89(1−2): 83−94.

［246］ LIANG F, XIA X. In long-term trends in solar radiation and the associated climatic factors over China for 1961—2000, Ann Geophys-Germany[C]. 2005; Copernicus GmbH: 2005:2425−2432.

［247］ STANHILL G, COHEN S. Solar radiation changes in the United States during the Twentieth Century: Evidence from sunshine measurements[J]. J Climate, 2005, 18(10): 1503−1512.

［248］ CATITA C, REDWEIK P, PEREIRA J, et al. Extending solar potential analysis in buildings to vertical facades[J]. Comput geosci-UK, 2014, 66:1−12.

［249］ COMPAGNON R. Solar and daylight availability in the urban fabric[J]. Energ Buildings, 2004, 36(4): 321−328.

［250］ SÁNCHEZ-LOZANO J M, HENGGELER ANTUNES C, GARCÍA-CASCALES M S, et al. GIS-based photovoltaic solar farms site selection using ELECTRE-TRI: Evaluating the case for Torre Pacheco, Murcia, Southeast of Spain[J]. Renew Energ, 2014, 66: 478−494.

［251］ JOVANOVIĆ A, PEJIĆ P, DJORIĆ-VELJKOVIĆ S, et al. Importance of building orientation in determining daylighting quality in student dorm rooms: Physical and simulated daylighting parameters' values compared to subjective survey results[J]. Energ Buildings, 2014, 77: 158−170.

［252］ FARTARIA T O, PEREIRA M C. Simulation and computation of shadow losses of direct normal, diffuse solar radiation and albedo in a photovoltaic field with multiple 2-axis trackers using ray tracing methods[J]. Sol Energy, 2013, 91: 93−101.

［253］ HOFIERKA J, KAŇUK J. Assessment of photovoltaic potential in urban areas using open-source solar radiation tools[J]. Renew Energ, 2009, 34(10): 2206−2214.

［254］ REICH N H, VAN SARK W G J H M, TURKENBURG W C, et al. Using CAD software to simulate PV energy yield - The case of product integrated photovoltaic operated under indoor solar irradiation[J]. Sol Energy, 2010, 84(8): 1526−1537.

［255］ BATLLES F, BOSCH J, TOVAR-PESCADOR J, et al. Determination of atmospheric parameters to estimate global radiation in areas of complex topography: generation of global irradiation map[J]. Energ Convers Manage, 2008, 49(2): 336−345.

［256］ PIERCE JR K B, LOOKINGBILL T, URBAN D. A simple method for estimating potential relative radiation (PRR) for landscape-scale vegetation analysis[J]. Landscape Ecol, 2005, 20(2): 137−147.

［257］ BATLLES F J, BOSCH J L, TOVAR-PESCADOR, J, et al. Determination of atmospheric parameters to estimate global radiation in areas of complex topography: Generation of global irradiation map[J]. Energ Convers Manage, 2008, 49(2): 336−345.

［258］ TOVAR-PESCADOR J, POZO-VAZQUEZ D, RUIZ-ARIAS J A, et al. On the use of the digital elevation model to estimate the solar radiation in areas of complex topography[J]. Meteorol Appl, 2006, 13(3): 279−287.

［259］ 包满珠 . 花卉学 [M]. 北京：中国农业出版社，2003.

［260］ 卓丽环，陈龙清 . 园林树木学 [M]. 北京：中国农业出版社，2004.

［261］ 中国景观网.园林植物区划 [EB/OL]. http://www.cila.cn/zhiwu.html.

［262］ 中国植物 [EB/OL]. http://www.cnzhiwu.com/.

［263］ 中国科学院中国植物志编辑委员会，中国植物志 .[M]. 北京：科学出版社，2004.

［264］ 魏合义，黄正东 . 从 ASLA 年会议题看美国 LA 研究的发展趋势 [J]. 中国园林，2014，(3)：91-95.

［265］ 袁秀，马克明，王德 . 黄河三角洲植物生态位和生态幅对物种分布 – 多度关系的解释 [J]. 生态学报，2011，31(7)：1955-1961.

［266］ RANJITKAR S, SUJAKHU N M, LU Y, et al. Climate modelling for agroforestry species selection in Yunnan Province, China[J]. Environ Modell Softw, 2016, 75: 263-272.

［267］ 刘金福，李家和 . 格氏栲群落生态学研究：格氏栲林主要种群生态位的研究 [J]. 生态学报，1999，19(3)：347-352.

［268］ 徐治国，何岩，闫百兴，等 . 三江平原典型沼泽湿地植物种群的生态位 [J]. 应用生态学报，2007，(4)：783-787.

［269］ 郑元润 . 大青沟森林植物群落主要木本植物生态位研究 [J]. 植物生态学报 , 1999 (5): 475-479.

［270］ 郁书君，陈有民，王玉华 . 北京引种迎红杜鹃栽培试验 [J]. 园艺学报 , 1993, 20(2): 181-186.

［271］ 傅徽楠，严玲璋 . 上海城市园林植物群落生态结构的研究 [J]. 中国园林 , 2000, 16(2): 22-25.

［272］ 苏雪痕 . 园林植物耐阴性及其配置 [J]. 北京林业学院学报 , 1981 (2): 63-70.

［273］ 邵海荣，周道英 . 建筑物的遮阴效应及对绿化的影响 [J]. 北京林业大学学报 , 1996, 18(2): 37-44.

［274］ SPRAGUE JR R H, CARLSON E D. Building effective decision support systems[M].New Jersey: Prentice hall professional technical reference, 1982.

［275］ GLYKAS M. Business Process Management: Theory and Applications[M]. Berlin: Springer, 2012.

［276］ SOL H G, CEES A T, DE VRIES ROBBÉ P F. Expert systems and artificial intelligence in decision support systems: proceedings of the Second Mini Euro Conference, Lunteren, The Netherlands, 17-20 November 1985[M]. Berlin: Springer Science & Business Media, 2013.

［277］ WARF B. Encyclopedia of geography[M]. Los Angeles: Sage Publications, 2010.

［278］ JONES J, TSUJI G, HOOGENBOOM G, et al. Decision support system for agrotechnology transfer: DSSAT v3[J]. In Understanding options for agricultural production, 1998:157-177.

［279］ STEPHENS W, MIDDLETON T, MATTHEWS R. Why has the uptake of decision support systems been so poor?[J]. Crop-soil simulation models: applications in developing countries, 2002: 129-147.

［280］ COX P. Some issues in the design of agricultural decision support systems[J]. Agricultural systems, 1996, 52(2): 355-381.

［281］ FREER M, MOORE A, DONNELLY J. GRAZPLAN: Decision support systems for Australian grazing enterprises—Ⅱ. The animal biology model of feed intake, production and reproduction and the GrazFeed DSS[J]. Agricultural systems, 1997, 54(1): 77-126.

［282］ MOORE A, DONNELLY J, FREER M. GRAZPLAN: decision support systems for Australian grazing enterprises. Ⅲ. Pasture growth and soil moisture Submodels, and the GrassGro DSS [J]. Agricultural systems, 1997, 55(4): 535-582.

［283］ VARMA V K, FERGUSON I, WILD I. Decision support system for the sustainable forest management[J]. Forest ecology and management, 2000, 128(1): 49−55.

［284］ ILIADIS L S. A decision support system applying an integrated fuzzy model for long-term forest fire risk estimation[J]. Environ modell softw, 2005, 20(5): 613−621.

［285］ SEELY B, NELSON J, WELLS R, et al. The application of a hierarchical, decision-support system to evaluate multi-objective forest management strategies: a case study in northeastern British Columbia, Canada[J]. Forest ecology and management, 2004, 199(2): 283−305.

［286］ BONAZOUNTAS M, KALLIDROMITOU D, KASSOMENOS P, et al. A decision support system for managing forest fire casualties[J]. Journal of environmental management, 2007, 84(4): 412−418.

［287］ TWERY M J, KNOPP P D, THOMASMA S A, et al. NED−2: a decision support system for integrated forest ecosystem management[J]. Comput Electron Agr, 2005, 49(1): 24−43.

［288］ NUTE D, POTTER W D, MAIER F, et al. NED−2: an agent-based decision support system for forest ecosystem management[J]. Environ modell softw, 2004, 19(9): 831−843.

［289］ REYNOLDS K M, TWERY M, LEXER M J, et al., Decision support systems in forest management. In Handbook on Decision Support Systems 2[J]. Springer: 2008:499−533.

［290］ STEVENS D, DRAGICEVIC S, ROTHLEY K. iCity: A GIS−CA modelling tool for urban planning and decision making[J]. Environ Modell Softw, 2007, 22(6): 761−773.

［291］ MAKROPOULOS C, BUTLER D, MAKSIMOVIC C. Fuzzy logic spatial decision support system for urban water management[J]. Journal of Water Resources Planning and Management, 2003, 129(1): 69−77.

［292］ SAMPLE D J, HEANEY J P, WRIGHT L T, et al. Geographic information systems, decision support systems, and urban storm-water management[J]. Journal of Water Resources Planning and Management, 2001.

［293］ HAASTRUP P, MANIEZZO V, MATTARELLI M, et al. A decision support system for urban waste management[J]. European journal of operational research, 1998, 109(2): 330−341.

［294］ JENSEN S S, BERKOWICZ R, HANSEN H S, et al. A Danish decision-support GIS tool for management of urban air quality and human exposures[J]. Transportation research part D: transport and environment, 2001, 6(4): 229−241.

［295］ MATTHEWS K B, SIBBALD A R, CRAW S. Implementation of a spatial decision support system for rural land use planning: integrating geographic information system and environmental models with search and optimization algorithms[J]. Comput Electron Agr, 1999, 23(1): 9−26.

［296］ 王宏伟，程声通. 基于 GIS 的城市环境规划决策支持系统 [J]. 环境科学进展，1997，5(6)：17−18.

［297］ 谢榕. 数据仓库及其在成都市规划决策支持系统中的应用探讨 [J]. 武汉测绘科技大学学报，2000，25(2)：172−177.

［298］ 于卓，吴志华. 城市规划与管理一体化决策支持系统研究 [J]. 武汉大学学报（工学版），2001，34(6)：43−46.

［299］ 杜宁睿，李渊. 规划支持系统 (PSS) 及其在城市空间规划决策中的应用 [J]. 武汉大学学报（工学版），2005，38(1)：137–142.

［300］ BREUSTE J H. Decision making, planning and design for the conservation of indigenous vegetation within urban development[J]. Landscape urban plan, 2004, 68(4): 439–452.

［301］ VOLK M, LAUTENBACH S, VAN DELDEN H, et al. How can we make progress with decision support systems in landscape and river basin management? Lessons learned from a comparative analysis of four different decision support systems[J]. Environ Manage, 2010, 46(6): 834–849.

［302］ SAURA S, TORNE J. Conefor Sensinode 2.2: a software package for quantifying the importance of habitat patches for landscape connectivity[J]. Environ Modell Softw, 2009, 24(1): 135–139.

［303］ CHEN T, STOCK C, BISHOP I D, et al. In Prototyping an in-field collaborative environment for landscape decision support by linking GIS with a game engine, Geoinformatics 2006: GNSS and Integrated Geospatial Applications[C]. International Society for Optics and Photonics, 2006: 641806–641810.

［304］ QURESHI M, HARRISON S. A decision support process to compare riparian revegetation options in Scheu Creek catchment in North Queensland[J]. Journal of environmental management, 2001, 62(1): 101–112.

［305］ BRACK C L. Pollution mitigation and carbon sequestration by an urban forest[J]. Environmental pollution, 2002, 116: S195–S200.

［306］ KIRNBAUER M, KENNEY W, CHURCHILL C, et al. A prototype decision support system for sustainable urban tree planting programs[J]. Urban forestry & urban greening, 2009, 8(1): 3–19.

［307］ JOSEPH C A H, S, KAHLE, W X, Boolean model[EB/OL]. https://controls engin.umich.edu/wiki/index.php/BooleanModels.

［308］ 龚健雅. 空间数据库管理系统的概念与发展趋势 [J]. 测绘科学，2001，26(3)：4–9.

［309］ NARESSI A, COUTURIER C, DEVOS J M, et al. Java-based graphical user interface for the MRUI quantitation package[J]. Magn Reson Mater Phy, 2001, 12(2–3): 141–152.

［310］ RAMACHANDRA T V, KRISHNA S V, SHRUTHI B V. Decision support system to assess regional biomass energy potential[J]. Int J Green Energy, 2004, 1(4): 407–428.

［311］ ABAS M A. Web Based Graphic User Interface (W-GUI) through C# Platform for Environment Data Management System[J]. 2014 4th International Conference on Engineering Technology and Technopreneurship (Ice2t), 2014: 348–353.

［312］ SCHERER P. Simplifying C++ GUI Development[J]. Dr Dobbs J, 1995, 20(9): 40–48.

［313］ GOMEZ-VARELA A I, BAO-VARELA C. MATLAB GUI (Graphical User Interface) for the design of GRIN components for optical systems as an educational tool[J]. 12th education and training in optics and photonics conference, 2014: 9289.

［314］ JAMEHBOZORG A, RADMAN G. A MATLAB GUI package for studying small signal characteristics of power systems with wind and energy storage units as an education tool[J]. Ieee southeastcon, 2013(4): 4–7.

［315］ CHEN G Z, WANG J Q. Design and Application of Computing Platform of Two Swarm Intelligence Optimization Algorithms for the Environmental Planning and Management Course Based on MATLAB GUI[J]. Emerging Research in Artificial Intelligence and Computational Intelligence, 2012, 315: 109−115.

［316］ KELLER B, COSTA A M S. A Matlab GUI for Calculating the Solar Radiation and Shading of Surfaces on the Earth[J]. Comput Appl Eng Educ, 2011, 19(1): 161−170.

［317］ ZHANG X Z, YANG J C, YUAN C G. Decision support system of water quality control based on MATLAB GUI[J]. Dynam Cont Dis Ser A, 2006, 13: 1391−1394.

［318］ 苏雪痕，李雷，苏晓黎. 城镇园林植物规划的方法及应用(1)：植物材料的调查与规划 [J]. 中国园林，2004，20(6)：61−64.

［319］ 苏雪痕，苏晓黎，宋希强. 城镇园林植物规划的方法及应用(2)：华东地区专类园的植物规划 [J]. 中国园林，2004(8)：63−65.

［320］ 苏雪痕，宋希强，苏晓黎. 城镇园林植物规划方法及其应用(4)：热带植物配植与应用 [J]. 中国园林，2005(5)：47−55.

［321］ 薄采颖，郑光耀，宋强. 马尾松、樟子松、臭冷杉针叶精油的化学成分比较研究 [J]. 林产化学与工业，2010，30(6)：45−50.

［322］ 王礼先，张志强. 干旱地区森林对流域径流的影响 [J]. 自然资源学报，2001，16(5)：439−444.

［323］ 任海，彭少麟，刘鸿先，等. 小良热带人工混交林的凋落物及其生态效益研究 [J]. 应用生态学报，1998，9(5)：458−462.

［324］ GASTON K J. Biodiversity[J]. Conservation science and action, 2004: 1−19.

［325］ MACARTHUR R H, MACARTHUR J W, PREER J. On bird species diversity. II. Prediction of bird census from habitat measurements[J]. American Naturalist, 1962: 167−174.

［326］ MOSS D. Diversity of woodland song-bird populations[J]. The Journal of Animal Ecology, 1978: 521−527.

［327］ 隋金玲，张香，胡德夫，等. 北京绿化隔离地区鸟类群落与环境因子关系研究 [J]. 北京林业大学学报，2007，29(5)：121−126.

［328］ 李慧，洪永密，邹发生，等. 广州市中心城区公园鸟类多样性及季节动态 [J]. 动物学研究，2008，29(2)：203−211.

［329］ GE Z M, WANG T H, SHI W Y, et al. Impacts of environmental factors on the structure characteristics of avian community in Shanghai woodlots in spring[J]. 2005, 26(1): 17-24.

［330］ 杨刚，许洁，王勇，等. 城市公园植被特征对陆生鸟类集团的影响 [J]. 生态学报，2015(14)：4824−4835.

［331］ 武汉去年空气污染天数过半内源污染物为主因. 中国新闻网，2014.

［332］ YANG J, MCBRIDE J, ZHOU J, et al. The urban forest in Beijing and its role in air pollution reduction[J]. Urban for urban gree, 2005, 3(2): 65−78.

［333］ ESCOBEDO F J, NOWAK, D. J. Spatial heterogeneity and air pollution removal by an urban forest[J]. Landscape urban plan, 2009, 90(3): 102−110.

［334］ FANG C F, LING D L. Investigation of the noise reduction provided by tree belts[J]. Landscape urban plan, 2003, 63(4): 187-195.

［335］ LORTIEC J, BROOKER R W, CHOLER P, et al. Rethinking plant community theory[J]. Oikos, 2004, 107(2): 433-438.

［336］ WEI H, HUANG Z. From Experience-Oriented to Quantity-Based: A Method for Landscape Plant Selection and Configuration in Urban Built-Up Areas[J]. Journal of sustainable forestry, 2015, 34(8): 698-719.

［337］ 储亦婷，杨学军，唐东芹．从群落生活型结构探讨近自然植物景观设计 [J].上海交通大学学报：农业科学版，2004，22(2)：176-180.

［338］ 祁新华，陈烈，洪伟，等．近自然园林的研究 [J].建筑学报，2005(8): 53-55.

［339］ 杨玉萍，周志翔．城市近自然园林的理论基础与营建方法 [J].生态学杂志，2009，28(3): 516-522.

［340］ 达良俊，杨永川，陈鸣．生态型绿化法在上海"近自然"群落建设中的应用 [J].中国园林，2004，20(3)：38-40.

［341］ ATTARDI R, CERRETA M, POLI G. A Collaborative Multi-Criteria Spatial Decision Support System for Multifunctional Landscape Evaluation[J]. Computational science and its applications-Iccsa 2015, Pt Iii, 2015, 9157: 782-797.

［342］ CERRETA M, MELE R. A Landscape Complex Values Map: Integration among Soft Values and Hard Values in a Spatial Decision Support System[J]. Computational science and its applications-Iccsa 2012, Pt Ii, 2012, 7334: 653-669.

［343］ VOLK M, LAUTENBACH S, VAN DELDEN H, et al. How Can We Make Progress with Decision Support Systems in Landscape and River Basin Management? Lessons Learned from a Comparative Analysis of Four Different Decision Support Systems[J]. Environ mentel manage ment, 2010, 46(6): 834-849.

附 录

附表 1-1 植物数据库——乔木名称

编号	中文名称	拉丁名称	科名	属名	类型	落叶习性	观赏特征	分布区域	光照需求	其他备注
1	雪松	Cedrus deodara Roxb. G. Don	松科	雪松属	乔木	常绿	观形	北京、旅顺、大连、青岛、上海、南京、杭州、南平、庐山、武汉、长沙、昆明	强阳性	—
2	黑松	Pinus thunbergii Parl.	松科	松属	乔木	常绿	观形	武汉、南京、上海、杭州	强阳性	—
3	湿地松	Pinus elliottii	松科	松属	乔木	常绿	观形	武汉、广州、南京等地	强阳性	—
4	罗汉松	Podocarpus macrophyllus Thunb. D. Don	罗汉松科	罗汉松属	乔木	常绿	观形	杭州、南京、武汉、长沙	耐阴	—
5	五针松	Pinus parviflora	松科	松属	乔木	常绿	观形	长江中下游地区	强阳性	—
6	白皮松	Pinus bungeana Zucc. ex Endl.	松科	松属	乔木	常绿	观形	山西、河南西部、陕西秦岭、甘肃南部及天水麦积山、四川北部江湘观雾山及湖北西部等地	阳性	—
7	圆柏	Sabina chinensis L. Ant.	柏科	圆柏属	乔木	常绿	观形	内蒙古乌拉山、河北、山西、江苏、浙江、福建、安徽、江西、河南、陕西南部、甘肃南部、湖北西部、湖南、贵州、广东、广西北部及云南等地	阳性	—
8	龙柏	Sabina chinensis L. Ant. cv. Kaizuca	柏科	圆柏属	乔木	常绿	观形	内蒙古乌拉山、河北、山西、江苏、浙江、福建、安徽、江西、河南、陕西南部、甘肃南部、湖北西部、湖南、贵州、广东、广西北部及云南等地	阳性	—
9	洒金柏	Sabina chinensis L. Ant. Aurea	柏科	侧柏属	乔木	常绿	观形	我国南北各地均有	阳性	—
10	侧柏	Platycladus orientalis L. Franco	柏科	侧柏属	乔木	常绿	观形	内蒙古南部、吉林南部、辽宁、河北、山东、江苏、浙江、福建、安徽、江西、河南、陕西、甘肃、四川、云南、贵州、湖北、湖南、广东、广西北部及广西北部等地	阳性	—
11	柳杉	Cryptomeria fortunei Hooibrenk ex Otto et Dietr	杉科	柳杉属	乔木	常绿	观形	为中国特有树种，分布于长江流域以南至广东、广西、云南、贵州、四川等地	中性	—
12	蜀桧	Sabina chinensis L. Ant. cv. Pyramidalis	柏科	塔柏属	乔木	常绿	观形	四川、湖北西部、湖南、贵州、广东、广西北部	阳性	—
13	马尾松	Pinus massoniana Lamb	松科	松属	乔木	常绿	观形	长江中下游地区	强阳性	—
14	香樟树	Cinnamomum camphora L. Presl.	樟科	樟属	乔木	常绿	观形、观叶	长江以南、西南地区	阳性	—
15	桂花	Osmanthus fragrans(Thunb.) Lour.	木樨科	木樨属	乔木	常绿	观形、观花	中国西南部、四川、陕南、云南、广西、广东、湖南、湖北、江西、安徽、河南等地	中性	6~8小时光照最好

· 173 ·

续表

编号	中文名称	拉丁名称	科名	属名	类型	落叶习性	观赏特征	分布区域	光照需求	其他备注
16	杜英	Elaeocarpus decipiens Hemsl.	杜英科	杜英属	乔木	常绿	观形	广东、广西、福建、台湾、浙江、江西、湖南、云南	中性	—
17	广玉兰	Magnolia grandiflora Linn	木兰科	木兰属	乔木	常绿	观形、观叶、观花	长江流域及以南	阳性	—
18	木荷	Schima superba Gardn. et Champ.	山茶科	木荷属	乔木	常绿	观形、观花	浙江、福建、台湾、江西、湖南、四川、广东、海南、广西、贵州	阳性	—
19	野黄桂	Cinnamomum jensenianum Hand.-Mazz	樟科	樟属	乔木	常绿	观形、观花	湖南西部、湖北、江西、四川、广东及福建等地	耐阴	—
20	树楠	Phoebe zhennan S. Lee	樟科	楠属	乔木	常绿	观干	湖北西北部及四川、贵州等地	中性	—
21	黄心夜合	Michelia martinii	木兰科	含笑属	乔木	常绿	观形、观花	河南南部、湖北中部和南部、贵州、云南东北部	耐阴	—
22	大叶女贞	Ligustrum compactum Ait Wall. ex G. Don Hook. f.	木樨科	女贞属	乔木	常绿	观叶、观花	长江流域及南方	耐阴	—
23	红果冬青	Ilex corallina Franch.	冬青科	冬青属	乔木	常绿	观叶、观果	长江流域及以南地区	阳性	—
24	金合欢	Acacia farnesiana Linn. Willd.	豆科	金合欢属	乔木	常绿	观形、观花、观叶	分布于中国浙江、台湾、福建、广东、广西、云南、四川等地	强阳性	—
25	深山含笑	Michelia maudiae Dunn	木兰科	含笑属	乔木	常绿	观形、观花	浙江南部、福建、湖南、广东、广西、贵州	阳性	—
26	乐昌含笑	Michelia chapensis Dandy	木兰科	含笑属	乔木	常绿	观形、观花	湖北、湖南、广东、贵州等地	中性	—
27	阔瓣含笑	Michelia platypetala	木兰科	含笑属	乔木	常绿	观形、观叶、观花	湖北、湖南、广东、贵州等地	阳性	—
28	醉香含笑	Michelia macclurei Dandy	木兰科	含笑属	乔木	常绿	观形、观花	广东东南部、北部、中南部、海南、广西北部	中性	—
29	天竺桂	Cinnamomum pedunculatum	樟科	樟属	乔木	常绿	观形	我国东南地区	中性	—
30	乳源木莲	MangLietia Yuyuanensis Law	木兰科	木莲属	乔木	常绿	观形、观叶、观花	长江以南、西南地区	耐阴	—
31	青冈栎	Cyclobalanopsis glauca Thunb. Oerst.	壳斗科	青冈属	乔木	常绿	观叶	长江以南地区	耐阴	—
32	柑橘	Citrus reticulata Blanco.	芸香科	柑橘属	乔木	常绿	观叶、观果	浙江、福建、湖南、广西、四川、湖北、广东、江西、重庆和台湾	中性	—
33	柚子	Citrus maxima (Burm) Merr.	芸香科	柚子属	乔木	常绿	观叶、观果	广东、广西、福建、江西、湖南、湖北、浙江、四川等地均有栽培	中性	—
34	杨梅	Myrica rubra Lour. S. et Zucc.	杨梅科	杨梅属	乔木	常绿	观形、观果	我国华东和湖南、广东、广西、贵州等地	耐阴	—
35	枇杷	Eriobotrya japonica Thunb. Lindl.	蔷薇科	枇杷属	乔木	常绿	观形、观果	甘肃、陕西、河南、江苏、浙江、江西、湖北、湖南、四川、云南、贵州、广西、广东、福建、台湾	阳性	—
36	木莲	Manglietia fordiana Oliv	木兰科	木莲属	乔木	常绿	观形、观叶、观花	长江流域、福建、两广、贵州、云南等地	阳性	—

续表

编号	中文名称	拉丁名称	科名	属名	类型	落叶习性	观赏特征	分布区域	光照需求	其他备注
37	金钱松	Pseudolarix amabilis Nelson Rehd.	松科	金钱松属	乔木	落叶	观形、观叶	江苏南部、浙江、安徽南部、福建北部、江西、湖南、湖北利川至四川万县	阳性	—
38	水杉	Metasequoia glyptostroboides Hu et Cheng	杉科	水杉属	乔木	落叶	观形、观叶	分布于湖北、重庆、湖南	阳性	—
39	池杉	Taxodiumascendens.Brongn	杉科	落羽杉属	乔木	落叶	观形、观叶	杭州、武汉、庐山、广州等地	强阳性	—
40	红豆杉	Taxus chinensis Pilger Rehd.	红豆杉科	红豆杉属	乔木	落叶	观形、观果	陕西、四川、云南、湖北、甘肃、湖南	喜阴	—
41	落羽杉	Taxodium distichum L. Rich.	杉科	落羽杉属	乔木	落叶	观形、观叶	广州、杭州、上海、湖北、武汉、福建	强阳性	—
42	英国梧桐	Platanus acerifolia (Aiton) Willdenow	悬铃木科	悬铃木属	乔木	落叶	观形、观叶	我国大部分地区	阳性	—
43	榔榆	Ulmus parvifolia Jacq.	榆科	榆属	乔木	落叶	观干、观形、观叶	河北、山东、江苏、安徽、浙江、福建、广西、湖南、湖北、贵州、四川、广东、河南苏州等地	阳性	—
44	法国梧桐	Platanus orientalis Linn.	悬铃木科	悬铃木属	乔木	落叶	观形、观叶	我国大部分地区	阳性	—
45	青桐	Firmiana platanifolia	梧桐科	梧桐属	乔木	落叶	观干、观形、观叶	浙江、福建、江苏、安徽、江西、广东	阳性	—
46	意杨	Populus euramevicana cv.'1-214'	杨柳科	杨属	乔木	落叶	观形、观叶	我国大部分地区	强阳性	—
47	泡桐	Paulownia Sieb.	玄参科	泡桐属	乔木	落叶	观花	除东北北部、内蒙古、新疆北部、西藏等地区外全国均有分布	强阳性	—
48	核桃	Juglans regia	胡桃科	胡桃属	乔木	落叶	观叶	华北、西北、西南、华中、华南和华东、新疆南部	阳性	—
49	枫杨	Pterocarya stenoptera C. DC.	胡桃科	枫杨属	乔木	落叶	观形、观叶	长江流域和淮河流域	阳性	—
50	红枫	Acer palmatum 'Atropurpureum'	漆树科	漆树属	乔木	落叶	观形、观叶	长江流域、全国大部分地区均有栽培	中性	忌日照暴晒
51	鸡爪槭	Acer palmatum Thunb	漆树科	漆属	乔木	落叶	观形、观叶	长江流域、全国大部分地区均有栽培	喜阴	怕暴晒
52	五角枫	Acer mono Maxim	漆树科	漆属	乔木	落叶	观形、观叶	东北、华北和长江流域各省	耐阴	—
53	三角枫	Acer buergerianum Miq.	漆树科	漆属	乔木	落叶	观形、观叶	山东、河南、江苏、安徽、浙江、江西、湖北、湖南、贵州和广东等省	中性	—
54	元宝枫	Acer truncatum Bunge	漆树科	漆树属	乔木	落叶	观形、观叶	东北、华北、西至陕西、湖北、四川、南达浙江、江西、安徽等省	耐阴	—
55	白蜡树	Fraxinus chinensis Roxb.	木樨科	梣属	乔木	落叶	观形、观叶	我国各地均有种植	强阳性	—
56	国槐	Sophora japonica Linn.	豆科	槐属	乔木	落叶	观形、观果	南北各省区广泛栽培，华北和黄土高原地区尤为多见	阳性	—

续表

编号	中文名称	拉丁文名称	科名	属名	类型	落叶习性	观赏特征	分布区域	光照需求	其他备注
57	龙爪槐	Sophora japonica Linn. var. japonica f. pendula Hort.	豆科	槐属	乔木	落叶	观形	南北各省区广泛栽培，华北和黄土高原地区尤为多见	阳性	—
58	垂柳	Salix babylonica	杨柳科	柳属	乔木	落叶	观形	长江流域与黄河流域	阳性	—
59	旱柳	Salix matsudana Koidz.	杨柳科	柳属	乔木	落叶	观形	长江流域与黄河流域	阳性	—
60	垂榆	Ulmus pumila var. pendula	榆科	榆属	乔木	落叶	观形	我国各地均有种植	阳性	—
61	樱花	Cerasus yedoensis Matsum. Yu et Li	蔷薇科	樱属	乔木	落叶	观形、观花	我国各地均有种植	强阳性	—
62	檫木	Sassafras tzumu Hemsl. Hemsl.	樟科	檫木属	乔木	落叶	观形、观叶	浙江、江苏、安徽、江西、福建、广东、广西、湖南、湖北、四川、贵州及云南等地	阳性	—
63	黄栌	Cotinus coggygria Scop.	漆树科	黄栌属	乔木	落叶	观形、观叶	中国西南、华北和浙江	阳性	耐半阴
64	梅花	Armeniaca mume	蔷薇科	杏属	乔木	落叶	观花	我国各地均有栽培，但以长江流域以南各省最多	阳性	—
65	合欢	Albizia julibrissin Durazz.	豆科	合欢属	乔木	落叶	观形、观花、观叶	我国黄河流域至珠江流域各地均有分布	强阳性	—
66	栾树	Koelreuteria paniculata Laxm.	无患子科	栾树属	乔木	落叶	观叶、观花	我国北部及中部大部分地区	阳性	—
67	银杏	Ginkgo biloba L.	银杏科	银杏属	乔木	落叶	观叶、观果	山东、浙江、江西、安徽、广西、湖北、四川、江苏、贵州等地最多	阳性	—
68	香椿	Toona sinensis A. Juss. Roem.	楝科	香椿树	乔木	落叶	观形、观叶	我国中部和南部	阳性	—
69	臭椿	Ailanthus altissima Mill. Swingle	苦木科	臭椿属	乔木	落叶	观形、观叶	我国北部、东部及西南部，东南至台湾省	阳性	—
70	白玉兰	Michelia alba DC.	木兰科	木兰属	乔木	落叶	观花	我国福建、广东、广西、云南等省区栽培极盛，长江流域各省区	阳性	—
71	紫玉兰	Magnolia liliflora Desr.	木兰科	木兰属	乔木	落叶	观花	我国福建、湖北、四川、云南西北部	阳性	—
72	杂交马褂木	Liriodendron chinense × tulipifera	木兰科	鹅掌楸属	乔木	落叶	观叶	我国各地均有分布	阳性	—
73	马褂木	Liriodendron chinensis Hemsl. Sarg	木兰科	鹅掌楸属	乔木	落叶	观形、观叶	我国各地均有分布	阳性	—
74	桃树	Amygdalus persica L.	蔷薇科	桃属	乔木	落叶	观花、观果	我国各省区广泛栽培	强阳性	—
75	乌桕	Sapium sebiferum L. Roxb.	大戟科	乌桕属	乔木	落叶	观形、观叶	我国各地均有分布	阳性	—
76	无患子	Sapindus mukorossi Gaerth.	无患子科	无患子属	乔木	落叶	观形、观叶	我国东部、南部至西南部	阳性	—
77	榉树	Zelkova serrata Thunb. Makinoz	榆科	榉属	乔木	落叶	观形、观叶	我国西南、华北、华东、华中、秦岭、华南等地区均有栽培	强阳性	—
78	朴树	Celtis sinensis Pers.	榆科	朴属	乔木	落叶	观形、观叶	分布于淮河流域、秦岭以南至华南各省区，长江中下游和以南诸省区及台湾	阳性	—
79	杜仲	Eucommia ulmoides	杜仲科	杜仲属	乔木	落叶	观形、观叶	陕西、甘肃、河南、湖北、四川等地	强阳性	—

续表

编号	中文名称	拉丁名称	科名	属名	类型	落叶习性	观赏特征	分布区域	光照需求	其他备注
80	银雀	Tapiscia sinensis	省沽油科	银雀树属	乔木	落叶	观叶	长江以南各地	阳性	—
81	重阳木	Bischofia polycarpa Levl. Airy Shaw	大戟科	秋枫属	乔木	落叶	观形	秦岭、淮河流域以南至两广北部，在长江中下游平原常见	阳性	—
82	喜树	Camptotheca acuminata Decne.	蓝果树科	喜树属	乔木	落叶	观形	分布于江苏、浙江、福建、江西、湖南、湖北、四川、贵州、广东、广西、云南等地	阳性	—
83	珙桐	Davidia involucrata Baill.	蓝果树科	珙桐属	乔木	落叶	观形、观叶、观花	分布于全国各地	喜阴	阳光直射生长不良
84	南酸枣	Choerospondias axillaris Roxb. Burtt et Hill.	漆树科	南酸枣属	乔木	落叶	观形、观果	分布于我国湖北、湖南、广东、广西、贵州、江苏、云南、福建、江西、浙江、安徽、陕西、甘肃、西藏、海南、四川等地	阳性	—
85	灯台树	Bothrocaryum controversum	山茱萸科	灯台树属	乔木	落叶	观形、观叶	分布于我国辽宁、河北、山东、台湾、河南、广东、广西及长江以南各省区	喜阴	—
86	黄连木	Pistacia chinensis Bunge	漆树科	黄连木属	乔木	落叶	观形、观叶	在我国广泛分布	阳性	—
87	枫香	Liquidambar formosana Hance	金缕梅科	枫香树属	乔木	落叶	观形、观花	分布于我国秦岭及淮河以南各省，北起河南、山东，东至台湾，西至四川、云南及西藏，南至广东	阳性	—
88	桑树	Morus alba L.	桑科	桑属	乔木	落叶	观形、观果	中国中部和北部，现由东北至西南各省区，西北直至新疆均有栽培	阳性	—
89	构树	Broussonetia papyrifera Linn. L'Hér. ex Vent.	桑科	构属	乔木	落叶	观形、观果	中国南北各地均有栽培	阳性	—
90	楸树	Catalpa bungei C.A.Mey	紫葳科	梓属	乔木	落叶	观形、观花	河北、河南、山东、山西、陕西、甘肃、江苏、浙江、湖南	阳性	—
91	珊瑚朴	Celtis julianae Schneid.	榆科	朴属	乔木	落叶	观形、观叶	浙江、安徽、江苏、福建、江西、河南、湖北、湖南、广东、海南、云南、陕西、甘肃	阳性	—
92	红叶李	Prunus Cerasifera Ehrhar f. atropurpurea (Jacpa) Re	蔷薇科	李属	乔木	落叶	观叶、观花	分布于全国各地	阳性	—
93	红花刺槐	Robinia hispida L.	蝶形花科	刺槐树属	乔木	落叶	观叶、观花	分布于全国各地	阳性	—
94	江南桤木	Alnus trabeculos	桦木科	赤杨属	乔木	落叶	观形	我国四川中部、贵州北部，甘肃南部、湖南、湖北、广东、江西、江苏等地	阳性	—
95	菊花桃	Prunus persica Chrysanthemoides	蔷薇科	李属	乔木	落叶	观花	我国北部及中部地区	强阳性	—
96	黄金槐	Sophora japonica 'Golden Stem'	豆科	槐属	乔木	落叶	观叶	我国从北到南分布广泛	阳性	—
97	复羽叶栾树	Koelreuteria bipinnata Franch.	无患子科	栾树属	乔木	落叶	观叶、观花、观果	云南、贵州、四川、湖北、湖南、广西、广东等地	阳性	—

续表

编号	中文名称	拉丁名称	科名	属名	类型	落叶习性	观赏特征	分布区域	光照需求	其他备注
98	紫薇	Lagerstroemia indica L.	千屈菜科	紫薇属	乔木	落叶	观干、观花	分布于全国各地	阳性	—
99	紫荆	Cercis chinensis Bunge	豆科	紫荆属	乔木	落叶	观叶、观花	在我国各地广泛分布	阳性	—
100	二乔玉兰	Magnolia × soulangeana Soul.-Bod.	木兰科	木兰属	乔木	落叶	观花	我国各地均有分布	阳性	—
101	石榴	Punica granatum L.	石榴科	石榴属	乔木	落叶	观花、观果	我国的秦岭以南地区、华北地区	阳性	—
102	枣树	Ziziphus jujuba Mill.	鼠李科	枣属	乔木	落叶	观果	我国各地均有分布	阳性	—
103	山麻杆	Alchornea davidii Franch	大戟科	山麻杆属	乔木	落叶	观形、观叶	广布于长江流域及陕西	阳性	—

附表 1-2 植物数据库——灌木名称

编号	中文名称	拉丁名称	科名	属名	类型	落叶习性	观赏特征	分布区域	光照需求	其他备注
1	红叶石楠	Photinia × fraseri Dress	蔷薇科	石楠属	灌木	常绿	观形、观叶	我国华东、中南及西南地区	阳性	—
2	石楠	Photinia serratifolia (Desfontaines) Kalkman	蔷薇科	石楠属	灌木	常绿	观形、观叶	陕西、甘肃、河南、江苏、安徽、浙江、江西、湖南、湖北、福建、台湾、广东、广西、四川、云南、贵州	阳性	—
3	丝兰	Yucca smalliana Ferm.	百合科	丝兰属	灌木	常绿	观叶、观花	我国各地均有栽培	阳性	—
4	凤尾丝兰	Yucca gloriosa Linm.	龙舌兰科	丝兰属	灌木	常绿	观叶、观花	长江流域以南	阳性	—
5	海桐	Pittosporum tobira	海桐科	海桐花属	灌木	常绿	观形、观花、观果	长江流域具有栽培	中性	—
6	蚊母树	Distylium racemosum Sieb.et Zucc.	金缕梅科	蚊母树属	灌木	常绿	观形、观叶、观果	安徽、江西、广西、四川、浙江、贵州、云南	阳性	—
7	枸骨	Ilex cornuta Lindl. et Paxt.	冬青科	冬青属	灌木	常绿	观形、观果	江苏、上海市、安徽、浙江、江西、湖北、湖南等地	阳性	—
8	华中枸骨	Ilex centrochinensis S. Y. Hu	冬青科	冬青属	灌木	常绿	观叶、观果	湖北、四川、安徽	阳性	—
9	夹竹桃	Nerium indicum Mill.	夹竹桃科	夹竹桃属	灌木	常绿	光花	我国各省均有栽培	阳性	—
10	金丝桃	Hypericum monogynum L.	藤黄科	金丝桃属	灌木	常绿	观花、观果	分布于河北、陕西、山东、江苏、安徽、江西、福建、河南、湖南、广东、广西、四川、贵州等地	喜阴	—
11	南天竹	Nandina domestica	小檗科	南天竹属	灌木	常绿	观形、观叶、观果	长江流域均有栽培	阳性	—
12	杜鹃	Rhododendron simsii Planch.	杜鹃花科	杜鹃花属	灌木	常绿	观形、观叶、观花	我国江苏、安徽、浙江、江西、福建、台湾、湖北、湖南、广东、广西、四川、贵州和云南	耐阴	—

续表

编号	中文名称	拉丁名称	科名	属名	类型	落叶习性	观赏特征	分布区域	光照需求	其他备注
13	春鹃	Rhododendronsimsii & R.spp.	杜鹃花科	杜鹃花属	灌木	常绿	观叶、观花	我国各地均有栽培	耐阴	喜光，但是忌阳光直射，喜欢散射光照
14	栀子	Gardenia jasminoides Ellis	茜草科	栀子属	灌木	常绿	观叶、观花	江西、湖北、湖南、浙江、福建、四川等地	阳性	喜光，但是忌阳光直射，喜欢散射光照
15	大叶栀子	Gardenia jasminoides Ellis var. grandiflora Nakai.	茜草科	栀子属	灌木	常绿	观叶、观花	江西、湖北、湖南、浙江、福建、四川等地	阳性	—
16	匍地柏	Sabina procumbens Endl. Iwata et Kusaka	柏科	铺地柏属	灌木	常绿	观形	江苏、浙江、安徽、湖南、河南等地	阳性	—
17	红花檵木	Loropetalum chinense var.rubrum	金缕梅科	檵木属	灌木	常绿	观形、观叶、观花	主要分布于长江中下游及以南地区	阳性	—
18	含笑	Michelia figo Lour. Spreng.	木兰科	含笑属	灌木	常绿	观花	华中以南地区	喜阴	忌阳光直射
19	火棘	Pyracantha fortuneana Maxim. Li	蔷薇科	火棘属	灌木	常绿	观形、观果	陕西、江苏、浙江、福建、湖北、湖南、广西、四川、云南、贵州等地	强阳性	—
20	金叶女贞	Ligustrum vicaryi	木樨科	女贞属	灌木	常绿	观叶	我国大部分地区均有分布	阳性	—
21	瓜子黄杨	Buxus sinica Rehd. et Wils. Cheng	黄杨科	黄杨属	灌木	常绿	观叶	我国大部分地区均有分布	中性	—
22	小叶黄杨	Buxus sinica Rehd. et Wils. Cheng	黄杨科	黄杨属	灌木	常绿	观叶	我国大部分地区均有分布	中性	—
23	大叶黄杨	Buxus megistophylla Levl.	黄杨科	黄杨属	灌木	常绿	观叶	我国大部分地区均有分布	阳性	—
24	银边黄杨	Euonymus Japonicus var.alba-marginata T.Moore	卫矛科	卫矛属	灌木	常绿	观叶	我国大部分地区均有分布	阳性	—
25	金边黄杨	Buxus megistophylla	黄杨科	黄杨属	灌木	常绿	观叶	我国大部分地区均有分布	阳性	—
26	法国冬青	Viburnum odoratissimum Ker-Gawl	忍冬科	荚蒾属	灌木	常绿	观叶、观果	华中、华东、华南	阳性	稍耐阴
27	小叶女贞	Viburnum odoratissimum Ker-Gawl	木樨科	女贞属	灌木	常绿	观叶、观花	我国陕西南部、山东、江苏、安徽、浙江、江西、河南、湖北、四川、贵州西北部、云南、西藏等地	阳性	稍耐阴
28	云南黄馨	Jasminum mesnyi Hance	木樨科	茉莉属	灌木	常绿	观形、观花	我国各地均有栽培	耐阴	—
29	十大功劳	Mahonia fortunei Lindl. Fedde	小檗科	十大功劳属	灌木	常绿	观叶	广西、四川、贵州、湖南、江西、浙江	喜阴	忌烈日暴晒
30	阔叶十大功劳	Mahonia bealei	小檗科	十大功劳属	灌木	常绿	观叶	广西、四川、贵州、湖南、江西、浙江	喜阴	—
31	茶花	Camellia japonica L.	山茶科	山茶属	灌木	常绿	观叶、观花	我国中部及南方各省	阳性	—
32	六月雪	Serissa japonica Thunb. Thunb.	茜草科	六月雪属	灌木	常绿	观叶、观花	江苏、安徽、江西、浙江、福建、广东、香港、广西、四川、云南	中性	怕强光

续表

编号	中文名称	拉丁名名称	科名	属名	类型	落叶习性	观赏特征	分布区域	光照需求	其他备注
33	茶梅	Camellia sasanqua	山茶科	山茶属	灌木	常绿	观叶	长江以南地区	喜阴	怕强光，有需要少量光照
34	龟甲冬青	Ilex crenata cv. Convexa Makino	冬青科	冬青属	灌木	常绿	观叶	长江下游至华南、华北部分地区	喜光	稍耐阴
35	洒金东瀛珊瑚	Aucuba japonica Variegata	山茱萸科	桃叶珊瑚属	灌木	常绿	观叶	长江以南地区	喜阴	暴晒会枯叶
36	八角金盘	Fatsia japonica Thunb. Decne. et Planch.	五加科	八角金盘属	灌木	常绿	观叶	长江以南地区	耐阴	隐蔽下生长良好
37	大花六道木	Abelia × grandiflora Andre Rehd	忍冬科	六道木属	灌木	常绿	观形、观叶	华东、西南及华北	中性	—
38	熊掌木	Fatshedera lizei	五加科	熊掌木属	灌木	常绿	观叶	华中、华东、华南	喜阴	阳光直射也会黄化
39	胡颓子	Elaeagnus pungens Thunb.	胡颓科	胡颓属	灌木	常绿	观果	湖北、贵州、四川、广西等地	耐阴	—
40	金丝梅	Hypericum patulum Thunb	藤黄科	金丝桃属	灌木	常绿	观花	甘肃南部、陕西、湖北、四川、安徽、江苏、浙江、福建、贵州、云南、台湾	阳性	—
41	金森女贞	Ligustrum japonicum 'Howardii'	木樨科	女贞属	灌木	常绿	观叶	我国各地均有栽培	阳性	—
42	小蜡	Ligustrum sinense Lour	木樨科	女贞属	灌木	常绿	观叶、观花	江苏、浙江、安徽、江西、福建、台湾、湖南、湖北、广东、广西	耐阴	—
43	雀舌黄杨	Buxus bodinieri Levl.	黄杨科	黄杨属	灌木	常绿	观叶	我国云南、四川、贵州、广西、广东、江西、浙江、湖北、河南、甘肃、陕西南部	阳性	—
44	扶桑	Hibiscus rosa-sinensis Linn.	锦葵科	木槿属	灌木	常绿	观叶、观花	我国广泛种植	强阳性	—
45	月季花	Rosa chinensis Jacq.	蔷薇科	蔷薇属	灌木	落叶	观花	我国主要分布于湖北、四川和甘肃等地	阳性	—
46	八仙花	Hydrangea macrophylla	虎耳草科	八仙花属	灌木	落叶	观花	在我国分布较为广泛	耐阴	短日照花卉
47	棣棠	Kerria japonica .	蔷薇科	棣棠花属	灌木	落叶	观花	分布安徽、浙江、江西、福建、河南、湖南、湖北、广东、甘肃、陕西、四川、云南、贵州、北京、天津等地	耐阴	—
48	丁香	Syringa Linn.	木樨科	丁香属	灌木	落叶	观形、观叶	在我国分布较为广泛	强阳性	—
49	海棠	Malus，Chaenomeles	蔷薇科	苹果属	灌木	落叶	观花	山东、河南、陕西、安徽、江苏、湖北、四川、浙江、江西、广东、广西等都有栽培	阳性	—
50	红瑞木	Swida alba Opiz	山茱萸科	红瑞木属	灌木	落叶	观干、观叶	我国各地有分布	阳性	—
51	红叶碧桃	Amygdalus persica f. atropurpurea	蔷薇科	李属	灌木	落叶	观叶、观花	在我国分布较为广泛	强阳性	—
52	红叶李	Prunus Cerasifera Ehrhar f. atropurpurea	蔷薇科	李属	灌木	落叶	观叶	在我国分布较为广泛	阳性	—

续表

编号	中文名称	拉丁名称	科名	属名	类型	落叶习性	观赏特征	分布区域	光照需求	其他备注
53	结香	Edgeworthia chrysantha	瑞香科	结香属	灌木	落叶	观干、观花	北自河南、陕西，南至长江流域以南各省区均有分布	耐阴	日照过强，叶片发黄
54	金山绣线菊	Spiraea japonica Gold Mound	蔷薇科	绣线菊属	灌木	落叶	观花	我国各地均有分布	阳性	—
55	蜡梅	Chimonanthus praecox Linn. Link	蜡梅科	蜡梅属	灌木	落叶	观花	山东、江苏、安徽、浙江、福建、江西、湖南、河南、陕西、四川、贵州、云南等地	阳性	—
56	连翘	Forsythia suspensa Thunb. Vahl	木樨科	连翘属	灌木	落叶	观干、观花	河北、山西、陕西、山东、安徽西部、河南、湖北、四川	阳性	—
57	木芙蓉	Hibiscus mutabilis Linn.	锦葵科	木芙蓉属	灌木	落叶	观花	中国辽宁、河北、山东、陕西、安徽、江苏、浙江、江西、福建、台湾、广东、广西、湖南、湖北、四川、贵州、云南等地	阳性	—
58	木槿	Hibiscus Linn.	锦葵科	木槿属	灌木	落叶	观花	我国台湾、福建、广东、广西、云南、湖南、湖北、安徽、江西、浙江、江苏、河北、河南、陕西等地	阳性	—
59	绣线菊	Spiraea Salicifolia L.	蔷薇科	绣线菊属	灌木	落叶	观花	在我国分布较为广泛	阳性	—
60	红叶小檗	Berberis thunbergii var.atropurpurea Chenault	小檗科	小檗属	灌木	落叶	观叶、观果	我国各地均有分布	阳性	光线弱叶片会返绿
61	青枫	Acer palmatum Thunb.	漆树科	漆属	灌木	落叶	观叶	山东、河南南部、江苏、浙江、安徽、江西、湖北、湖南、贵州等地	中性	日照过强，叶片灼伤
62	迎春	Jasminum nudiflorum Lindl.	木樨科	素馨属	灌木	落叶	观形、观花	在我国分布较为广泛	阳性	—
63	龙爪榆	Ulmus pumila L. cv. Pendula	榆科	榆属	灌木	落叶	观形	在我国分布较为广泛	阳性	—

附表 1-3 植物数据库——草本植物名称

编号	中文名称	拉丁名称	科名	属名	类型	落叶习性	观赏特征	分布区域	光照需求	其他备注
1	芭蕉	Musa basjoo Sieb. et Zucc.	芭蕉科	芭蕉属	多年生	草本	观叶	上海、湖南、浙江、湖北、贵州、云南、陕西、四川、广西等地	中性	—
2	美人蕉	Canna indica L.	美人蕉科	美人蕉属	多年生	草本	观叶、观花	全国各地均有分布	强阳性	—
3	百合	Lilium brownii var. viridulum	百合科	百合属	多年生	草本	观花	全国各地均有分布	中性	短日照花卉
4	春羽	Philodendron selloum Koch	天南星科	草本芋属	多年生	草本	观形、观叶	长江流域以南地区	耐阴	—

续表

编号	中文名称	拉丁名称	科名	属名	类型	落叶习性	观赏特征	分布区域	光照需求	其他备注
5	二月兰	Orychophragmus violaceus	十字花科	诸葛菜属	多年生	草本	观花	在我国分布广泛	耐阴	—
6	风信子	Hyacinthus orientalis L.	风信子科	风信子属	多年生	草本	观花	我国各地均有栽培	中性	6月份枯萎休眠
7	佛座草	Lamium amplexicaule L.	唇形科	野芝麻属	多年生	草本	观花	南北各地均有栽培	中性	—
8	活血丹	Glechoma longituba Nakai Kupr	唇形科	活血丹属	多年生	草本	观花	除青海、甘肃、新疆及西藏外，全国各地均有分布	中性	—
9	金边龙舌兰	Agave americanavar. Marginata	龙舌兰科	龙舌兰属	多年生	草本	观形、观叶	长江流域以南地区	强阳性	极耐干旱，原产沙漠
10	金娃娃萱草	Hemerocallis cv.	百合科	萱草属	多年生	草本	观叶、观花	在我国分布广泛	阳性	—
11	肾蕨	Nephrolepis auriculata L. Trimen	肾蕨科	肾蕨属	多年生	草本	观形、观叶	浙江、福建、台湾、湖南南部、广东、海南、广西、贵州、云南和西藏	喜阴	生于林下、岩石
12	石蒜	Lycoris radiata L' Her. Herb.	石蒜科	石蒜属	多年生	草本	观叶、观花	山东、河南、安徽、浙江、江苏、江西、福建、湖北、湖南、广东、广西、陕西、四川、贵州、云南	喜阴	—
13	宿根福禄考	Phlox paniculata L.	花葱科	天蓝绣球属	多年生	草本	观花	我国各地均有栽培	阳性	生长期需要充足阳光，夏季又要避免阳光直射
14	美女樱	Verbena hybrida Voss	马鞭草科	马鞭草属	多年生	草本	观花	我国各地均有栽培	阳性	—
15	文殊兰	Crinum asiaticum L. var. sinicum Roxb. ex Herb. Baker	石蒜科	文殊兰属	多年生	草本	观叶、观花	福建、台湾、广东、广西、湖南、四川、云南等地	阳性	幼苗忌阳光直射
16	夏堇	Torenia fournieri Linden ex E. Fourn	玄参科	蝴蝶草属	多年生	草本	观花	我国各地均有栽培	阳性	—
17	小苍兰	freesia hybrida klatt	鸢尾科	香雪兰属	多年生	草本	观花	长江流域以南地区	阳性	但是忌强光、忌高温，夏季休眠
18	萱草	Hemerocallis fulva L.	百合科	萱草属	多年生	草本	观叶、观花	我国各地均有栽培	阳性	—
19	一叶兰	Aspidistra Elatior Blume	百合科	蜘蛛抱蛋属	多年生	草本	观叶	我国各地均有栽培	喜阴	—

续表

编号	中文名称	拉丁名称	科名	属名	类型	落叶习性	观赏特征	分布区域	光照需求	其他备注
20	鸢尾	Iris tectorum Maxim.	鸢尾科	鸢尾属	多年生	草本	观叶、观花	山西、安徽、江苏、浙江、福建、湖北、湖南、江西、广西、陕西、甘肃、青海、四川、贵州、云南、西藏	强阳性	—
21	百日草	Zinnia Jacq.	菊科	百日菊属	一年生或两年生	草本	观形、观花	在我国分布广泛	强阳性	短日照
22	彩叶草	Coleus scutellarioides	唇形科	鞘蕊花属	一年生或两年生	草本	观叶	在我国很多地方也可见到，尤其南方更常见之	强阳性	—
23	常夏石竹	Dianthus plumarius	石竹科	石竹属	一年生	草本	观叶、观花	长江流域及以北地区	强阳性	长日照
24	大丽花	Dahlia pinnata Cav.	菊科	大丽花属	一年生或两年生	草本	观叶、观花	在我国分布广泛	耐阴	光照10～12小时最佳
25	地肤	Kochia scoparia L. Schrad.	藜科	地肤属	一年生或两年生	草本	观叶	我国各地均有栽培	中性	—
26	紫菀	Aster tataricus L. f.	菊科	紫菀属	一年生或两年生	草本	观花	在我国分布广泛	耐阴	—
27	白晶菊	Chrysanthemum paludosum	菊科	白晶菊属	一年生或两年生	草本	观花	我国各地均有栽培	强阳性	忌高温多湿、短日照
28	瓜叶菊	Pericallis hybrida	菊科	瓜叶菊属	一年生或两年生	草本	观花	在我国分布广泛	阳性	光照过强造成叶片卷曲
29	金盏菊	Calendula officinalis	菊科	金盏菊属	一年生或两年生	草本	观花	在我国分布广泛	阳性	—
30	天人菊	Gaillardia Pulchella Foug.	菊科	天人菊属	一年生或两年生	草本	观花	我国中部、南部均有栽培	阳性	—
31	万寿菊	Tagetes erecta L.	菊科	万寿菊属	一年生或两年生	草本	观花	在我国分布广泛	阳性	—
32	邹菊花	Bellis perennis Linn.	菊科	雏菊属	一年生或两年生	草本	观花	在我国分布广泛	强阳性	—
33	茑萝	Quamoclit Mill.	旋花科	茑萝属	一年生或两年生	草本	观花	在我国分布广泛	阳性	—
34	三色堇	Viola tricolor L.	堇菜科	堇菜属	一年生或两年生	草本	观花	在我国分布广泛	阳性	长日照植物，对日照时间要求较高
35	芍药	Paeonia lactiflora Pall.	毛茛科	芍药属	一年生或两年生	草本	观叶、观花	在我国分布广泛	阳性	长日照植物，日照时间过短，只长叶，不开花
36	石竹	Dianthus chinensis L.	石竹科	石竹属	一年生或两年生	草本	观花	河北、四川、湖北、湖南、浙江、江苏	强阳性	—
37	太阳花	Portulaca grandiflora	马齿苋科	马齿苋属	一年生或两年生	草本	观叶、观花	黑龙江、吉林、辽宁、湖南、湖北、山东、安徽、江苏、浙江、云南、河南、江西、重庆、四川、贵州、山西、陕西、甘肃、青海、内蒙古、广东、广西等地	强阳性	—

续表

编号	中文名称	拉丁名称	科名	属名	类型	落叶习性	观赏特征	分布区域	光照需求	其他备注
38	向日葵	Helianthus annuus	菊科	向日葵属	一年生或两年生	草本	观花	在我国分布广泛	强阳性	短日照植物，喜光照充足
39	虞美人	Papaver L.	罂粟科	罂粟属	一年生或两年生	草本	观花	在我国分布广泛	强阳性	长日照植物，喜充足阳光
40	羽衣甘蓝	Brassica oleracea var. acephala f. tricolor	十字花科	芸薹	一年生或两年生	草本	观叶	在我国分布广泛	阳性	—
41	牵牛	Pharbitis nil L. Choisy	旋花科	牵牛属	一年生或两年生	草本	观形、观花	我国除西北和东北的一些省区外，大部分地区都有分布	阳性	—
42	蜀葵	Althaea rosea Linn. Cavan.	锦葵科	蜀葵属	一年生或两年生	草本	观花	在我国分布广泛	阳性	—
43	狗牙根	Cynodon dactylon (L.) Pers.	禾本科	狗牙根属	多年生	草本	观形	我国各地均有分布	阳性	—
44	高羊毛	Festuca arundinace	禾本科	羊茅属	多年生	草本	观形	主要分布在华中、华北地区	阳性	—
45	黑麦草	Lolium	禾本科	黑麦草属	多年生	草本	观形	我国长江流域广泛应用	强阳性	—
46	马蹄金	Dichondra repens Forst.	旋花科	马蹄金属	多年生	草本	观形	我国长江流域广泛应用	阳性	同时也耐阴
47	马尼拉	Zoysia matrella L. Merr.	禾本科	结缕草属	多年生	草本	观形	分布于华中、华南地区	强阳性	—
48	景天	Sedum erythrostictum Miq.	景天科	景天属	多年生	草本	观形	湖北省有天然分布	强阳性	—
49	白三叶	Trrifolium repens L.	豆科	车轴草属	多年生	草本	观叶、观花	在东北、华北、华中、西南、华南各省区均有栽培种	强阳性	—
50	花叶活血丹	Glechoma hederacea 'Variegata'	唇形科	活血丹属	多年生	草本	观叶	长江流域以南地区	中性	—
51	葱兰	Zephyranthes candida Lindl. Herb.	石蒜科	葱莲属	多年生	草本	观叶、观花	在我国分布较为广泛	阳性	—
52	佛甲草	Sedum lineare Thunb.	景天科	景天属	多年生	草本	观形	我国大部分地区均能生长	强阳性	耐阴性也强，是良好的屋顶绿化植物
53	花叶薄荷	Mantha rotundifolia 'Variegata'	唇形科	薄荷属	多年生	草本	观叶	在我国分布较为广泛	强阳性	—
54	花叶蔓长春	Vinca major Linn. cv. Variegata Loud	夹竹桃科	蔓长春花属	多年生	草本	观叶、观花	长江流域生长良好	阳性	—

续表

编号	中文名称	拉丁名称	科名	属名	类型	落叶习性	观赏特征	分布区域	光照需求	其他备注
55	金边吊兰	Phnom Penh Chlorophytum	百合科	吊兰属	多年生	草本	观形、观叶	在我国分布较为广泛	耐阴	50%遮阴较好，冬季不遮阴
56	金叶过路黄	Lysimachia nummularia 'Aurea'	报春花科	珍珠菜属	多年生	草本	观叶	主要分布在华中、华南地区	耐阴	—
57	沿阶草	Ophiopogon japonicus	百合科	沿阶草属	多年生	草本	观叶	我国大部分地区均能生长	喜阴	长日照植物，光照不足造成徒长
58	婆婆纳	Veronica didyma Tenore	玄参科	婆婆纳属	多年生	草本	观叶、观花	在我国分布较为广泛	强阳性	—

附表 1-4 植物数据库——藤本植物名称

编号	中文名称	拉丁名称	科名	属名	类型	落叶习性	观赏特征	分布区域	光照需求	其他备注
1	凌霄	Campsis grandiflora Thunb. Schum.	紫葳科	凌霄属	藤本	落叶	观形、观花	长江流域各地	强阳性	—
2	紫藤	Wisteria sinensis Sims Sweet	豆科	紫藤属	藤本	落叶	观形、观花	华东、华中、华南、西北和西南地区均有栽培	阳性	—
3	常春藤	Hedera nepalensis K,Koch var.sin ensis Tobl. Rehd	五加科	常春藤属	藤本	落叶	观形、观叶	在我国分布广泛	喜阴	—
4	油麻藤	Mucunae	蝶形花科	藜豆属	藤本	落叶	观花	华中以南地区	阳性	—
5	爬墙虎	Parthenocissus tricuspidata	葡萄科	地锦属	藤本	落叶	观形、观叶	在我国分布广泛	喜阴	—
6	金银花	Lonicera japonica Thunb.	忍冬科	忍冬属	藤本	落叶	观形、观花	我国南北各地均有栽培	阳性	—
7	木香花	Rosa banksiae W.T. Aiton	蔷薇科	蔷薇属	藤本	落叶	观花	我国南北各地均有栽培	阳性	—
8	葡萄	Vitis vinifera	葡萄科	葡萄属	藤本	落叶	观果	在我国分布广泛	强阳性	—

附表 1-5　植物数据库——竹类植物名称

编号	中文名称	拉丁名称	科名	属名	类型	落叶习性	观赏特征	分布区域	光照需求	其他备注
1	佛肚竹	Bambusa　McClure	禾本科	簕竹属	竹类	常绿	观形、观干	在我国分布广泛	阳性	—
2	刚竹	Phyllostachys Viridis	禾本科	刚竹属	竹类	常绿	观形、观干	长江流域分布较多	阳性	—
3	慈孝竹	Bambusa multiplex　Lour. Raeusch. ex Schult.	禾本科	簕竹属	竹类	常绿	观形	华中、华南地区分布较多	中性	—
4	凤尾竹	Bambusa multiplex　'Fernleaf'	禾本科	簕竹属	竹类	常绿	观形	长江流域以南均有分布	阳性	—
5	龟甲竹	Phyllostachys heterocycla Carr. Mit ford	禾本科	刚竹属	竹类	常绿	观形、观干	淮河以南，长江流域	阳性	—
6	毛竹	Phyllostachys heterocycla Carr. Mitford cv. Pubescens	禾本科	刚竹属	竹类	常绿	观形、观干	长江流域分布较多	阳性	—

附表 1-6　植物数据库——棕榈类植物

编号	中文名称	拉丁名称	科名	属名	类型	落叶习性	观赏特征	分布区域	光照需求	其他备注
1	棕榈	Trachycarpus fortunei Hook.　H. Wendl.	棕榈科	棕榈属	棕榈类	常绿	观形、观叶	长江流域及以南地区	耐阴	—
2	苏铁	Cycas revoluta Thunb.	苏铁科	苏铁属	棕榈类	常绿	观形、观叶	长江流域及以南地区	阳性	—
3	加拿利海枣	Phoenix canariensis	棕榈科	刺葵属	棕榈类	常绿	观形、观叶	华中以南地区	阳性	—
4	老人葵	Washingtonia filifera Wendl.	棕榈科	丝葵属	棕榈类	常绿	观形、观叶	华中以南地区	阳性	—
5	棕竹	Rhapis excelsa Thunb. Henry ex Rehd	棕榈科	棕竹属	棕榈类	常绿	观形、观叶	我国中部、南部、西南部地区	喜阴	忌烈日直射
6	布迪椰子	Butia capitata Mart. Becc	棕榈科	椰属	棕榈类	常绿	观形、观叶	中部以南地区有引种	阳性	—

附表2　样本植物调查统计（部分）

编号	样本编码	群落结构			不健康植物	表现特征
		乔木	灌木	地被植物		
1	1875	栾树	海桐	马尼拉	马尼拉	斑秃／土壤裸露
2	1876	樟树	鸡蛋花	马尼拉	马尼拉	斑秃／土壤裸露
3	1877	含笑	海桐	马尼拉	马尼拉	生长纤弱
4	1878	大叶女贞		马尼拉	马尼拉	斑秃／土壤裸露
5	1881		山茶花＋小叶女贞	马尼拉	马尼拉	生长正常
6	1882			马尼拉	马尼拉	生长良好
7	1883		毛竹	马尼拉	马尼拉	斑秃／土壤裸露
8	1884	马褂木＋	红枫	马尼拉	马尼拉	生长正常
9	1885	腊梅＋含笑	银边黄杨	马尼拉	银边黄杨＋马尼拉	长势弱＋裸露
10	1886		紫薇＋小叶女贞			生长正常
11	1887	樟树	紫荆	吉祥草	紫荆	生长不良
12	1888	玉兰	腊梅	龟甲冬青	龟甲冬青	生长不良
13	1891	银杏	桂花＋红花檵木	马尼拉		生长良好
14	1892		桂花＋冬青	龟甲冬青		生长良好
15	1893	大叶女贞	腊梅	龟甲冬青		生长良好
16	1894	马褂木	冬青	马尼拉		生长良好
17	1895	马褂木		马尼拉		生长良好
18	1896	垂柳		马尼拉		生长良好
19	1897		竹子	沿阶草		生长良好
20	1898	大叶女贞		十大功劳	十大功劳	生长不良
21	1899	广玉兰	小叶女贞	马尼拉		生长良好
22	1900	香樟＋广玉兰		杜鹃		生长良好
23	1901		木槿＋红花檵木＋小叶女贞	马尼拉		生长良好
24	1902	樟树		马尼拉		生长良好
25	1903	樟树		杜鹃	杜鹃	枝叶枯死
26	1904	竹子		沿阶草		生长良好
27	1905	樟树				生长良好
28	1906	樟树	桂花			生长良好
29	1907	楝树	樱花＋紫玉兰	马尼拉		生长良好
30	1908	枇杷	小叶女贞	马尼拉	小叶女贞	长势弱
31	1909	大叶女贞	小叶女贞＋银边黄杨	马尼拉	小叶女贞	长势弱
32	1910		柑橘	鸢尾＋银边黄杨		生长良好
33	1911		柑橘	鸢尾＋银边黄杨		生长良好
34	1912		桂花	鸢尾＋银边黄杨＋红花酢浆草	红花酢浆草	枯死
35	1913		桂花	鸢尾＋银边黄杨＋红花酢浆草	红花酢浆草	枯死
36	1914	桂花	杜鹃	马尼拉	马尼拉	斑秃／土壤裸露
37	1915	楝树		银边黄杨		生长正常
38	1916		苏铁	龟甲冬青＋鸢尾＋红花酢浆草	红花酢浆草	枯死
39	1917	榔榆	海桐	小叶女贞		生长良好
40	1918	广玉兰	瓜子黄杨	马尼拉		生长良好

编号	样本编码	群落结构			不健康植物	表现特征
		乔木	灌木	地被植物		
41	1919	柑橘	杜鹃	马尼拉		生长良好
42	1920	桂花	瓜子黄杨	马尼拉	马尼拉	生长不均匀，稍微斑秃
43	1921	水杉	瓜子黄杨	马尼拉		生长良好
44	1922	柑橘		马尼拉		生长良好
45	1923	大叶女贞	桂花	马尼拉	马尼拉	生长不良，乔木遮阴
46	1924	栾树	银边黄杨	马尼拉	银边黄杨	长势弱
47	1925	栾树	杜鹃	马尼拉		生长良好
48	1926	栾树	杜鹃	马尼拉		生长良好
49	1927	栾树	红花檵木 + 吉祥草	马尼拉		生长良好
50	1928	桂花	红花檵木 + 吉祥草	马尼拉		生长良好
51	1929	含笑	海桐 + 杜鹃	马尼拉	马尼拉	斑秃 / 土壤裸露
52	1930	栾树	茶花	马尼拉		生长良好
53	1931	栾树	柑橘	南天竹 + 马尼拉	马尼拉	斑秃 / 土壤裸露
54	1932	栾树	银边黄杨 + 杜鹃	马尼拉	杜鹃	生长不良
55	1933	含笑	蜡梅	龟背竹		生长良好
56	1934	含笑	紫荆		紫荆	长势弱
57	1935	柑橘				生长良好
58	1936	柑橘				生长良好
59	1937	银杏	柑橘	马尼拉		生长良好
60	1938			马尼拉		生长良好
61	1939	枇杷	红花檵木			生长良好
62	1940	桂花	银边黄杨			生长良好
63	1941	桂花		银边黄杨 + 葱兰		生长良好
64	1942			银边黄杨		生长良好
65	1943			葱兰		生长良好
66	1944			葱兰		生长良好
67	1945			鸢尾		生长良好
68	1946	大叶女贞		马尼拉		斑秃 / 土壤裸露
69	1947	大叶女贞		马尼拉		斑秃 / 土壤裸露
70	1948		小叶女贞 + 红花檵木	马尼拉		生长良好
71	1949		茶花 + 红花檵木	鸢尾	鸢尾	生长不良
72	1950	银杏	小叶女贞	马尼拉		生长正常
73	1951	樟树	玉兰	马尼拉	玉兰 + 马尼拉	长势弱，斑秃
74	1952	银杏	棕榈	马尼拉		生长正常
75	1953	广玉兰	红花檵木 + 小叶女贞	马尼拉		生长正常
76	1954	银杏 + 桂花	杜鹃	马尼拉		生长正常
77	1955			马尼拉		生长正常
78	1956			狗牙根		生长正常
79	1957	含笑	十大功劳 + 小叶女贞	狗牙根	小叶女贞	干枯
80	1958	含笑		狗牙根	狗牙根	长势弱
81	1959	广玉兰	十大功劳 + 小叶女贞		小叶女贞	干枯

编号	样本编码	群落结构			不健康植物	表现特征
		乔木	灌木	地被植物		
82	1960	红花檵木		马尼拉	红花檵木+马尼拉	长势弱+地表裸露
83	1961	红花檵木		马尼拉	红花檵木+马尼拉	长势弱+地表裸露
84	1962	大叶女贞+广玉兰				
85	1963	樟树	洒金东瀛珊瑚+小叶女贞		小叶女贞	干枯
86	1964	桂花	洒金东瀛珊瑚+冬青		冬青	长势弱
87	1965	广玉兰+樟树	洒金东瀛珊瑚+小叶女贞		小叶女贞	干枯
88	1966	广玉兰	洒金东瀛珊瑚			生长良好
89	1967	樟树	洒金东瀛珊瑚+杜鹃		杜鹃	干枯
90	1968	樟树	洒金东瀛珊瑚+杜鹃		杜鹃	干枯
91	1969	樟树	洒金东瀛珊瑚+杜鹃		杜鹃	干枯
92	1971	樟树	桂花	洒金东瀛珊瑚		生长正常
93	1973	大叶女贞	洒金东瀛珊瑚		洒金东瀛珊瑚	干枯
94	1975	樟树	紫薇	小叶女贞	紫薇+小叶女贞	长势弱+干枯
95	1976	樟树	紫薇	小叶女贞	紫薇+小叶女贞	长势弱+干枯
96	1978	广玉兰	桂花	洒金东瀛珊瑚		
97	1981		小叶女贞+茶花	马尼拉		生长正常
98	1982		小叶女贞+茶花	马尼拉		生长正常
99	1983		竹子	马尼拉	马尼拉	斑秃/土壤裸露
100	1984	马褂木+广玉兰		马尼拉		生长正常
101	1985		腊梅	银边黄杨+马尼拉	马尼拉	斑秃
102	1986	腊梅	金叶女贞+龟甲冬青			生长正常
103	1987	樟树	紫荆	冬青+沿阶草	紫荆	长势弱
104	1988	腊梅		龟甲冬青	龟甲冬青	生长不良
105	1993	大叶女贞	腊梅	龟甲冬青+马尼拉	马尼拉	斑秃/土壤裸露
106	1994	垂柳		马尼拉		生长正常
107	1995		红枫	马尼拉	红枫	日灼

附表3　不同时间段的测定点的日照辐射模拟值

站点编号	10:00至11:00				11:00至12:00				12:00至13:00			
	太阳总辐射	直接辐射	散射辐射	时长	太阳总辐射	直接辐射	散射辐射	时长	太阳总辐射	直接辐射	散射辐射	时长
Test-p-1	47.04	0.00	47.04	0.0	51.69	0.00	51.69	0.0	59.92	0.00	59.92	0.0
Test-p-2	326.87	272.27	54.61	1.0	385.74	325.74	60.00	1.0	510.22	440.65	69.57	1.0
Test-p-3	43.11	0.00	43.11	0.0	326.36	279.00	47.36	0.9	495.56	440.65	54.91	1.0
Test-p-4	23.13	0.00	23.13	0.0	25.41	0.00	25.41	0.0	29.46	0.00	29.46	0.0
Test-p-5	337.69	272.27	65.42	1.0	397.63	325.74	71.89	1.0	524.00	440.65	83.35	1.0
Test-p-6	30.13	0.00	30.13	0.0	33.10	0.00	33.10	0.0	479.03	440.65	38.38	0.0
Test-p-7	327.68	272.27	55.41	1.0	386.62	325.74	60.89	1.0	511.24	440.65	70.59	1.0
Test-p-8	22.84	0.00	22.84	0.0	25.10	0.00	25.10	0.0	29.10	0.00	29.10	0.0

站点编号	10:00 至 11:00				11:00 至 12:00				12:00 至 13:00			
	太阳总辐射	直接辐射	散射辐射	时长	太阳总辐射	直接辐射	散射辐射	时长	太阳总辐射	直接辐射	散射辐射	时长
Test–p–9	33.32	0.00	33.32	0.0	36.61	0.00	36.61	0.0	468.06	425.62	42.44	1.0
Test–p–10	22.95	0.00	22.95	0.0	163.95	138.73	25.22	0.4	29.24	0.00	29.24	0.0
Test–p–11	43.36	0.00	43.36	0.0	47.64	0.00	47.64	0.0	480.86	425.62	55.24	1.0
Test–p–12	53.28	15.66	37.62	0.1	41.34	0.00	41.34	0.0	47.92	0.00	47.92	0.0
Test–p–13	60.31	0.00	60.31	0.0	291.22	224.96	66.26	0.7	144.43	67.60	76.83	0.2
Test–p–14	18.29	0.00	18.29	0.0	20.09	0.00	20.09	0.0	23.30	0.00	23.30	0.0
Test–p–15	24.84	0.00	24.84	0.0	27.30	0.00	27.30	0.0	175.25	143.60	31.65	0.3
Test–p–16	32.62	0.00	32.62	0.0	35.84	0.00	35.84	0.0	207.73	166.17	41.56	0.4
Test–p–17	20.31	0.00	20.31	0.0	22.32	0.00	22.32	0.0	154.39	128.51	25.88	0.3
Test–p–18	26.42	0.00	26.42	0.0	29.04	0.00	29.04	0.0	474.31	440.65	33.66	1.0
Test–p–19	323.45	256.61	66.84	0.9	232.84	159.39	73.45	0.5	228.27	143.11	85.16	0.3
Test–p–20	206.01	168.48	37.53	0.7	41.24	0.00	41.24	0.0	47.82	0.00	47.82	0.0
Test–p–21	164.89	126.43	38.46	0.5	42.26	0.00	42.26	0.0	48.99	0.00	48.99	0.0
Test–p–22	21.20	0.00	21.20	0.0	23.30	0.00	23.30	0.0	27.01	0.00	27.01	0.0
Test–p–23	52.50	0.00	52.50	0.0	154.60	96.90	57.69	0.3	66.89	0.00	66.89	0.0
Test–p–24	21.90	0.00	21.90	0.0	24.07	0.00	24.07	0.0	27.90	0.00	27.90	0.0
Test–p–25	339.82	272.27	67.55	1.0	399.97	325.74	74.23	1.0	526.71	440.65	86.06	1.0
Test–p–26	337.73	272.27	65.46	1.0	397.67	325.74	71.93	1.0	524.05	440.65	83.40	1.0
Test–p–27	12.88	0.00	12.88	0.0	14.15	0.00	14.15	0.0	232.86	216.45	16.41	0.5
Test–p–28	11.00	0.00	11.00	0.0	12.08	0.00	12.08	0.0	208.38	194.37	14.01	0.5
Test–p–29	346.21	272.27	73.95	1.0	406.99	325.74	81.25	1.0	534.86	440.65	94.21	1.0
Test–p–30	331.81	272.27	59.54	1.0	391.16	325.74	65.42	1.0	516.50	440.65	75.85	1.0

注：日照模拟日期为 2015 年 2 月 4 日，太阳总辐射、直接辐射、散射辐射的单位为 W/m^2，日照时长的单位为小时。